环境流体力学

姚 伟 编著

電子工業出版社
Publishing House of Electronics Industry
北京·BEIJING

内 容 简 介

本书系统地阐述了流体力学的基本理论及其在环境问题中的应用实例，使读者能熟练掌握流体力学基本方程组的推导和基本流体问题的求解，理解自然和环境中存在的复杂流体力学现象并进行初步的客观机制分析，以及用流体力学理论解决生产和生活中的实际问题。

全书分为五章，详细地介绍了从流体力学数学基础到实际应用的知识体系，内容丰富、系统性强，叙述严谨。本书可作为高等院校环境科学和其他相关专业的教材或教学参考书，同时还可供相关专业的教师和科学技术人员参考使用。

未经许可，不得以任何方式复制或抄袭本书之部分或全部内容。

版权所有，侵权必究。

图书在版编目（CIP）数据

环境流体力学/姚伟编著．—北京：电子工业出版社，2024.1

ISBN 978-7-121-47224-4

Ⅰ．①环… Ⅱ．①姚… Ⅲ．①环境物理学-流体力学 Ⅳ．①X12②X52

中国国家版本馆 CIP 数据核字（2024）第 032758 号

责任编辑：刘御廷　　文字编辑：刘怡静
印　　刷：大厂回族自治县聚鑫印刷有限责任公司
装　　订：大厂回族自治县聚鑫印刷有限责任公司
出版发行：电子工业出版社
　　　　　北京市海淀区万寿路 173 信箱　邮编　100036
开　　本：787×1 092　1/16　印张：10.75　字数：273.6 千字
版　　次：2024 年 1 月第 1 版
印　　次：2024 年 1 月第 1 次印刷
定　　价：69.80 元

凡所购买电子工业出版社图书有缺损问题，请向购买书店调换。若书店售缺，请与本社发行部联系，联系及邮购电话：(010)88254888，88258888。

质量投诉请发邮件至 zlts@ phei. com. cn，盗版侵权举报请发邮件至 dbqq@ phei. com. cn。

本书咨询联系方式：(010)88254418。

前　言

党的二十大报告指出，我国“基础研究和原始创新不断加强，一些关键核心技术实现突破，战略性新兴产业发展壮大，载人航天、探月探火、深海深地探测、超级计算机、卫星导航、量子信息、核电技术、新能源技术、大飞机制造、生物医药等取得重大成果，进入创新型国家行列”。其中很多研究都与流体力学密切相关。

流体力学是工程学科的基础课程，与其他学科关系密切，具有广泛的应用性。流体力学研究了自然界中大部分对象，如天上的大气运动、各类飞行器；地下的海洋河流、地下水、油气田；地面上的建筑、运输车辆，以及各种体育项目等。环境流体力学是随着世界环境问题的发展而发展起来的，研究生物在地球上的生存环境问题，以及与环境变化趋势相关的流动问题，是流体力学的重要分支。它研究的问题是极其丰富的，既包括大气海洋环流问题、管路系统的运输问题、岩土体中的渗流问题，又包括海洋环境下的深海平台工程问题。因此，掌握扎实的流体力学基础知识，有助于深入开展环境流体问题的研究。

本书系统地阐述了流体力学的基本理论，给出了其在环境问题中的应用实例，着重阐明流体力学的基本概念以及环境流体力学问题的数学建模和数学处理方法，在叙述和分析的深度和风格上有以下特点：

（1）立足于数学分析，通过严格的数学推导建立流体力学一般形式的方程组，使学生对反映流体运动基本规律的方程组有一个全面、完整的了解，有助于今后进一步分析复杂环境流体问题。

（2）物理概念和数学方法有机结合，既讲清直观的物理概念，又不忽略严格的数学处理，有助于培养学生分析问题和解决问题的能力。

（3）论述深入浅出、循序渐进，尽可能采用启发式的方法引导学生找到正确答案。介绍一种方法时，力求讲清来龙去脉，说明要解决什么问题、采用什么方法、方法的要点是什么，阐述上细致深入，逐步分析和解决问题。

（4）理论联系实际，本书的许多实例取自工程实例和热点问题，如达西公式是法国工程师 H. P. G. 达西对城市自来水系统改建过程中提出的。

（5）为了便于教学，本书各章末附有习题的参考答案。此外，还有电子课件，供教学和学习参考。

本书可作为高校环境科学和其他相关专业的教材，参考学时为 32～64 节，同时还可供相关专业的教师和科学技术人员参考使用。

全书共分五章，第 1 章“曲线坐标系和张量分析”讲述了数学基础。第 2 章“运动与变形”用理论分析的方法对物体的运动和变形进行描述。第 3 章“基本方程”通过经典物理中的原理和守恒定律推导流体力学的基本方程。第 4 章“流体模型及应用实例”通过应用实例的介绍，使学生学会在研究中根据具体问题的特点做出一定的假设，建立简化的数学模型。第 5 章“流体的涡旋运动”讲述了涡旋的产生、发展和消失规律，并通过具体实例的介绍使学生掌握理解和解决生产生活中的涡旋问题的方法。

本书阐明流体力学的基本规律、基本概念、基本物理现象以及处理问题的基本方法，并用流体力学知识对环境科学中的问题实例进行了分析，是一本环境流体力学的入门性教科书和教学参考书，有助于加深对流体力学规律的了解，为后续进一步的环境科学问题研究奠定基础。

本书最后附有参考文献，作者在教学和编写教材过程中得到不少启发和帮助，在此向参考文献的作者们表示感谢。

目　　录

第1章　曲线坐标系和张量分析

流体力学是力学领域的基础课程，其内容丰富，科学性和系统性强，与其他学科关系密切，具有广泛的应用性。数学是建立流体力学模型和求解模型解析解的基础，17世纪后半叶，牛顿和莱布尼茨创立了微积分后，才有了牛顿力学体系的建立和发展。本章将介绍流体力学广泛采用的数学工具——张量。

张量的概念可能大家还不熟悉，实际上我们早已接触过的向量就是张量，它可以用一个一维数组 $\boldsymbol{x}=[x_1 \quad x_2 \quad x_3]$ 表示，此一维数组是一阶张量；而我们在线性代数中接触的矩阵，每个元素可以用 i，j 两个指标定位，就是可以用一个二维数组 A_{ij} 表示，此二维数组是二阶张量；再如我们常见的魔方，如果每一个魔方单元对应一个元素，每个元素可以用 i，j，k 三个指标来定位，也就是用一个三维数组 A_{ijk} 来表示，此三维数组是三阶张量。张量分析一直在理论物理中占有突出重要的地位，冯元桢先生曾说过一个美丽的故事需要用美丽的语言来描述，力学的语言就是张量。

1.1　曲线坐标系

在三维欧几里得空间里使用得最广泛的度量体系是笛卡儿直角坐标系，它是由原点 O 和过 O 点作的三个相互正交（垂直）的单位向量 $\{\boldsymbol{i},\boldsymbol{j},\boldsymbol{k}\}$ 组成的直角坐标系统。从原点 O 到空间任一点的向径是个向量，记为 $\boldsymbol{x}$，它由向径 $\boldsymbol{x}$ 在直角坐标系中的三个有序分量 $\boldsymbol{x}=\boldsymbol{x}(x,y,z)$ 来表示，即 $\boldsymbol{x}=x\boldsymbol{i}+y\boldsymbol{j}+z\boldsymbol{k}$。如图1.1-1（a）所示，有序数组（0.5,0.5,0.5）为向量 $\boldsymbol{x}$ 在直角坐标系中的坐标。如果在三维欧几里得空间中选取3个不共面的向量 $\boldsymbol{g}_i(i=1,2,3)$，空间任一向量 $\boldsymbol{x}$ 将对应于一有序数组 $\boldsymbol{x}(x_1,x_2,x_3)$，即 $\boldsymbol{x}=x_1\boldsymbol{g}_1+x_2\boldsymbol{g}_2+x_3\boldsymbol{g}_3$，称 (x_1,x_2,x_3) 为 $\boldsymbol{x}$ 在该曲线坐标系中的坐标。向量 $\boldsymbol{g}_i(i=1,2,3)$ 称为坐标向量或基向量，简称为基，$\boldsymbol{g}_i(i=1,2,3)$ 所在的直线称为坐标轴，两条坐标轴所决定的平面称为坐标平面。基向量 $\boldsymbol{g}_1,\boldsymbol{g}_2,\boldsymbol{g}_3$ 相互正交的坐标系称为正交坐标系，坐标轴间的夹角不全为直角的坐标系称为仿射坐标系。如图1.1-1（b）所示，非笛卡儿坐标轴的三条有向线段构成仿射坐标系，有序数组（0.396，0.396，0.707）为向量 $\boldsymbol{x}$ 在该仿射坐标系中的坐标，由向量作坐标平面的平行平面，在坐标轴所截取的线段长度就为该向量在对应坐标轴上的坐标。

【例1-1】 证明：在空间中选取3个不共面的向量 $\boldsymbol{g}_i(i=1,2,3)$，使其对空间任一向量 $\boldsymbol{x}$，都存在唯一的三元有序数组 (x_1,x_2,x_3) 使 $\boldsymbol{x}=x_1\boldsymbol{g}_1+x_2\boldsymbol{g}_2+x_3\boldsymbol{g}_3$。

任取一向量 $\boldsymbol{x}$，若有

$$\boldsymbol{x}=x_1\boldsymbol{g}_1+x_2\boldsymbol{g}_2+x_3\boldsymbol{g}_3=y_1\boldsymbol{g}_1+y_2\boldsymbol{g}_2+y_3\boldsymbol{g}_3$$

则

$$\boldsymbol{0}=\boldsymbol{x}-\boldsymbol{x}=(x_1-y_1)\boldsymbol{g}_1+(x_2-y_2)\boldsymbol{g}_2+(x_3-y_3)\boldsymbol{g}_3$$

如果 x_1-y_1，x_2-y_2，x_3-y_3 不全为零，即上式有非零解，则 g_1，g_2，g_3 必然线性相关，即 g_1，g_2，g_3 共面。所以 x_1-y_1，x_2-y_2，x_3-y_3 必然全为零。

（a）笛卡儿直角坐标系　　　　　　　　　　　（b）仿射坐标系

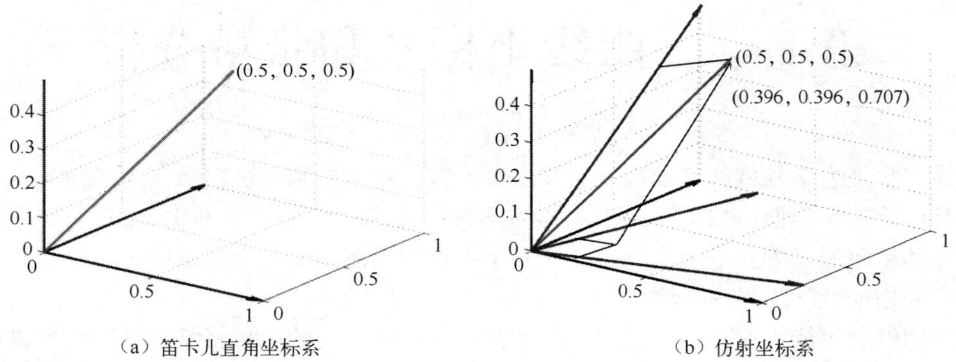

图 1.1-1　曲线坐标系

1.1.1　基向量

在曲线坐标系中，向量 x 的微分可表示为

$$\mathrm{d}\boldsymbol{x}=\frac{\partial\boldsymbol{x}}{\partial x_1}\mathrm{d}x_1+\frac{\partial\boldsymbol{x}}{\partial x_2}\mathrm{d}x_2+\frac{\partial\boldsymbol{x}}{\partial x_3}\mathrm{d}x_3$$

根据爱因斯坦求和约定（单项中有标号出现两次表示对这一标号求和，把这样的标号定义为求和指标或哑标），有

$$\mathrm{d}\boldsymbol{x}=\sum_{i=1}^{3}\frac{\partial\boldsymbol{x}}{\partial x_i}\mathrm{d}x_i=\frac{\partial\boldsymbol{x}}{\partial x_i}\mathrm{d}x_i \qquad (1.1-1)$$

定义基向量为

$$\boldsymbol{g}_i=\frac{\partial\boldsymbol{x}}{\partial x_i} \qquad (1.1-2)$$

则

$$\mathrm{d}\boldsymbol{x}=\mathrm{d}x_i\boldsymbol{g}_i \qquad (1.1-3)$$

定义拉梅系数为

$$h_i=|\boldsymbol{g}_i|=\left|\frac{\partial\boldsymbol{x}}{\partial x_i}\right|=\sqrt{\left(\frac{\partial x_1}{\partial x_i}\right)^2+\left(\frac{\partial x_2}{\partial x_i}\right)^2+\left(\frac{\partial x_3}{\partial x_i}\right)^2} \qquad (1.1-4)$$

定义长度（模）为 1 的基向量为单位基向量 $\boldsymbol{e}_i$，显然有

$$\boldsymbol{e}_i=\frac{\partial\boldsymbol{x}}{h_i\partial x_i}（对 i 不求和） \qquad (1.1-5)$$

注意：h_i 的下标 i 不计入爱因斯坦求和约定，即上式对 i 不求和。式（1.1-3）可表示为

$$\mathrm{d}\boldsymbol{x}=\mathrm{d}x_i\boldsymbol{g}_i=h_i\mathrm{d}x_i\boldsymbol{e}_i \quad（对 i 不求和） \qquad (1.1-6)$$

对于右手正交坐标系［在空间直角坐标系中，让右手拇指指向 x 轴的正方向，食指指向 y 轴的正方向，如果中指能指向 z 轴的正方向，则称这个坐标系为右手直角坐标系，如图 1.1-2（a）所示］，$\boldsymbol{e}_i\times\boldsymbol{e}_j=\varepsilon_{ijk}\boldsymbol{e}_k$ 成立，其中 ε_{ijk} 为置换符号（permutation symbol），满足

$$\varepsilon_{ijk}=\begin{cases}0, & \text{如果有两个指标相同}\\ 1, & i,j,k\ \text{正序排列：}(1,2,3),(2,3,1),(3,1,2)\\ -1, & i,j,k\ \text{逆序排列：}(2,1,3),(3,2,1),(1,3,2)\end{cases}$$

柱坐标系［见图 1.1-2（b）］和球坐标系［见图 1.1-2（c）］也是右手正交坐标系。另外，定义 Kronecker 符号为

$$\delta_{ij}=\boldsymbol{e}_i\cdot\boldsymbol{e}_j=\begin{cases}1 & i=j\\ 0 & i\neq j\end{cases}$$

置换符号 ε_{ijk} 可用 Kronecker 符号表示为

$$\varepsilon_{ijk}=\begin{vmatrix}\delta_{i1} & \delta_{i2} & \delta_{i3}\\ \delta_{j1} & \delta_{j2} & \delta_{j3}\\ \delta_{k1} & \delta_{k2} & \delta_{k3}\end{vmatrix} \tag{1.1-7}$$

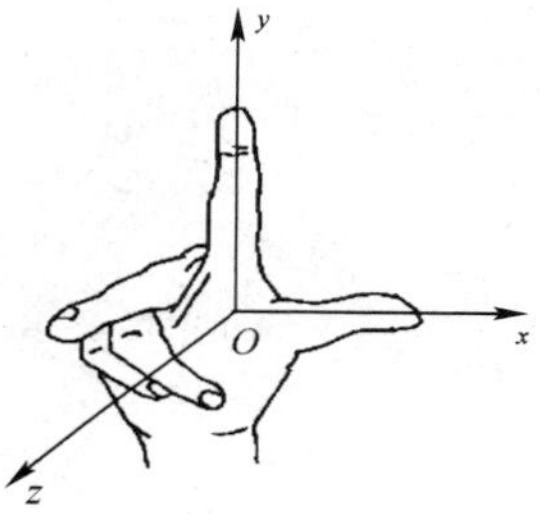

（a）笛卡儿直角坐标系

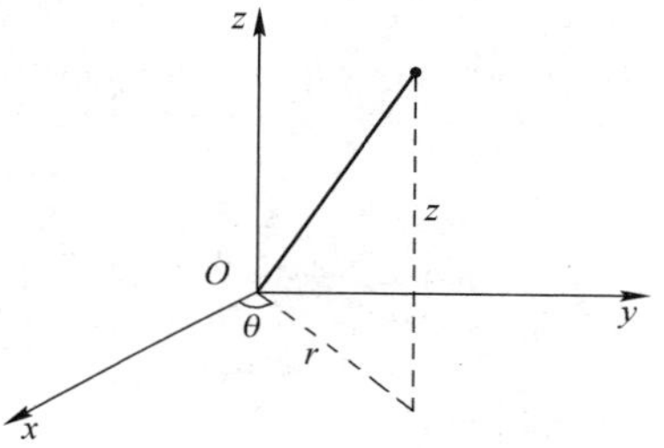

（b）柱坐标系

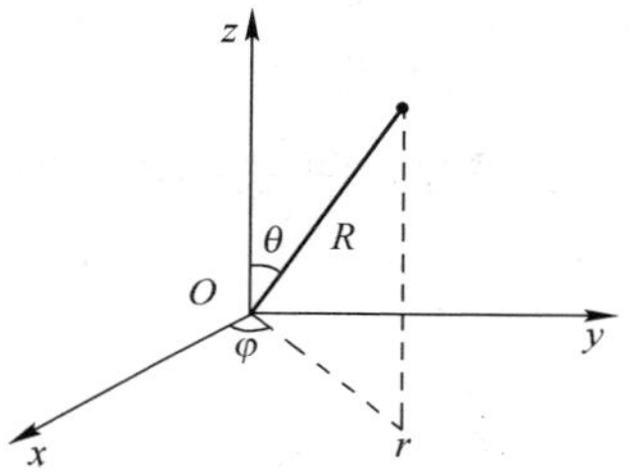

（c）球坐标系

图 1.1-2　右手正交坐标系

【例 1-2】 求柱坐标的基向量和单位基向量。

已知 $\boldsymbol{x}=x\boldsymbol{i}+y\boldsymbol{j}+z\boldsymbol{k}=r\cos\theta\boldsymbol{i}+r\sin\theta\boldsymbol{j}+z\boldsymbol{k}=\boldsymbol{x}(r,\theta,z)$，根据式（1.1-2），柱坐标的基向量为

$$\boldsymbol{g}_{\underset{r}{1}}=\frac{\partial\boldsymbol{x}}{\partial r}=\cos\theta\boldsymbol{i}+\sin\theta\boldsymbol{j},\quad \boldsymbol{g}_{\underset{\theta}{2}}=\frac{\partial\boldsymbol{x}}{\partial\theta}=-r\sin\theta\boldsymbol{i}+r\cos\theta\boldsymbol{j},\quad \boldsymbol{g}_{\underset{z}{3}}=\frac{\partial\boldsymbol{x}}{\partial z}=\boldsymbol{k}$$

根据式（1.1-4），计算得

$$h_r=h_z=1,\quad h_\theta=\sqrt{(-r\sin\theta)^2+(r\cos\theta)^2+(0)^2}=r$$

于是有

$$\boldsymbol{e}_{\underset{r}{1}}=\cos\theta\boldsymbol{i}+\sin\theta\boldsymbol{j},\quad \boldsymbol{e}_{\underset{\theta}{2}}=-\sin\theta\boldsymbol{i}+\cos\theta\boldsymbol{j},\quad \boldsymbol{e}_{\underset{z}{3}}=\boldsymbol{k}$$

1.1.2　基向量对曲线坐标的微分

在物理和力学问题中，经常要计算向量的微分。直角坐标系下，基向量 $\{\boldsymbol{i},\boldsymbol{j},\boldsymbol{k}\}$ 是定常的，所以微分为 0。但在其他曲线坐标系下，基向量往往是坐标的函数，如柱坐标系中，$\boldsymbol{e}_{\underset{r}{1}}=\cos\theta\boldsymbol{i}+\sin\theta\boldsymbol{j}$，$\boldsymbol{e}_{\underset{\theta}{2}}=-\sin\theta\boldsymbol{i}+\cos\theta\boldsymbol{j}$，它们是 θ 的函数，因此在向量微分时必然要考虑基向量对坐标的偏导，即 $\dfrac{\partial\boldsymbol{e}_i}{\partial x_j}$，它满足式（1.1-8）：

$$\frac{\partial \boldsymbol{e}_i}{\partial x_j}=\begin{cases}\dfrac{\partial h_j}{h_i\partial x_i}\boldsymbol{e}_j, i\neq j\\ \dfrac{\partial \boldsymbol{e}_I}{\partial x_I}=-\left(\dfrac{\partial h_I}{h_J\partial x_J}\boldsymbol{e}_J+\dfrac{\partial h_I}{h_K\partial x_K}\boldsymbol{e}_K\right), i=j=I\end{cases} \tag{1.1-8}$$

以下为$\frac{\partial \boldsymbol{e}_i}{\partial x_j}=\frac{\partial h_j}{h_i\partial x_i}\boldsymbol{e}_j, i\neq j$的推导过程。

由于 x_i 和 x_j 相互独立，有

$$\frac{\partial}{\partial x_j}\frac{\partial \boldsymbol{x}}{\partial x_i}=\frac{\partial}{\partial x_i}\frac{\partial \boldsymbol{x}}{\partial x_j}$$

即

$$\frac{\partial h_i\boldsymbol{e}_i}{\partial x_j}=\frac{\partial h_j\boldsymbol{e}_j}{\partial x_i}$$

$$h_i\frac{\partial \boldsymbol{e}_i}{\partial x_j}+\boldsymbol{e}_i\frac{\partial h_i}{\partial x_j}=h_j\frac{\partial \boldsymbol{e}_j}{\partial x_i}+\boldsymbol{e}_j\frac{\partial h_j}{\partial x_i}$$

上式等式两边点乘 $\boldsymbol{e}_j$，有

$$h_i\frac{\partial \boldsymbol{e}_i}{\partial x_j}\cdot\boldsymbol{e}_j=h_j\frac{\partial \boldsymbol{e}_j}{\partial x_i}\cdot\boldsymbol{e}_j+\frac{\partial h_j}{\partial x_i}=h_j\frac{\partial}{\partial x_i}\left(\frac{\boldsymbol{e}_j\cdot\boldsymbol{e}_j}{2}\right)+\frac{\partial h_j}{\partial x_i}=\frac{\partial h_j}{\partial x_i} \tag{1.1-8-1}$$

对式（1.1-8-1），先证$\frac{\partial \boldsymbol{e}_i}{\partial x_j}$与 $\boldsymbol{e}_j$ 同向。

由$\frac{\partial \boldsymbol{e}_i}{\partial x_j}\cdot\boldsymbol{e}_i=\frac{1}{2}\frac{\partial(\boldsymbol{e}_i\cdot\boldsymbol{e}_i)}{\partial x_j}=0$，得

$$\frac{\partial \boldsymbol{e}_i}{\partial x_j}\perp\boldsymbol{e}_i \tag{1.1-8-2}$$

当 $i\neq j$ 时，有

$$\frac{\partial \boldsymbol{x}}{\partial x_i}\cdot\frac{\partial \boldsymbol{x}}{\partial x_j}=\boldsymbol{g}_i\cdot\boldsymbol{g}_j=h_i\boldsymbol{e}_i\cdot h_j\boldsymbol{e}_j=h_ih_j\boldsymbol{e}_i\cdot\boldsymbol{e}_j=0$$

将上式两边对 x_k 微分，这里 $i\neq j\neq k$，有

$$\frac{\partial}{\partial x_k}\left(\frac{\partial \boldsymbol{x}}{\partial x_i}\cdot\frac{\partial \boldsymbol{x}}{\partial x_j}\right)=\frac{\partial \boldsymbol{x}}{\partial x_i}\cdot\frac{\partial^2\boldsymbol{x}}{\partial x_k\partial x_j}+\frac{\partial \boldsymbol{x}}{\partial x_j}\cdot\frac{\partial^2\boldsymbol{x}}{\partial x_k\partial x_i}=0$$

上式有三种情况，分别为

$$\begin{aligned}&\frac{\partial \boldsymbol{x}}{\partial x_1}\cdot\frac{\partial^2\boldsymbol{x}}{\partial x_3\partial x_2}+\frac{\partial \boldsymbol{x}}{\partial x_2}\cdot\frac{\partial^2\boldsymbol{x}}{\partial x_3\partial x_1}=0\\&\frac{\partial \boldsymbol{x}}{\partial x_3}\cdot\frac{\partial^2\boldsymbol{x}}{\partial x_1\partial x_2}+\frac{\partial \boldsymbol{x}}{\partial x_2}\cdot\frac{\partial^2\boldsymbol{x}}{\partial x_1\partial x_3}=0\\&\frac{\partial \boldsymbol{x}}{\partial x_1}\cdot\frac{\partial^2\boldsymbol{x}}{\partial x_3\partial x_2}+\frac{\partial \boldsymbol{x}}{\partial x_3}\cdot\frac{\partial^2\boldsymbol{x}}{\partial x_2\partial x_1}=0\end{aligned} \tag{1.1-8-3}$$

将式（1.1-8-3）中的三个算式相加除以 2，得

$$\frac{\partial \boldsymbol{x}}{\partial x_1}\cdot\frac{\partial^2\boldsymbol{x}}{\partial x_3\partial x_2}+\frac{\partial \boldsymbol{x}}{\partial x_2}\cdot\frac{\partial^2\boldsymbol{x}}{\partial x_3\partial x_1}+\frac{\partial \boldsymbol{x}}{\partial x_3}\cdot\frac{\partial^2\boldsymbol{x}}{\partial x_1\partial x_2}=0 \tag{1.1-8-4}$$

式（1.1-8-4）与式（1.1-8-3）中任一算式相减，用大写字母表示下标，得

$$\frac{\partial \boldsymbol{x}}{\partial x_K}\cdot\frac{\partial^2 \boldsymbol{x}}{\partial x_I\partial x_J}=0,\quad I\neq J\neq K$$

即

$$h_K\boldsymbol{e}_K\cdot\frac{\partial(h_I\boldsymbol{e}_I)}{\partial x_J}=h_K\boldsymbol{e}_K\cdot\frac{\partial h_I}{\partial x_J}\boldsymbol{e}_I+h_Kh_I\boldsymbol{e}_K\cdot\frac{\partial \boldsymbol{e}_I}{\partial x_J}=h_Kh_I\boldsymbol{e}_K\cdot\frac{\partial \boldsymbol{e}_I}{\partial x_J}=0$$

因为 h_K、$h_I\neq 0$，所以 $\boldsymbol{e}_K\cdot\frac{\partial \boldsymbol{e}_I}{\partial x_J}=0$，即$\frac{\partial \boldsymbol{e}_I}{\partial x_J}\perp\boldsymbol{e}_K$，结合式（1.1-8-2），可证$\frac{\partial \boldsymbol{e}_i}{\partial x_j}$与 $\boldsymbol{e}_j$ 同向，因此式（1.1-8-1）表示为

$$\frac{\partial \boldsymbol{e}_i}{\partial x_j}=\frac{\partial h_j}{h_i\partial x_i}\boldsymbol{e}_j,\quad i\neq j$$

以下为$\frac{\partial \boldsymbol{e}_i}{\partial x_j}=\frac{\partial \boldsymbol{e}_I}{\partial x_I}=-\left(\frac{\partial h_I}{h_J\partial x_J}\boldsymbol{e}_J+\frac{\partial h_I}{h_K\partial x_K}\boldsymbol{e}_K\right)$，$i=j=I$ 的推导过程：

$$\frac{\partial \boldsymbol{e}_I}{\partial x_I}=\frac{\partial(\boldsymbol{e}_J\times\boldsymbol{e}_K)}{\partial x_I}=\frac{\partial \boldsymbol{e}_J}{\partial x_I}\times\boldsymbol{e}_K+\boldsymbol{e}_J\times\frac{\partial \boldsymbol{e}_K}{\partial x_I}=\left(\frac{\partial h_I}{h_J\partial x_J}\boldsymbol{e}_I\right)\times\boldsymbol{e}_K+\boldsymbol{e}_J\times\left(\frac{\partial h_I}{h_K\partial x_K}\boldsymbol{e}_I\right)$$

$$=-\frac{\partial h_I}{h_J\partial x_J}\boldsymbol{e}_J-\frac{\partial h_I}{h_K\partial x_K}\boldsymbol{e}_K,\quad i=j=I$$

【例 1-3】求柱坐标单位基向量对曲线坐标的微分。

已知 $\boldsymbol{e}_r=\cos\theta\boldsymbol{i}+\sin\theta\boldsymbol{j}$，$\boldsymbol{e}_\theta=-\sin\theta\boldsymbol{i}+\cos\theta\boldsymbol{j}$，$\boldsymbol{e}_z=\boldsymbol{k}$，显然 $\boldsymbol{e}_r$，$\boldsymbol{e}_\theta$ 仅是 θ 的函数，对 r，z 的偏导数为 **0**，只有$\frac{\partial \boldsymbol{e}_r}{\partial\theta}$，$\frac{\partial \boldsymbol{e}_\theta}{\partial\theta}$不为 **0**。

$$\frac{\partial \boldsymbol{e}_r}{\partial\theta}=-\sin\theta\boldsymbol{i}+\cos\theta\boldsymbol{j}=\boldsymbol{e}_\theta,\quad\frac{\partial \boldsymbol{e}_\theta}{\partial\theta}=-(\cos\theta\boldsymbol{i}+\sin\theta\boldsymbol{j})=-\boldsymbol{e}_r$$

还有另一种求解方法。根据式（1.1-8），有

$$\frac{\partial \boldsymbol{e}_r}{\partial\theta}=\frac{\partial h_\theta}{h_r\partial r}\boldsymbol{e}_\theta=\frac{\partial r}{\partial r}\boldsymbol{e}_\theta=\boldsymbol{e}_\theta$$

$$\frac{\partial \boldsymbol{e}_\theta}{\partial\theta}=-\left(\frac{\partial h_\theta}{h_r\partial r}\boldsymbol{e}_r+\frac{\partial h_\theta}{h_z\partial z}\boldsymbol{e}_z\right)=-\left(\frac{\partial r}{\partial r}\boldsymbol{e}_r+\frac{\partial r}{\partial z}\boldsymbol{e}_z\right)=-\boldsymbol{e}_r$$

1.1.3　正交变换

同一个向量在不同基中的坐标一般是不同的，那么随着基的改变，向量在不同基中的坐标有关系吗?

令向量 $\boldsymbol{x}$ 在两组曲线坐标系中的坐标值分别为(x_1,x_2,x_3)和(x_1',x_2',x_3')，即

$$\boldsymbol{x}=x_1\boldsymbol{g}_1+x_2\boldsymbol{g}_2+x_3\boldsymbol{g}_3=x_1'\boldsymbol{g}_1'+x_2'\boldsymbol{g}_2'+x_3'\boldsymbol{g}_3',$$

记为

$$\boldsymbol{x}=x_i\boldsymbol{g}_i=x_j'\boldsymbol{g}_j'\tag{1.1-9}$$

根据【例 1-1】证明的向量在坐标系中对应坐标的唯一性，x'坐标系中的基向量 $\boldsymbol{g}_j'$在 x 坐标系中显然有相应的唯一对应的坐标，记为 $\boldsymbol{g}_j'=\gamma_{ji}\boldsymbol{g}_i$，代入式（1.1-9），得

$$x_i \boldsymbol{g}_i = x'_j \boldsymbol{g}'_j = x'_j y_{ji} \boldsymbol{g}_i$$

显然，有

$$x_i = x'_j y_{ji}$$

即 x_i 是 x'_j 的单值函数，记为 $x_i = x_i(x'_1, x'_2, x'_3)$，同理可证，$x'_j$ 是 x_i 的单值函数，即 $x'_j = x'_j(x_1, x_2, x_3)$。于是，可得两组坐标值之间存在单值函数关系，即

$$x_i = x_i(x'_1, x'_2, x'_3)$$
$$x'_i = x'_i(x_1, x_2, x_3)$$

根据基向量的定义式（1.1-2）得

$$\boldsymbol{g}'_i = \frac{\partial \boldsymbol{x}}{\partial x'_i} = \frac{\partial \boldsymbol{x}}{\partial x_j} \frac{\partial x_j}{\partial x'_i} = \boldsymbol{g}_j \frac{\partial x_j}{\partial x'_i} = \frac{\partial x_j}{\partial x'_i} \boldsymbol{g}_j \tag{1.1-10}$$

其中 $\frac{\partial x_j}{\partial x'_i}$ 为雅可比（Jacobi）矩阵，记为

$$\frac{\partial x_j}{\partial x'_i} = \begin{bmatrix} \frac{\partial x_1}{\partial x'_1} & \frac{\partial x_2}{\partial x'_1} & \frac{\partial x_3}{\partial x'_1} \\ \frac{\partial x_1}{\partial x'_2} & \frac{\partial x_2}{\partial x'_2} & \frac{\partial x_3}{\partial x'_2} \\ \frac{\partial x_1}{\partial x'_3} & \frac{\partial x_2}{\partial x'_3} & \frac{\partial x_3}{\partial x'_3} \end{bmatrix}$$

将式（1.1-10）写成矩阵乘积形式为

$$\begin{bmatrix} \boldsymbol{g}'_1 \\ \boldsymbol{g}'_2 \\ \boldsymbol{g}'_3 \end{bmatrix} = \begin{bmatrix} \frac{\partial x_1}{\partial x'_1} & \frac{\partial x_2}{\partial x'_1} & \frac{\partial x_3}{\partial x'_1} \\ \frac{\partial x_1}{\partial x'_2} & \frac{\partial x_2}{\partial x'_2} & \frac{\partial x_3}{\partial x'_2} \\ \frac{\partial x_1}{\partial x'_3} & \frac{\partial x_2}{\partial x'_3} & \frac{\partial x_3}{\partial x'_3} \end{bmatrix} \begin{bmatrix} \boldsymbol{g}_1 \\ \boldsymbol{g}_2 \\ \boldsymbol{g}_3 \end{bmatrix}$$

或

$$[\boldsymbol{g}'_1 \quad \boldsymbol{g}'_2 \quad \boldsymbol{g}'_3] = \begin{bmatrix} \boldsymbol{g}'_1 \\ \boldsymbol{g}'_2 \\ \boldsymbol{g}'_3 \end{bmatrix}^{\mathrm{T}} = \left(\begin{bmatrix} \frac{\partial x_1}{\partial x'_1} & \frac{\partial x_2}{\partial x'_1} & \frac{\partial x_3}{\partial x'_1} \\ \frac{\partial x_1}{\partial x'_2} & \frac{\partial x_2}{\partial x'_2} & \frac{\partial x_3}{\partial x'_2} \\ \frac{\partial x_1}{\partial x'_3} & \frac{\partial x_2}{\partial x'_3} & \frac{\partial x_3}{\partial x'_3} \end{bmatrix} \begin{bmatrix} \boldsymbol{g}_1 \\ \boldsymbol{g}_2 \\ \boldsymbol{g}_3 \end{bmatrix} \right)^{\mathrm{T}}$$

$$= [\boldsymbol{g}_1 \quad \boldsymbol{g}_2 \quad \boldsymbol{g}_3] \begin{bmatrix} \frac{\partial x_1}{\partial x'_1} & \frac{\partial x_1}{\partial x'_2} & \frac{\partial x_1}{\partial x'_3} \\ \frac{\partial x_2}{\partial x'_1} & \frac{\partial x_2}{\partial x'_2} & \frac{\partial x_2}{\partial x'_3} \\ \frac{\partial x_3}{\partial x'_1} & \frac{\partial x_3}{\partial x'_2} & \frac{\partial x_3}{\partial x'_3} \end{bmatrix}$$

同理，

$$\boldsymbol{g}_i=\boldsymbol{g}'_j\frac{\partial x'_j}{\partial x_i} \tag{1.1-11}$$

其中

$$\frac{\partial x'_j}{\partial x_i}=\begin{bmatrix}\frac{\partial x'_1}{\partial x_1} & \frac{\partial x'_1}{\partial x_2} & \frac{\partial x'_1}{\partial x_3}\\ \frac{\partial x'_2}{\partial x_1} & \frac{\partial x'_2}{\partial x_2} & \frac{\partial x'_2}{\partial x_3}\\ \frac{\partial x'_3}{\partial x_1} & \frac{\partial x'_3}{\partial x_2} & \frac{\partial x'_3}{\partial x_3}\end{bmatrix}$$

式（1.1-11）的矩阵乘积形式为

$$[\boldsymbol{g}_1\quad \boldsymbol{g}_2\quad \boldsymbol{g}_3]=[\boldsymbol{g}'_1\quad \boldsymbol{g}'_2\quad \boldsymbol{g}'_3]\begin{bmatrix}\frac{\partial x'_1}{\partial x_1} & \frac{\partial x'_1}{\partial x_2} & \frac{\partial x'_1}{\partial x_3}\\ \frac{\partial x'_2}{\partial x_1} & \frac{\partial x'_2}{\partial x_2} & \frac{\partial x'_2}{\partial x_3}\\ \frac{\partial x'_3}{\partial x_1} & \frac{\partial x'_3}{\partial x_2} & \frac{\partial x'_3}{\partial x_3}\end{bmatrix}$$

根据式（1.1-11），对于任一向量有

$$\boldsymbol{x}=x_i\boldsymbol{g}_i=x_i\boldsymbol{g}'_j\frac{\partial x'_j}{\partial x_i}=x'_j\boldsymbol{g}'_j$$

显然，$x'_j=x_i\dfrac{\partial x'_j}{\partial x_i}$，或者记为 $x'_i=x_j\dfrac{\partial x'_i}{\partial x_j}=x_j\left(\dfrac{\partial x'_j}{\partial x_i}\right)^{\mathrm{T}}$。即

$$[x'_1\quad x'_2\quad x'_3]=[x_1\quad x_2\quad x_3]\begin{bmatrix}\frac{\partial x'_1}{\partial x_1} & \frac{\partial x'_2}{\partial x_1} & \frac{\partial x'_3}{\partial x_1}\\ \frac{\partial x'_1}{\partial x_2} & \frac{\partial x'_2}{\partial x_2} & \frac{\partial x'_3}{\partial x_2}\\ \frac{\partial x'_1}{\partial x_3} & \frac{\partial x'_2}{\partial x_3} & \frac{\partial x'_3}{\partial x_3}\end{bmatrix}$$

同理，$\boldsymbol{x}=x'_i\boldsymbol{g}'_i=x'_i\dfrac{\partial x_j}{\partial x'_i}\boldsymbol{g}_j=x_j\boldsymbol{g}_j$，即 $x_j=x'_i\dfrac{\partial x_j}{\partial x'_i}$，或者写为 $x_i=x'_j\dfrac{\partial x_i}{\partial x'_j}=x'_j\left(\dfrac{\partial x_j}{\partial x'_i}\right)^{\mathrm{T}}$。

当 $\boldsymbol{g}_i$ 和 $\boldsymbol{g}'_i$ 都是单位正交基向量时，有

$$\delta_{ij}=\boldsymbol{g}_i\cdot\boldsymbol{g}_j=\boldsymbol{g}'_A\frac{\partial x'_A}{\partial x_i}\cdot\boldsymbol{g}'_B\frac{\partial x'_B}{\partial x_j}=\frac{\partial x'_A}{\partial x_i}\frac{\partial x'_B}{\partial x_j}\delta_{AB}=\frac{\partial x'_A}{\partial x_i}\frac{\partial x'_A}{\partial x_j}$$

其中

$$\frac{\partial x_A'}{\partial x_i}\frac{\partial x_A'}{\partial x_j}=\begin{bmatrix}\frac{\partial x_1'}{\partial x_1} & \frac{\partial x_2'}{\partial x_1} & \frac{\partial x_3'}{\partial x_1}\\ \frac{\partial x_1'}{\partial x_2} & \frac{\partial x_2'}{\partial x_2} & \frac{\partial x_3'}{\partial x_2}\\ \frac{\partial x_1'}{\partial x_3} & \frac{\partial x_2'}{\partial x_3} & \frac{\partial x_3'}{\partial x_3}\end{bmatrix}\begin{bmatrix}\frac{\partial x_1'}{\partial x_1} & \frac{\partial x_1'}{\partial x_2} & \frac{\partial x_1'}{\partial x_3}\\ \frac{\partial x_2'}{\partial x_1} & \frac{\partial x_2'}{\partial x_2} & \frac{\partial x_2'}{\partial x_3}\\ \frac{\partial x_3'}{\partial x_1} & \frac{\partial x_3'}{\partial x_2} & \frac{\partial x_3'}{\partial x_3}\end{bmatrix}$$

$$=\begin{bmatrix}\frac{\partial x_1'}{\partial x_1} & \frac{\partial x_2'}{\partial x_1} & \frac{\partial x_3'}{\partial x_1}\\ \frac{\partial x_1'}{\partial x_2} & \frac{\partial x_2'}{\partial x_2} & \frac{\partial x_3'}{\partial x_2}\\ \frac{\partial x_1'}{\partial x_3} & \frac{\partial x_2'}{\partial x_3} & \frac{\partial x_3'}{\partial x_3}\end{bmatrix}\begin{bmatrix}\frac{\partial x_1'}{\partial x_1} & \frac{\partial x_2'}{\partial x_1} & \frac{\partial x_3'}{\partial x_1}\\ \frac{\partial x_1'}{\partial x_2} & \frac{\partial x_2'}{\partial x_2} & \frac{\partial x_3'}{\partial x_2}\\ \frac{\partial x_1'}{\partial x_3} & \frac{\partial x_2'}{\partial x_3} & \frac{\partial x_3'}{\partial x_3}\end{bmatrix}^{\mathrm{T}}=\boldsymbol{I}$$

即

$$\left(\frac{\partial x_j'}{\partial x_i}\right)\left(\frac{\partial x_j'}{\partial x_i}\right)^{\mathrm{T}}=\boldsymbol{I} \tag{1.1-12}$$

此时雅可比矩阵为正交矩阵，两个坐标系间的变换为正交变换，记为 $\boldsymbol{Q}$，有

$$\boldsymbol{Q}\cdot\boldsymbol{Q}^{\mathrm{T}}=\boldsymbol{I} \tag{1.1-13}$$

因此，单位正交坐标系的基向量之间存在如下关系：

$$\boldsymbol{e}_i'=Q_{ij}\boldsymbol{e}_j \tag{1.1-14}$$

【例 1-4】 写出柱坐标系与直角坐标系间的变换矩阵。

设 $\boldsymbol{x}=x\boldsymbol{i}+y\boldsymbol{j}+z\boldsymbol{k}=r\cos\theta\boldsymbol{i}+r\sin\theta\boldsymbol{j}+z\boldsymbol{k}=\boldsymbol{x}(r,\theta,z)$。

由 $\boldsymbol{g}_i=\boldsymbol{g}_j'\frac{\partial x_j'}{\partial x_i}$，得

$$[\boldsymbol{g}_r\quad \boldsymbol{g}_\theta\quad \boldsymbol{g}_z]=[\boldsymbol{i}\quad \boldsymbol{j}\quad \boldsymbol{k}]\begin{bmatrix}\frac{\partial x}{\partial r} & \frac{\partial x}{\partial \theta} & \frac{\partial x}{\partial z}\\ \frac{\partial y}{\partial r} & \frac{\partial y}{\partial \theta} & \frac{\partial y}{\partial z}\\ \frac{\partial z}{\partial r} & \frac{\partial z}{\partial \theta} & \frac{\partial z}{\partial z}\end{bmatrix}=[\boldsymbol{i}\quad \boldsymbol{j}\quad \boldsymbol{k}]\begin{bmatrix}\cos\theta & -r\sin\theta & 0\\ \sin\theta & r\cos\theta & 0\\ 0 & 0 & 1\end{bmatrix}$$

若分析单位基向量，则

$$[\boldsymbol{e}_r\quad \boldsymbol{e}_\theta\quad \boldsymbol{e}_z]=\left[\boldsymbol{g}_r\quad \frac{1}{r}\boldsymbol{g}_\theta\quad \boldsymbol{g}_z\right]=[\boldsymbol{i}\quad \boldsymbol{j}\quad \boldsymbol{k}]\begin{bmatrix}\frac{\partial x}{\partial r} & \frac{\partial x}{r\partial \theta} & \frac{\partial x}{\partial z}\\ \frac{\partial y}{\partial r} & \frac{\partial y}{r\partial \theta} & \frac{\partial y}{\partial z}\\ \frac{\partial z}{\partial r} & \frac{\partial z}{r\partial \theta} & \frac{\partial z}{\partial z}\end{bmatrix}$$

$$=[\boldsymbol{i}\quad \boldsymbol{j}\quad \boldsymbol{k}]\begin{bmatrix}\cos\theta & -\sin\theta & 0\\ \sin\theta & \cos\theta & 0\\ 0 & 0 & 1\end{bmatrix}$$

柱坐标系中，$\boldsymbol{x}=\boldsymbol{x}(r,\theta,z)$，其中 $r=\sqrt{x^2+y^2}$，$\theta=\arctan\dfrac{y}{x}$。于是

$$[\boldsymbol{i}\quad \boldsymbol{j}\quad \boldsymbol{k}]=[\boldsymbol{e}_r\quad r\boldsymbol{e}_\theta\quad \boldsymbol{e}_z]\begin{bmatrix}\dfrac{x}{\sqrt{x^2+y^2}} & \dfrac{y}{\sqrt{x^2+y^2}} & 0\\ -\dfrac{y}{x^2+y^2} & \dfrac{x}{x^2+y^2} & 0\\ 0 & 0 & 1\end{bmatrix}$$

$$=[\boldsymbol{e}_r\quad \boldsymbol{e}_\theta\quad \boldsymbol{e}_z]\begin{bmatrix}\dfrac{x}{\sqrt{x^2+y^2}} & \dfrac{y}{\sqrt{x^2+y^2}} & 0\\ -\dfrac{y}{\sqrt{x^2+y^2}} & \dfrac{x}{\sqrt{x^2+y^2}} & 0\\ 0 & 0 & 1\end{bmatrix}$$

由于

$$\begin{bmatrix}\dfrac{x}{\sqrt{x^2+y^2}} & \dfrac{y}{\sqrt{x^2+y^2}} & 0\\ -\dfrac{y}{\sqrt{x^2+y^2}} & \dfrac{x}{\sqrt{x^2+y^2}} & 0\\ 0 & 0 & 1\end{bmatrix}=\begin{bmatrix}\cos\theta & \sin\theta & 0\\ -\sin\theta & \cos\theta & 0\\ 0 & 0 & 1\end{bmatrix}$$

显然变换矩阵$\left(\dfrac{\partial x_j'}{\partial x_i}\right)^{\mathrm{T}}=\left(\dfrac{\partial x_j'}{\partial x_i}\right)^{-1}$

我们也可根据 $\boldsymbol{Q}^{-1}=\boldsymbol{Q}^{\mathrm{T}}$ 直接得到柱坐标到直角坐标的变换矩阵。

【例 1-5】 分析仿射坐标系与直角坐标系间的变换矩阵：仿射坐标系(x_1'，x_2'，x_3')与直角坐标系(x_1，x_2，x_3)间的关系为$\begin{cases}x=x'+\dfrac{1}{2}y'\\ y=y'\\ z=z'\end{cases}$。

由题可得

$$[\boldsymbol{g}_1\quad \boldsymbol{g}_2\quad \boldsymbol{g}_3]=[\boldsymbol{i}\quad \boldsymbol{j}\quad \boldsymbol{k}]\begin{bmatrix}\dfrac{\partial x}{\partial x'} & \dfrac{\partial x}{\partial y'} & \dfrac{\partial x}{\partial z'}\\ \dfrac{\partial y}{\partial x'} & \dfrac{\partial y}{\partial y'} & \dfrac{\partial y}{\partial z'}\\ \dfrac{\partial z}{\partial x'} & \dfrac{\partial z}{\partial y'} & \dfrac{\partial z}{\partial z'}\end{bmatrix}=[\boldsymbol{i}\quad \boldsymbol{j}\quad \boldsymbol{k}]\begin{bmatrix}1 & \dfrac{1}{2} & 0\\ 0 & 1 & 0\\ 0 & 0 & 1\end{bmatrix}$$

显然

$$\begin{bmatrix}1 & \dfrac{1}{2} & 0\\ 0 & 1 & 0\\ 0 & 0 & 1\end{bmatrix}\begin{bmatrix}1 & \dfrac{1}{2} & 0\\ 0 & 1 & 0\\ 0 & 0 & 1\end{bmatrix}^{\mathrm{T}}=\begin{bmatrix}1 & \dfrac{1}{2} & 0\\ 0 & 1 & 0\\ 0 & 0 & 1\end{bmatrix}\begin{bmatrix}1 & 0 & 0\\ \dfrac{1}{2} & 1 & 0\\ 0 & 0 & 1\end{bmatrix}=\begin{bmatrix}\dfrac{5}{4} & \dfrac{1}{2} & 0\\ \dfrac{1}{2} & \dfrac{5}{4} & 0\\ 0 & 0 & 1\end{bmatrix}\neq \boldsymbol{I}$$

1.2　张量分析

如果一个物理量是数量，则称之为标量，记为 ϕ，它的表达式不含有基向量（含 0 个基向量），因此定义其为 0 阶张量。如果一个物理量是向量，$\boldsymbol{a}=a_i\boldsymbol{g}_i$，它含有一个基向量，定义其为 1 阶张量。如果我们用两个基向量的并积来表示坐标变换的矩阵 $\boldsymbol{Q}$，即 $\boldsymbol{Q}=\frac{\partial x_i'}{\partial x_j}\boldsymbol{g}_i\otimes\boldsymbol{g}_j$，则称 $\boldsymbol{Q}$ 为二阶张量，以此类推，如果用 n 个基向量的并积来表示物理量 $\phi_{i_1i_2\cdots i_n}\boldsymbol{g}_{i_1}\otimes\boldsymbol{g}_{i_2}\cdots\otimes\boldsymbol{g}_{i_n}$，则称其为 n 阶张量。本节中用单位基向量 $\boldsymbol{e}_i$ 表示基，即张量表示为 $\phi_{i_1i_2\cdots i_n}\boldsymbol{e}_{i_1}\otimes\boldsymbol{e}_{i_2}\cdots\otimes\boldsymbol{e}_{i_n}$。

分析坐标变换对张量的影响。在 x 坐标系中令张量 $\boldsymbol{\Phi}=\phi_{j_1j_2\cdots j_n}\boldsymbol{e}_{j_1}\otimes\boldsymbol{e}_{j_2}\cdots\otimes\boldsymbol{e}_{j_n}$，在 x' 坐标系中令张量 $\boldsymbol{\Phi}=\phi'_{i_1i_2\cdots i_n}\boldsymbol{e}'_{i_1}\otimes\boldsymbol{e}'_{i_2}\cdots\otimes\boldsymbol{e}'_{i_n}$，根据式（1.1-14），有

$$
\begin{aligned}
\boldsymbol{\Phi}&=\phi'_{i_1i_2\cdots i_n}\boldsymbol{e}'_{i_1}\otimes\boldsymbol{e}'_{i_2}\cdots\otimes\boldsymbol{e}'_{i_n}=\phi'_{i_1i_2\cdots i_n}Q_{i_1j_1}\boldsymbol{e}_{j_1}\otimes Q_{i_2j_2}\boldsymbol{e}_{j_2}\otimes\cdots\otimes Q_{i_nj_n}\boldsymbol{e}_{j_n}\\
&=\phi'_{i_1i_2\cdots i_n}Q_{i_1j_1}Q_{i_2j_2}\cdots Q_{i_nj_n}\boldsymbol{e}_{j_1}\otimes\boldsymbol{e}_{j_2}\otimes\cdots\otimes\boldsymbol{e}_{j_n}
\end{aligned}
$$

显然，在两个坐标系中相应分量之间满足关系式

$$\phi_{j_1j_2\cdots j_n}=\phi'_{i_1i_2\cdots i_n}Q_{i_1j_1}Q_{i_2j_2}\cdots Q_{i_nj_n} \tag{1.2-1}$$

此为 n 阶张量在两个正交变换坐标系中相应分量需要满足的关系。

1.2.1　张量运算

1. 加减

$$\phi_{i_1i_2\cdots i_n}\boldsymbol{e}_{i_1}\otimes\boldsymbol{e}_{i_2}\cdots\otimes\boldsymbol{e}_{i_n}+\phi'_{i_1i_2\cdots i_n}\boldsymbol{e}_{i_1}\otimes\boldsymbol{e}_{i_2}\cdots\otimes\boldsymbol{e}_{i_n}=(\phi_{i_1i_2\cdots i_n}+\phi'_{i_1i_2\cdots i_n})\boldsymbol{e}_{i_1}\otimes\boldsymbol{e}_{i_2}\cdots\otimes\boldsymbol{e}_{i_n} \tag{1.2-2}$$

只有同阶同基的张量才可进行。

2. 乘积（并积）

$$
\begin{aligned}
&\phi_{i_1i_2\cdots i_n}\boldsymbol{e}_{i_1}\otimes\boldsymbol{e}_{i_2}\cdots\otimes\boldsymbol{e}_{i_n}\otimes\phi'_{j_1j_2\cdots j_m}\boldsymbol{e}_{j_1}\otimes\boldsymbol{e}_{j_2}\cdots\otimes\boldsymbol{e}_{j_m}\\
&=(\phi_{i_1i_2\cdots i_n}\phi'_{j_1j_2\cdots j_m})\boldsymbol{e}_{i_1}\otimes\boldsymbol{e}_{i_2}\cdots\otimes\boldsymbol{e}_{i_n}\otimes\boldsymbol{e}_{j_1}\otimes\boldsymbol{e}_{j_2}\cdots\otimes\boldsymbol{e}_{j_m}
\end{aligned} \tag{1.2-3}
$$

并积后张量的阶数等于相乘两张量的阶数之和。有时在书写时也可以省略符号⊗，把 n 阶张量直接记为

$$\phi_{i_1i_2\cdots i_n}\boldsymbol{e}_{i_1}\boldsymbol{e}_{i_2}\cdots\boldsymbol{e}_{i_n}$$

3. 点积（内积）

根据 $\boldsymbol{e}_{i_n}\cdot\boldsymbol{e}_{j_1}=\delta_{i_nj_1}$，有

$$
\begin{aligned}
&\phi_{i_1i_2\cdots i_n}\boldsymbol{e}_{i_1}\otimes\boldsymbol{e}_{i_2}\cdots\otimes\boldsymbol{e}_{i_n}\cdot\phi'_{j_1j_2\cdots j_m}\boldsymbol{e}_{j_1}\otimes\boldsymbol{e}_{j_2}\cdots\otimes\boldsymbol{e}_{j_m}\\
&=\phi_{i_1i_2\cdots i_n}\boldsymbol{e}_{i_1}\otimes\boldsymbol{e}_{i_2}\cdots\otimes\boldsymbol{e}_{i_{n-1}}\delta_{i_nj_1}\,\phi'_{j_1j_2\cdots j_m}\boldsymbol{e}_{j_2}\cdots\otimes\boldsymbol{e}_{j_m}\\
&=(\phi_{i_1i_2\cdots i_n}\phi'_{i_nj_2\cdots j_m})\boldsymbol{e}_{i_1}\otimes\boldsymbol{e}_{i_2}\cdots\otimes\boldsymbol{e}_{i_{n-1}}\otimes\boldsymbol{e}_{j_2}\cdots\otimes\boldsymbol{e}_{j_m}
\end{aligned} \tag{1.2-4}
$$

点积后张量阶数等于点积两张量的阶数之和减 2。注意此时 $\phi_{i_1i_2\cdots i_n}\phi'_{i_nj_2\cdots j_m}$ 关于哑标 i_n 求和。

例如，

$$M_{iA}\boldsymbol{e}_i\otimes\boldsymbol{e}_A\cdot N_{Bj}\boldsymbol{e}_B\otimes\boldsymbol{e}_j=M_{iA}N_{Aj}\boldsymbol{e}_i\otimes\boldsymbol{e}_j=(M_{11}N_{11}+M_{12}N_{21}+M_{13}N_{31})\boldsymbol{e}_1\otimes\boldsymbol{e}_1+(M_{11}N_{12}+M_{12}N_{22}+M_{13}N_{32})\boldsymbol{e}_1\otimes\boldsymbol{e}_2\cdots+(M_{31}N_{13}+M_{32}N_{23}+M_{33}N_{33})\boldsymbol{e}_3\otimes\boldsymbol{e}_3$$

4. 叉积

根据 $\boldsymbol{e}_i\times\boldsymbol{e}_j=\varepsilon_{ijk}\boldsymbol{e}_k$，有

$$\begin{aligned}&\phi_{i_1i_2\cdots i_n}\boldsymbol{e}_{i_1}\otimes\boldsymbol{e}_{i_2}\cdots\otimes\boldsymbol{e}_{i_n}\times\phi'_{j_1j_2\cdots j_m}\boldsymbol{e}_{j_1}\otimes\boldsymbol{e}_{j_2}\cdots\otimes\boldsymbol{e}_{j_m}\\&=\phi_{i_1i_2\cdots i_n}\boldsymbol{e}_{i_1}\otimes\boldsymbol{e}_{i_2}\cdots\otimes\boldsymbol{e}_{i_{n-1}}\varepsilon_{i_nj_1k}\boldsymbol{e}_k\phi'_{j_1j_2\cdots j_m}\boldsymbol{e}_{j_2}\cdots\otimes\boldsymbol{e}_{j_m}\\&=(\varepsilon_{i_nj_1k}\phi_{i_1i_2\cdots i_n}\phi'_{j_1j_2\cdots j_m})\boldsymbol{e}_{i_1}\otimes\boldsymbol{e}_{i_2}\cdots\otimes\boldsymbol{e}_{i_{n-1}}\otimes\boldsymbol{e}_k\otimes\boldsymbol{e}_{j_2}\cdots\otimes\boldsymbol{e}_{j_m}\end{aligned}\tag{1.2-5}$$

叉积后张量阶数等于两张量的阶数之和减 1。我们可以定义置换张量（Eddington）$\boldsymbol{E}=\varepsilon_{ijk}\boldsymbol{e}_i\otimes\boldsymbol{e}_j\otimes\boldsymbol{e}_k$，于是，张量的叉积满足

$$\boldsymbol{\Phi}\times\boldsymbol{\Phi}'=-\boldsymbol{\Phi}\cdot\boldsymbol{E}\cdot\boldsymbol{\Phi}'\tag{1.2-6}$$

证明：

$$\begin{aligned}-\boldsymbol{\Phi}\cdot\boldsymbol{E}\cdot\boldsymbol{\Phi}'&=-\phi_{i_1i_2\cdots i_n}\boldsymbol{e}_{i_1}\otimes\boldsymbol{e}_{i_2}\cdots\otimes\boldsymbol{e}_{i_n}\cdot\varepsilon_{mkl}\boldsymbol{e}_m\otimes\boldsymbol{e}_k\otimes\boldsymbol{e}_l\cdot\phi'_{j_1j_2\cdots j_m}\boldsymbol{e}_{j_1}\otimes\boldsymbol{e}_{j_2}\cdots\otimes\boldsymbol{e}_{j_m}\\&=-\varepsilon_{i_nkj_1}\phi_{i_1i_2\cdots i_n}\boldsymbol{e}_{i_1}\otimes\boldsymbol{e}_{i_2}\cdots\otimes\boldsymbol{e}_{i_{n-1}}\otimes\boldsymbol{e}_k\phi'_{j_1j_2\cdots j_m}\otimes\boldsymbol{e}_{j_2}\cdots\otimes\boldsymbol{e}_{j_m}\\&=(\varepsilon_{i_nj_1k}\phi_{i_1i_2\cdots i_n}\phi'_{j_1j_2\cdots j_m})\boldsymbol{e}_{i_1}\otimes\boldsymbol{e}_{i_2}\cdots\otimes\boldsymbol{e}_{i_{n-1}}\otimes\boldsymbol{e}_k\otimes\boldsymbol{e}_{j_2}\cdots\otimes\boldsymbol{e}_{j_m}\end{aligned}$$

与式（1.2-5）相同，问题得证。

注意：表达式要对哑标 i_n，j_1 求和，写成矩阵形式为

$$\begin{bmatrix}\phi_{11\cdots1}&\phi_{11\cdots2}&\phi_{11\cdots3}\\\phi_{21\cdots1}&\phi_{21\cdots2}&\phi_{21\cdots3}\\&\vdots&\\\phi_{33\cdots1}&\phi_{33\cdots2}&\phi_{33\cdots3}\end{bmatrix}\begin{bmatrix}\varepsilon_{11k}&\varepsilon_{12k}&\varepsilon_{13k}\\\varepsilon_{21k}&\varepsilon_{22k}&\varepsilon_{23k}\\\varepsilon_{31k}&\varepsilon_{32k}&\varepsilon_{33k}\end{bmatrix}\begin{bmatrix}\phi'_{11\cdots1}&\phi'_{12\cdots1}&&\phi'_{13\cdots3}\\\phi'_{21\cdots1}&\phi'_{22\cdots1}&\cdots&\phi'_{23\cdots3}\\\phi'_{31\cdots1}&\phi'_{32\cdots1}&&\phi'_{33\cdots3}\end{bmatrix}$$

5. 张量判定定理

若有 n 阶指标的量 $\phi_{i_1i_2\cdots i_n}$ 和任意向量（1 阶张量）的点积（内积）为 $n-1$ 阶张量，则 $\phi_{i_1i_2\cdots i_n}$ 就是一个 n 阶张量。

例：设一组带三个指标的量 M_{ijk} 与任意矢量 A_k 的点积

$$B_{ij}=M_{ijk}A_k\tag{1.2-7}$$

是一个二阶张量，则 M_{ijk} 必是三阶张量。

证明：建立一个指标符号带撇的新坐标系，由式（1.2-7），有

$$B_{m'n'}=M_{m'n'l'}A_{l'}\tag{1.2-7-1}$$

根据坐标变换规则，有

$$B_{m'n'}=Q_{m'i}Q_{n'j}B_{ij}\tag{1.2-7-2}$$

将式（1.2-7）代入，得

$$B_{m'n'}=Q_{m'i}Q_{n'j}M_{ijk}A_k\tag{1.2-7-3}$$

对于原来坐标系中的矢量 A_k 有

$$A_k=Q_{l'k}A_{l'}$$

代入式（1.2-7-3），有

$$B_{m'n'}=Q_{m'i}Q_{n'j}Q_{l'k}M_{ijk}A_{l'} \tag{1.2-7-4}$$

式（1.2-7-1）和式（1.2-7-4）相减得

$$B_{m'n'}-B_{m'n'}=(M_{m'n'l'}-Q_{m'i}Q_{n'j}Q_{l'k}M_{ijk})A_{l'}=0$$

由于 $A_{l'}$ 是任意向量，因此必须满足

$$M_{m'n'l'}=Q_{m'i}Q_{n'j}Q_{l'k}M_{ijk}$$

即 M_{ijk} 服从三阶张量的变换规律，故是三阶张量。同理可以证其他任何阶张量。

6. 张量微分

由于在曲线坐标系中，基向量的导数不为 **0**，张量微分要对每一基向量都进行微分，即有 $n+1$ 项微分相加：

$$(\phi_{i_1i_2\cdots i_n}\boldsymbol{e}_{i_1}\otimes\boldsymbol{e}_{i_2}\cdots\otimes\boldsymbol{e}_{i_n})_{,j}=\phi_{i_1i_2\cdots i_n,j}\boldsymbol{e}_{i_1}\otimes\boldsymbol{e}_{i_2}\cdots\otimes\boldsymbol{e}_{i_n}+\phi_{i_1i_2\cdots i_n}\boldsymbol{e}_{i_1,j}\otimes\boldsymbol{e}_{i_2}\cdots\otimes\boldsymbol{e}_{i_n}+\cdots+\phi_{i_1i_2\cdots i_n}\boldsymbol{e}_{i_1}\otimes\boldsymbol{e}_{i_2}\cdots\otimes\boldsymbol{e}_{i_n,j} \tag{1.2-8}$$

1.2.2 场论

物理学中把某个物理量在空间的一个区域内的分布称为场，显然，这个物理量是空间坐标的函数。如果这个物理量是数量，则称此场为标量场，记为 $\phi=\phi(\boldsymbol{x},t)$，如温度场、密度场等；因为标量场的表达式不含有基向量，因此在坐标变换时保持不变，即在空间同一点上 $\phi'(\boldsymbol{x}',t)=\phi(\boldsymbol{x},t)$。如果这个物理量是向量，$\boldsymbol{a}(\boldsymbol{x},t)=a_i\boldsymbol{g}_i$，则称此场为向量场，如引力场、电场、磁场等。根据式（1.1-10），向量在不同坐标系下存在如下关系：$\boldsymbol{a}(\boldsymbol{x},t)=a_i\boldsymbol{g}_i=a_i\dfrac{\partial x_j'}{\partial x_i}\boldsymbol{g}_j'=a_j'\boldsymbol{g}_j'$，即 $a_j'=a_i\dfrac{\partial x_j'}{\partial x_i}$。

如果同一时刻场内各点的函数值都相等，则称此场为均匀场，即 $\phi=\phi(t)$，$\boldsymbol{a}=\boldsymbol{a}(t)$，反之则为不均匀场。如果场的物理量只随空间位置变化、不随时间变化，这样的场称为定常场，则 $\phi=\phi(\boldsymbol{x})$，$\boldsymbol{a}=\boldsymbol{a}(\boldsymbol{x})$；如果不仅随空间位置变化，还随时间变化，这样的场为非定常场。对于非定常场，可以固定某个时刻 $t=t_0$，对空间导数进行研究。

方向导数：在函数定义域内的点 $\boldsymbol{x}_0$，对某一方向求导得到的导数，定义为函数的方向导数（注：方向导数可分为沿直线方向和沿曲线方向的导数），记为$\dfrac{\partial\phi}{\partial s}$，其中 $\phi=\phi(\boldsymbol{x})$ 表示函数，∂s 表示 $\boldsymbol{s}$ 方向上的线元。

1. 梯度场

梯度表示函数的某点，该点处的方向导数沿着该方向取得最大值，即函数在该点处沿着该方向（此梯度的方向）变化最快，变化率最大（为该梯度的模），记为 $\text{grad}\,\phi=\nabla\phi$。其中 ∇为哈密顿（Hamiltonian）算子，读作 delta 或 nabla。如图 1.2-1 所示，$\nabla\phi=\dfrac{\partial\phi}{\partial n}\boldsymbol{n}$，其中 $\boldsymbol{n}$ 为等位面的法向方向，$\boldsymbol{s}$ 为任一方向，$\phi=C_1$ 和 $\phi=C_2$ 分别对应两个等位面。

性质 1：记 $\boldsymbol{s}_0$ 为 $\boldsymbol{s}$ 方向的单位矢量，方向导数满足

$$\frac{\partial\phi}{\partial s}=\boldsymbol{s}_0\cdot\nabla\phi \tag{1.2-9}$$

证明：如图 1.2-1 所示，有

$$\frac{\partial \phi}{\partial s}=\frac{\partial \phi}{\dfrac{\partial n}{\cos(\boldsymbol{n},\boldsymbol{s})}}=\frac{\partial \phi}{\partial n}\cos(\boldsymbol{n},\boldsymbol{s})=\frac{\partial \phi}{\partial n}\boldsymbol{n}\cdot \boldsymbol{s}_0=\nabla\phi\cdot \boldsymbol{s}_0=\boldsymbol{s}_0\cdot\nabla\phi$$

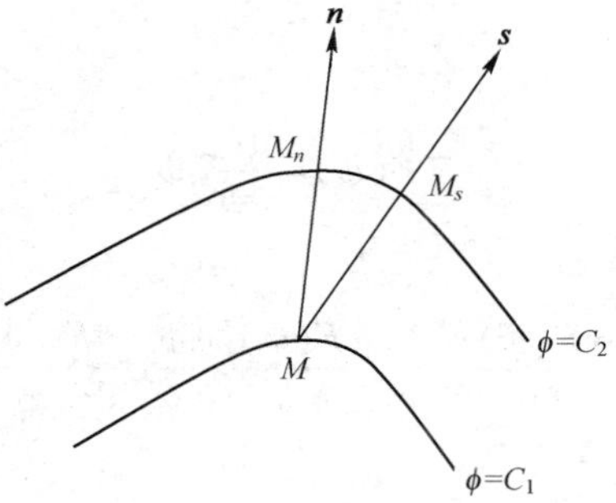

图 1.2-1　等位面示意图

在直角坐标系中，根据式（1.2-9），$\boldsymbol{s}_0$ 分别取 $\boldsymbol{i}$，$\boldsymbol{j}$，$\boldsymbol{k}$，有

$$\begin{cases}\dfrac{\partial \phi}{\partial x}=\boldsymbol{i}\cdot\nabla\phi\\ \dfrac{\partial \phi}{\partial y}=\boldsymbol{j}\cdot\nabla\phi\\ \dfrac{\partial \phi}{\partial z}=\boldsymbol{k}\cdot\nabla\phi\end{cases}$$

即$\nabla\phi=\boldsymbol{i}\dfrac{\partial \phi}{\partial x}+\boldsymbol{j}\dfrac{\partial \phi}{\partial y}+\boldsymbol{k}\dfrac{\partial \phi}{\partial z}=\left(\boldsymbol{i}\dfrac{\partial}{\partial x}+\boldsymbol{j}\dfrac{\partial}{\partial y}+\boldsymbol{k}\dfrac{\partial}{\partial z}\right)\phi$

因此，直角坐标系中$\nabla=\boldsymbol{i}\dfrac{\partial}{\partial x}+\boldsymbol{j}\dfrac{\partial}{\partial y}+\boldsymbol{k}\dfrac{\partial}{\partial z}$。

【例 1-6】 证明：正交曲线坐标系中梯度算子的表达式为

$$\nabla\phi=\frac{\boldsymbol{e}_i}{h_i}\frac{\partial \phi}{\partial x_i}\tag{1.2-10}$$

由式（1.1-6）$\mathrm{d}\boldsymbol{s}=\mathrm{d}x_i\boldsymbol{g}_i=h_i\mathrm{d}x_i\boldsymbol{e}_i$，微元 $\mathrm{d}\boldsymbol{s}$ 在坐标轴（$\boldsymbol{e}_i$）上的投影 $\mathrm{d}s_i=h_i\mathrm{d}x_i$，例如，在柱坐标中，微元在 $\boldsymbol{e}_r$、$\boldsymbol{e}_\theta$ 上的投影分别是 $\mathrm{d}r$ 和 $r\mathrm{d}\theta$。根据式（1.2-9），有

$$\frac{\partial \phi}{\partial s_i}=\frac{\partial \phi}{h_i\,\partial x_i}=\boldsymbol{e}_i\cdot\nabla\phi$$

即

$$\nabla\phi=\frac{\partial \phi}{h_i\,\partial x_i}\boldsymbol{e}_i$$

性质 2：梯度$\nabla\phi$ 满足

$$\mathrm{d}\phi=\mathrm{d}\boldsymbol{r}\cdot\nabla\phi\tag{1.2-11}$$

证明：考察 ϕ 对空间自变量的全微分

$$\mathrm{d}\phi=\frac{\partial \phi}{\partial x_1}\mathrm{d}x_1+\frac{\partial \phi}{\partial x_2}\mathrm{d}x_2+\frac{\partial \phi}{\partial x_3}\mathrm{d}x_3$$

由式（1.1-6）得

$$\mathrm{d}\boldsymbol{r}=\mathrm{d}x_i\boldsymbol{g}_i=h_i\mathrm{d}x_i\boldsymbol{e}_i,$$

由式（1.2-10），有

$$\mathrm{d}\boldsymbol{r}\cdot\nabla\phi=h_i\mathrm{d}x_i\boldsymbol{e}_i\cdot\frac{\boldsymbol{e}_j}{h_j}\frac{\partial\phi}{\partial x_j}=\frac{\partial\phi}{\partial x_i}\mathrm{d}x_i=\mathrm{d}\phi$$

性质 3：函数的梯度为

$$\nabla F(\phi)=\frac{\mathrm{d}F}{\mathrm{d}\phi}\nabla\phi \tag{1.2-12}$$

证明：

$$\nabla F(\phi)=\frac{\boldsymbol{e}_i}{h_i}\frac{\partial F(\phi)}{\partial x_i}=\frac{\boldsymbol{e}_i}{h_i}\frac{\partial F(\phi)}{\partial\phi}\frac{\partial\phi}{\partial x_i}=\frac{\mathrm{d}F}{\mathrm{d}\phi}\frac{\partial\phi}{h_i\partial x_i}\boldsymbol{e}_i=\frac{\mathrm{d}F}{\mathrm{d}\phi}\nabla\phi$$

2. 散度场

散度表示某点处的单位体积内散发出来的物理量的通量（见数学中的高斯公式），数学表达式为

$$\nabla\cdot\boldsymbol{a}=\frac{\boldsymbol{e}_i}{h_i}\frac{\partial}{\partial x_i}\cdot(a_j\boldsymbol{e}_j)=\frac{\partial a_j}{h_i\partial x_i}\boldsymbol{e}_i\cdot\boldsymbol{e}_j+\frac{a_j\boldsymbol{e}_i}{h_i}\cdot\frac{\partial\boldsymbol{e}_j}{\partial x_i}=\frac{\partial a_j}{h_j\partial x_j}+a_j\left(\frac{\boldsymbol{e}_I}{h_I}\cdot\frac{\partial\boldsymbol{e}_j}{\partial x_I}+\frac{\boldsymbol{e}_J}{h_J}\cdot\frac{\partial\boldsymbol{e}_j}{\partial x_J}+\frac{\boldsymbol{e}_K}{h_K}\cdot\frac{\partial\boldsymbol{e}_j}{\partial x_K}\right)$$

根据式（1.1-8），有

$$\begin{aligned}\nabla\cdot\boldsymbol{a}&=\frac{\partial a_j}{h_j\partial x_j}+a_j\left(\frac{\boldsymbol{e}_I}{h_I}\cdot\frac{\partial h_I}{h_j\partial x_j}\boldsymbol{e}_I+0+\frac{\boldsymbol{e}_K}{h_K}\cdot\frac{\partial h_K}{h_j\partial x_j}\boldsymbol{e}_K\right)\\&=\frac{\partial a_j}{h_j\partial x_j}+a_j\left(\frac{\boldsymbol{e}_Ih_K}{h_Ih_K}\cdot\frac{\partial h_I}{h_j\partial x_j}\boldsymbol{e}_I+\frac{\boldsymbol{e}_Kh_I}{h_Kh_I}\cdot\frac{\partial h_K}{h_j\partial x_j}\boldsymbol{e}_K\right)\\&=\frac{\partial a_j}{h_j\partial x_j}+\frac{a_j}{h_Ih_jh_K}\frac{\partial(h_Ih_K)}{\partial x_j}=\frac{1}{h_1h_2h_3}\frac{\partial(h_Ih_Ka_j)}{\partial x_j}\end{aligned}$$

即

$$\nabla\cdot\boldsymbol{a}=\frac{1}{h_1h_2h_3}\left[\frac{\partial(h_2h_3a_1)}{\partial x_1}+\frac{\partial(h_3h_1a_2)}{\partial x_2}+\frac{\partial(h_1h_2a_3)}{\partial x_3}\right] \tag{1.2-13}$$

3. 旋度场

旋度表示向量场对某一点附近的微元造成的旋转程度，数学表达式为

$$\nabla\times\boldsymbol{a}=\boldsymbol{e}_i\frac{\partial}{h_i\partial x_i}\times(a_j\boldsymbol{e}_j)=\frac{\boldsymbol{e}_i}{h_i}\times\frac{\partial a_j}{\partial x_i}\boldsymbol{e}_j+\frac{\boldsymbol{e}_i}{h_i}\times a_j\frac{\partial\boldsymbol{e}_j}{\partial x_i}=\frac{\varepsilon_{ijk}}{h_i}\frac{\partial a_j}{\partial x_i}\boldsymbol{e}_k+\frac{\boldsymbol{e}_i}{h_i}\times\left(a_I\frac{\partial\boldsymbol{e}_I}{\partial x_i}+a_J\frac{\partial\boldsymbol{e}_J}{\partial x_i}+a_K\frac{\partial\boldsymbol{e}_K}{\partial x_i}\right)$$

根据式（1.1-8），有

$$\begin{aligned}\nabla\times\boldsymbol{a}&=\frac{\varepsilon_{ijk}}{h_i}\frac{\partial a_j}{\partial x_i}\boldsymbol{e}_k+\frac{\boldsymbol{e}_i}{h_i}\times\left[a_I\left(-\frac{\partial h_i}{h_J\partial x_J}\boldsymbol{e}_J-\frac{\partial h_i}{h_K\partial x_K}\boldsymbol{e}_K\right)+a_J\frac{\partial h_i}{h_J\partial x_J}\boldsymbol{e}_i+a_K\frac{\partial h_i}{h_K\partial x_K}\boldsymbol{e}_i\right]\\&=\frac{\varepsilon_{ijk}}{h_i}\frac{\partial a_j}{\partial x_i}\boldsymbol{e}_k-\frac{\boldsymbol{e}_i}{h_i}\times\left(\frac{a_I\partial h_i}{h_J\partial x_J}\boldsymbol{e}_J+\frac{a_I\partial h_i}{h_K\partial x_K}\boldsymbol{e}_K\right)\\&=\frac{\varepsilon_{ijk}}{h_i}\frac{\partial a_j}{\partial x_i}\boldsymbol{e}_k-\frac{\boldsymbol{e}_i}{h_i}\times\left(\frac{a_I\partial h_i}{h_I\partial x_I}\boldsymbol{e}_I+\frac{a_I\partial h_i}{h_J\partial x_J}\boldsymbol{e}_J+\frac{a_I\partial h_i}{h_K\partial x_K}\boldsymbol{e}_K\right)\\&=\frac{\varepsilon_{ijk}}{h_i}\frac{\partial a_j}{\partial x_i}\boldsymbol{e}_k-\frac{\boldsymbol{e}_i}{h_i}\times\frac{a_i\partial h_i}{h_j\partial x_j}\boldsymbol{e}_j=\frac{\varepsilon_{ijk}}{h_i}\frac{\partial a_j}{\partial x_i}\boldsymbol{e}_k-\varepsilon_{ijk}\frac{a_i\partial h_i}{h_ih_j\partial x_j}\boldsymbol{e}_k\end{aligned}$$

$$=\frac{\varepsilon_{ijk}}{h_i}\frac{\partial a_j}{\partial x_i}\boldsymbol{e}_k-\varepsilon_{jik}\frac{a_j\partial h_j}{h_ih_j\partial x_i}\boldsymbol{e}_k=\frac{\varepsilon_{ijk}h_j}{h_ih_j}\frac{\partial a_j}{\partial x_i}\boldsymbol{e}_k+\varepsilon_{ijk}\frac{a_j\partial h_j}{h_ih_j\partial x_i}\boldsymbol{e}_k$$

$$=\frac{\varepsilon_{ijk}}{h_ih_j}\frac{\partial(h_ja_j)}{\partial x_i}\boldsymbol{e}_k=\frac{\varepsilon_{ijk}}{h_ih_jh_k}\frac{\partial(h_ja_j)}{\partial x_i}h_k\boldsymbol{e}_k=\frac{\varepsilon_{ijk}}{h_1h_2h_3}\frac{\partial(h_ja_j)}{\partial x_i}h_k\boldsymbol{e}_k$$

即

$$\nabla\times\boldsymbol{a}=\frac{1}{h_1h_2h_3}\begin{vmatrix}h_1\boldsymbol{e}_1 & h_2\boldsymbol{e}_2 & h_3\boldsymbol{e}_3\\ \dfrac{\partial}{\partial x_1} & \dfrac{\partial}{\partial x_2} & \dfrac{\partial}{\partial x_3}\\ h_1a_1 & h_2a_2 & h_3a_3\end{vmatrix}\tag{1.2-14}$$

【例 1-7】 求柱坐标中梯度、散度、旋度的表达式。

从【例 1-2】知 $h_r=h_z=1$，$h_\theta=\sqrt{(-r\sin\theta)^2+(r\cos\theta)^2+(0)^2}=r$

根据式（1.2-10）得

$$\nabla=\frac{\boldsymbol{e}_i}{h_i}\frac{\partial}{\partial x_i}=\boldsymbol{e}_r\frac{\partial}{\partial r}+\boldsymbol{e}_z\frac{\partial}{\partial z}+\frac{\boldsymbol{e}_\theta}{r}\frac{\partial}{\partial\theta}\tag{1.2-15}$$

根据式（1.2-13）得

$$\nabla\cdot\boldsymbol{a}=\frac{1}{r}\left[\frac{\partial(ra_r)}{\partial r}+\frac{\partial(a_\theta)}{\partial\theta}+\frac{\partial(ra_z)}{\partial z}\right]\tag{1.2-16}$$

根据式（1.2-14）得

$$\nabla\times\boldsymbol{a}=\frac{1}{r}\begin{vmatrix}\boldsymbol{e}_r & r\boldsymbol{e}_\theta & \boldsymbol{e}_z\\ \dfrac{\partial}{\partial r} & \dfrac{\partial}{\partial\theta} & \dfrac{\partial}{\partial z}\\ a_r & ra_\theta & a_z\end{vmatrix}\tag{1.2-17}$$

【例 1-8】 求柱坐标中速度梯度的表达式。

$\boldsymbol{v}=v_r\boldsymbol{e}_r+v_\theta\boldsymbol{e}_\theta+v_z\boldsymbol{e}_z$，由【例 1-3】$\dfrac{\partial\boldsymbol{e}_r}{\partial\theta}=\boldsymbol{e}_\theta$，$\dfrac{\partial\boldsymbol{e}_\theta}{\partial\theta}=-\boldsymbol{e}_r$，有

$$\nabla(v_r\boldsymbol{e}_r)=\boldsymbol{e}_r\frac{\partial(v_r\boldsymbol{e}_r)}{\partial r}+\frac{\boldsymbol{e}_\theta}{r}\frac{\partial(v_r\boldsymbol{e}_r)}{\partial\theta}+\boldsymbol{e}_z\frac{\partial(v_r\boldsymbol{e}_r)}{\partial z}$$

$$=\boldsymbol{e}_r\frac{\partial v_r}{\partial r}\boldsymbol{e}_r+\frac{\boldsymbol{e}_\theta}{r}\frac{\partial v_r}{\partial\theta}\boldsymbol{e}_r+\boldsymbol{e}_z\frac{\partial v_r\boldsymbol{e}_r}{\partial z}+\boldsymbol{e}_rv_r\frac{\partial\boldsymbol{e}_r}{\partial r}+\frac{\boldsymbol{e}_\theta}{r}v_r\frac{\partial\boldsymbol{e}_r}{\partial\theta}+\boldsymbol{e}_zv_r\frac{\partial\boldsymbol{e}_r}{\partial z}$$

$$=\frac{\partial v_r}{\partial r}\boldsymbol{e}_r\boldsymbol{e}_r+\frac{\partial v_r}{r\partial\theta}\boldsymbol{e}_\theta\boldsymbol{e}_r+\frac{\partial v_r}{\partial z}\boldsymbol{e}_z\boldsymbol{e}_r+\frac{v_r}{r}\boldsymbol{e}_\theta\boldsymbol{e}_r$$

同理，

$$\nabla(v_\theta\boldsymbol{e}_\theta)=\frac{\partial v_\theta}{\partial r}\boldsymbol{e}_r\boldsymbol{e}_\theta+\frac{\partial v_\theta}{r\partial\theta}\boldsymbol{e}_\theta\boldsymbol{e}_\theta+\frac{\partial v_\theta}{\partial z}\boldsymbol{e}_z\boldsymbol{e}_\theta-\frac{\boldsymbol{e}_\theta}{r}v_\theta\boldsymbol{e}_r$$

$$\nabla(v_z\boldsymbol{e}_z)=\frac{\partial v_z}{\partial r}\boldsymbol{e}_r\boldsymbol{e}_z+\frac{\partial v_z}{r\partial\theta}\boldsymbol{e}_\theta\boldsymbol{e}_z+\frac{\partial v_z}{\partial z}\boldsymbol{e}_z\boldsymbol{e}_z$$

整理得

$$\nabla \boldsymbol{v}=\begin{bmatrix} \dfrac{\partial v_r}{\partial r} & \dfrac{\partial v_\theta}{\partial r} & \dfrac{\partial v_z}{\partial r} \\ \dfrac{1}{r}\dfrac{\partial v_r}{\partial \theta}-\dfrac{v_\theta}{r} & \dfrac{1}{r}\dfrac{\partial v_\theta}{\partial \theta}+\dfrac{v_r}{r} & \dfrac{1}{r}\dfrac{\partial v_z}{\partial \theta} \\ \dfrac{\partial v_r}{\partial z} & \dfrac{\partial v_\theta}{\partial z} & \dfrac{\partial v_z}{\partial z} \end{bmatrix} \tag{1.2-18}$$

1.2.3 二阶张量

二阶张量又称仿射量，根据 1.1.3 节，它可以将一个坐标系中的向量映射到另一个坐标系。定义二阶张量 $\boldsymbol{B}=B_{ij}\boldsymbol{g}_i\otimes\boldsymbol{g}_j$，则 $\boldsymbol{B}^{\mathrm{T}}=B_{ij}\boldsymbol{g}_j\otimes\boldsymbol{g}_i$。

1. *B* 的行列式

$$\det\boldsymbol{B}=\begin{vmatrix} B_{11} & B_{12} & B_{13} \\ B_{21} & B_{22} & B_{23} \\ B_{31} & B_{32} & B_{33} \end{vmatrix}=\varepsilon_{ijk}B_{i1}B_{j2}B_{k3}$$

$\det\boldsymbol{B}\neq 0$ 的二阶张量称为正则二阶张量。

2. 对称张量

$$\boldsymbol{B}^{\mathrm{T}}=\boldsymbol{B}$$

3. 反对称张量

$$\boldsymbol{B}^{\mathrm{T}}=-\boldsymbol{B}$$

4. 正交张量

$$\boldsymbol{Q}\cdot\boldsymbol{Q}^{\mathrm{T}}=\boldsymbol{I}$$

单位正交坐标系间的坐标变换矩阵就是正交张量。

5. 二阶张量的特征值、特征向量及不变量

对于正则二阶张量 $\boldsymbol{B}$，总存在非零实数和向量，使得 $\boldsymbol{B}\cdot\boldsymbol{x}=\lambda\boldsymbol{x}$，则 λ 称为 $\boldsymbol{B}$ 的特征值，$\boldsymbol{x}$ 称为 $\boldsymbol{B}$ 的特征向量。显然 $(\boldsymbol{B}-\lambda\boldsymbol{I})\cdot\boldsymbol{x}=0$，由于 $\boldsymbol{x}\neq\boldsymbol{0}$，则

$$\det(\boldsymbol{B}-\lambda\boldsymbol{I})=\det(B_{ij}-\lambda\delta_{ij})=0 \tag{1.2-19}$$

表达式（1.2-19）称为 $\boldsymbol{B}$ 的特征方程，其左侧展开式称为 $\boldsymbol{B}$ 的特征多项式，即

$$\lambda^3-I_1(\boldsymbol{B})\lambda^2+I_2(\boldsymbol{B})\lambda-I_3(\boldsymbol{B})=0 \tag{1.2-20}$$

其中

$$\begin{cases} I_1(\boldsymbol{B})=B_{ii} \\ I_2(\boldsymbol{B})=\dfrac{1}{2}(B_{ii}B_{jj}-B_{ij}B_{ji}) \\ I_3(\boldsymbol{B})=\det\boldsymbol{B} \end{cases} \tag{1.2-21}$$

式（1.2-21）分别为 $\boldsymbol{B}$ 的第一、第二、第三主不变量。

6. 张量分解定理

任意二阶张量都可唯一地分解为一个对称张量和一个反对称张量的和。

$$B_{ij}=\frac{1}{2}(B_{ij}+B_{ji})+\frac{1}{2}(B_{ij}-B_{ji}) \tag{1.2-22}$$

7. 正定矩阵

设 $\boldsymbol{B}$ 是 n 阶矩阵，如果对任何非零向量 $\boldsymbol{x}$，都有 $\boldsymbol{x}^{\mathrm{T}}\cdot\boldsymbol{B}\cdot\boldsymbol{x}>0$，就称 $\boldsymbol{B}$ 为正定矩阵（判定：求出 $\boldsymbol{B}$ 的所有特征值。若 $\boldsymbol{B}$ 的特征值均为正数，则 $\boldsymbol{B}$ 是正定的），如果对任何非零向量 $\boldsymbol{x}$，都有 $\boldsymbol{x}^{\mathrm{T}}\cdot\boldsymbol{B}\cdot\boldsymbol{x}\geqslant 0$，就称 $\boldsymbol{B}$ 为半正定矩阵（判定：$\boldsymbol{B}$ 的所有特征值 $\lambda_i\geqslant 0$）。如果对任何非零向量 $\boldsymbol{x}$，都有 $\boldsymbol{x}^{\mathrm{T}}\cdot\boldsymbol{B}\cdot\boldsymbol{x}<0$，就称 $\boldsymbol{B}$ 为负定矩阵（判定：$\boldsymbol{B}$ 的所有特征值 $\lambda_i<0$）。

8. Hamilton-Cayley 定理

设 $\boldsymbol{A}$ 是数域 $\boldsymbol{P}$ 上一个 $n\times n$ 的矩阵，$f(\lambda)=|\lambda\boldsymbol{I}-\boldsymbol{A}|$ 是 $\boldsymbol{A}$ 的特征多项式，则

$$f(\boldsymbol{A})=\boldsymbol{A}^{n}-(a_{11}+a_{22}+\cdots+a_{nn})\boldsymbol{A}^{n-1}+\cdots+(-1)^{n}|\boldsymbol{A}|\boldsymbol{I}=0 \tag{1.2-23}$$

当 $n=3$ 时，有

$$f(\boldsymbol{A})=\boldsymbol{A}^{3}-\mathrm{tr}(\boldsymbol{A})\boldsymbol{A}^{2}+\frac{1}{2}\boldsymbol{A}[(\mathrm{tr}(\boldsymbol{A}))^{2}-\mathrm{tr}(\boldsymbol{A}^{2})]-|\boldsymbol{A}|\boldsymbol{I}=0 \tag{1.2-24}$$

9. 张量函数表示定理

任意各向同性对称张量函数可表示为

$$\begin{aligned}f(\boldsymbol{A},\boldsymbol{B})=&\alpha_0\boldsymbol{I}+\alpha_1\boldsymbol{A}+\alpha_2\boldsymbol{B}+\alpha_3\boldsymbol{A}^2+\alpha_4\boldsymbol{B}^2+\alpha_5(\boldsymbol{AB}+\boldsymbol{BA})+\\&\alpha_6(\boldsymbol{A}^2\boldsymbol{B}+\boldsymbol{BA}^2)+\alpha_7(\boldsymbol{B}^2\boldsymbol{A}+\boldsymbol{AB}^2)+\alpha_8(\boldsymbol{B}^2\boldsymbol{A}^2+\boldsymbol{A}^2\boldsymbol{B}^2)\end{aligned} \tag{1.2-25}$$

其中 α_1 是 $\boldsymbol{A}$，$\boldsymbol{B}$ 联合不变量 $\{\mathrm{tr}(\boldsymbol{A}),\mathrm{tr}(\boldsymbol{B}),\mathrm{tr}(\boldsymbol{A}^2),\mathrm{tr}(\boldsymbol{AB}),\mathrm{tr}(\boldsymbol{A}^2\boldsymbol{B}),\mathrm{tr}(\boldsymbol{AB}^2),\mathrm{tr}(\boldsymbol{A}^2\boldsymbol{B}^2)\}$ 的函数。

课后习题

1.1　写出球坐标的基向量和单位基向量。

1.2　求球坐标单位基向量对曲线坐标的微分。

1.3　写出球坐标系与直角坐标系间的变换矩阵。

1.4　写出球坐标系与柱坐标系间的变换矩阵。

1.5　求出球坐标中散度、旋度的表达式。

1.6　求球坐标下的速度梯度。

1.7　证明：$\varepsilon_{ijk}\varepsilon_{kqr}=\delta_{iq}\delta_{jr}-\delta_{ir}\delta_{jq}$

1.8　求对称二阶张量 $\boldsymbol{P}=p_{ij}\boldsymbol{e}_i\otimes\boldsymbol{e}_j$ 的散度表达式。

1.9　求柱坐标中对称二阶张量 $\boldsymbol{P}=p_{ij}\boldsymbol{e}_i\otimes\boldsymbol{e}_j$ 的散度表达式。

习题参考答案

1.1

解：

$$\boldsymbol{x}=x\boldsymbol{i}+y\boldsymbol{j}+z\boldsymbol{k}=R\sin\theta\cos\varphi\boldsymbol{i}+R\sin\theta\sin\varphi\boldsymbol{j}+R\cos\theta\boldsymbol{k}=\boldsymbol{x}(R,\theta,\varphi)$$

基向量为

$$\boldsymbol{g}_R=\frac{\partial \boldsymbol{x}}{\partial R}=\sin\theta\cos\varphi\boldsymbol{i}+\sin\theta\sin\varphi\boldsymbol{j}+\cos\theta\boldsymbol{k}$$

$$\boldsymbol{g}_\theta=\frac{\partial \boldsymbol{x}}{\partial \theta}=R\cos\theta\cos\varphi\boldsymbol{i}+R\cos\theta\sin\varphi\boldsymbol{j}-R\sin\theta\boldsymbol{k}$$

$$\boldsymbol{g}_\varphi=\frac{\partial \boldsymbol{x}}{\partial \varphi}=-R\sin\theta\sin\varphi\boldsymbol{i}+R\sin\theta\cos\varphi\boldsymbol{j}$$

单位基向量为

$$\boldsymbol{e}_R=\boldsymbol{g}_R=\sin\theta\cos\varphi\boldsymbol{i}+\sin\theta\sin\varphi\boldsymbol{j}+\cos\theta\boldsymbol{k}$$

$$\boldsymbol{e}_\theta=\frac{1}{R}\boldsymbol{g}_\theta=\cos\theta\cos\varphi\boldsymbol{i}+\cos\theta\sin\varphi\boldsymbol{j}-\sin\theta\boldsymbol{k}$$

$$\boldsymbol{e}_\varphi=\frac{1}{R\sin\theta}\boldsymbol{g}_\varphi=-\sin\varphi\boldsymbol{i}+\cos\varphi\boldsymbol{j}$$

1.2

解：

$$\frac{\partial \boldsymbol{e}_R}{\partial \theta}=\cos\theta\cos\varphi\boldsymbol{i}+\cos\theta\sin\varphi\boldsymbol{j}-\sin\theta\boldsymbol{k}$$

$$\frac{\partial \boldsymbol{e}_R}{\partial \varphi}=-\sin\theta\sin\varphi\boldsymbol{i}+\sin\theta\cos\varphi\boldsymbol{j}$$

$$\frac{\partial \boldsymbol{e}_\theta}{\partial \theta}=-\sin\theta\cos\varphi\boldsymbol{i}-\sin\theta\sin\varphi\boldsymbol{j}-\cos\theta\boldsymbol{k}$$

$$\frac{\partial \boldsymbol{e}_\theta}{\partial \varphi}=-\cos\theta\sin\varphi\boldsymbol{i}+\cos\theta\cos\varphi\boldsymbol{j}$$

$$\frac{\partial \boldsymbol{e}_\varphi}{\partial \varphi}=-\cos\varphi\boldsymbol{i}-\sin\varphi\boldsymbol{j}$$

其余微分为 **0**。

1.3

解：

直角坐标系变换为球坐标系，有

$$[\boldsymbol{g}_R\quad \boldsymbol{g}_\theta\quad \boldsymbol{g}_\varphi]=[\boldsymbol{i}\quad \boldsymbol{j}\quad \boldsymbol{k}]\begin{bmatrix}\frac{\partial x}{\partial R} & \frac{\partial x}{\partial \theta} & \frac{\partial x}{\partial \varphi}\\ \frac{\partial y}{\partial R} & \frac{\partial y}{\partial \theta} & \frac{\partial y}{\partial \varphi}\\ \frac{\partial z}{\partial R} & \frac{\partial z}{\partial \theta} & \frac{\partial z}{\partial \varphi}\end{bmatrix}=[\boldsymbol{i}\quad \boldsymbol{j}\quad \boldsymbol{k}]\begin{bmatrix}\sin\theta\cos\varphi & R\cos\theta\cos\varphi & -R\sin\theta\sin\varphi\\ \sin\theta\sin\varphi & R\cos\theta\sin\varphi & R\sin\theta\cos\varphi\\ \cos\theta & -R\sin\theta & 0\end{bmatrix}$$

$$[\boldsymbol{e}_R\quad \boldsymbol{e}_\theta\quad \boldsymbol{e}_\varphi]=\left[\boldsymbol{g}_R\quad \frac{1}{R}\boldsymbol{g}_\theta\quad \frac{1}{R\sin\theta}\boldsymbol{g}_\varphi\right]=[\boldsymbol{i}\quad \boldsymbol{j}\quad \boldsymbol{k}]\begin{bmatrix}\sin\theta\cos\varphi & \cos\theta\cos\varphi & -\sin\varphi\\ \sin\theta\sin\varphi & \cos\theta\sin\varphi & \cos\varphi\\ \cos\theta & -\sin\theta & 0\end{bmatrix}$$

球坐标系变换为直角坐标系，略。

1.4

解：

柱坐标系变换为球坐标系，有

$$\boldsymbol{x}=\boldsymbol{x}(R,\varphi,\theta)=\boldsymbol{x}(r,\varphi,z)\text{，其中 } r=R\sin\theta, z=R\cos\theta$$

$$[\boldsymbol{g}_R \quad \boldsymbol{g}_\theta \quad \boldsymbol{g}_\varphi]=[\boldsymbol{g}_r \quad \boldsymbol{g}_z \quad \boldsymbol{g}_\varphi]\begin{pmatrix}\dfrac{\partial r}{\partial R} & \dfrac{\partial r}{\partial \theta} & \dfrac{\partial r}{\partial \varphi}\\ \dfrac{\partial z}{\partial R} & \dfrac{\partial z}{\partial \theta} & \dfrac{\partial z}{\partial \varphi}\\ \dfrac{\partial \varphi}{\partial R} & \dfrac{\partial \varphi}{\partial \theta} & \dfrac{\partial \varphi}{\partial \varphi}\end{pmatrix}=[\boldsymbol{g}_r \quad \boldsymbol{g}_z \quad \boldsymbol{g}_\varphi]\begin{pmatrix}\sin\theta & R\cos\theta & 0\\ \cos\theta & -R\sin\theta & 0\\ 0 & 0 & 1\end{pmatrix}$$

$$[\boldsymbol{e}_R \quad \boldsymbol{e}_\theta \quad \boldsymbol{e}_\varphi]=\left[\boldsymbol{g}_R \quad \frac{1}{R}\boldsymbol{g}_\theta \quad \frac{1}{R\sin\theta}\boldsymbol{g}_\varphi\right]=[\boldsymbol{e}_r \quad \boldsymbol{e}_z \quad r\boldsymbol{e}_\varphi]\begin{pmatrix}\sin\theta & \dfrac{1}{R}R\cos\theta & 0\\ \cos\theta & -\dfrac{1}{R}R\sin\theta & 0\\ 0 & 0 & \dfrac{1}{R\sin\theta}\end{pmatrix}$$

$$=[\boldsymbol{e}_r \quad \boldsymbol{e}_z \quad \boldsymbol{e}_\varphi]\begin{pmatrix}\sin\theta & \cos\theta & 0\\ \cos\theta & -\sin\theta & 0\\ 0 & 0 & 1\end{pmatrix}$$

球坐标系变换为柱坐标系，略。

1.5

解：

已知球坐标下 $h_R=1$，$h_\theta=R$，$h_\varphi=R\sin\theta$。

梯度为

$$\nabla=\frac{\boldsymbol{e}_i}{h_i}\frac{\partial}{\partial x_i}=\boldsymbol{e}_R\frac{\partial}{\partial R}+\frac{\boldsymbol{e}_\theta}{R}\frac{\partial}{\partial \theta}+\frac{\boldsymbol{e}_\varphi}{R\sin\theta}\frac{\partial}{\partial \varphi}$$

散度为

$$\nabla\cdot\boldsymbol{a}=\frac{1}{R^2\sin\theta}\left[\frac{\partial(R^2\sin\theta a_R)}{\partial R}+\frac{\partial(R\sin\theta a_\theta)}{\partial \theta}+\frac{\partial(Ra_\varphi)}{\partial \varphi}\right]$$

旋度为

$$\nabla\times\boldsymbol{a}=\frac{1}{R^2\sin\theta}\begin{vmatrix}\boldsymbol{e}_R & R\boldsymbol{e}_\theta & R\sin\theta\boldsymbol{e}_\varphi\\ \dfrac{\partial}{\partial R} & \dfrac{\partial}{\partial \theta} & \dfrac{\partial}{\partial \varphi}\\ a_R & Ra_\theta & R\sin\theta a_\varphi\end{vmatrix}$$

1.6

解：

$$\nabla(v_R\boldsymbol{e}_R)=\boldsymbol{e}_R\frac{\partial(v_R\boldsymbol{e}_R)}{\partial R}+\frac{\boldsymbol{e}_\theta}{R}\frac{\partial(v_R\boldsymbol{e}_R)}{\partial \theta}+\frac{\boldsymbol{e}_\varphi}{R\sin\theta}\frac{\partial(v_R\boldsymbol{e}_R)}{\partial \varphi}$$

$$=\boldsymbol{e}_R\frac{\partial v_R}{\partial r}\boldsymbol{e}_R+\boldsymbol{e}_R\frac{\partial \boldsymbol{e}_R}{\partial r}v_R+\frac{\boldsymbol{e}_\theta}{r}\frac{\partial v_R}{\partial \theta}\boldsymbol{e}_R+\frac{\boldsymbol{e}_\theta}{r}\frac{\partial \boldsymbol{e}_R}{\partial \theta}v_R+\frac{\boldsymbol{e}_\varphi}{r\sin\theta}\frac{\partial v_R}{\partial \varphi}\boldsymbol{e}_R+\frac{\boldsymbol{e}_\varphi}{r\sin\theta}\frac{\partial \boldsymbol{e}_R}{\partial \varphi}v_R$$

$$=\frac{\partial v_R}{\partial R}\boldsymbol{e}_R\boldsymbol{e}_R+\frac{\partial v_R}{R\partial\theta}\boldsymbol{e}_\theta\boldsymbol{e}_R+\frac{v_R}{R}\boldsymbol{e}_\theta\boldsymbol{e}_\theta+\frac{\partial v_R}{R\sin\theta\partial\varphi}\boldsymbol{e}_\varphi\boldsymbol{e}_R+\frac{v_R}{R}\boldsymbol{e}_\varphi\boldsymbol{e}_\varphi$$

$$\nabla(v_\theta\boldsymbol{e}_\theta)=\text{略}$$

$$\nabla(v_\varphi\boldsymbol{e}_\varphi)=\text{略}$$

整理得到球坐标系下速度梯度的表达式：

$$\boldsymbol{v}\nabla=(\nabla\boldsymbol{v})^{\mathrm{T}}=\begin{bmatrix}\dfrac{\partial v_R}{\partial R} & \dfrac{\partial v_R}{R\partial\theta}-\dfrac{v\theta}{R} & \dfrac{\partial v_R}{R\sin\theta\partial\varphi}-\dfrac{v\varphi}{R}\\ \dfrac{\partial v_\theta}{\partial r} & \dfrac{\partial v_\theta}{R\partial\theta}+\dfrac{v_R}{R} & \dfrac{\partial v_\theta}{R\sin\theta\partial\varphi}-\dfrac{v_\varphi}{R\tan\theta}\\ \dfrac{\partial v_\varphi}{\partial R} & \dfrac{\partial v_\varphi}{R\partial\theta} & \dfrac{\partial v_\varphi}{R\sin\theta\partial\varphi}+\dfrac{v_R}{R}+\dfrac{v_\theta}{R\tan\theta}\end{bmatrix}$$

1.7

解：

$$\varepsilon_{ijk}\varepsilon_{pqr}=\begin{vmatrix}\delta_{i1} & \delta_{i2} & \delta_{i3}\\ \delta_{j1} & \delta_{j2} & \delta_{j3}\\ \delta_{k1} & \delta_{k2} & \delta_{k3}\end{vmatrix}\begin{vmatrix}\delta_{p1} & \delta_{q1} & \delta_{r1}\\ \delta_{p2} & \delta_{q2} & \delta_{r2}\\ \delta_{p3} & \delta_{q3} & \delta_{r3}\end{vmatrix}$$

$$\delta_{i1}\delta_{p1}+\delta_{i2}\delta_{p2}+\delta_{i3}\delta_{p3}=\delta_{il}\delta_{pl}=\delta_{ip}$$

$$\varepsilon_{ijk}\varepsilon_{pqr}=\begin{vmatrix}\delta_{ip} & \delta_{iq} & \delta_{ir}\\ \delta_{jp} & \delta_{jq} & \delta_{jr}\\ \delta_{kp} & \delta_{kq} & \delta_{kr}\end{vmatrix}$$

$$\varepsilon_{ijk}\varepsilon_{kqr}=\begin{vmatrix}\delta_{ik} & \delta_{iq} & \delta_{ir}\\ \delta_{jk} & \delta_{jq} & \delta_{jr}\\ \delta_{kk} & \delta_{kq} & \delta_{kr}\end{vmatrix}=\begin{vmatrix}\delta_{iq} & \delta_{ir}\\ \delta_{jq} & \delta_{jr}\end{vmatrix}=\delta_{iq}\delta_{jr}-\delta_{ir}\delta_{jq}$$

1.8

解：

记 $\boldsymbol{p}_i=p_{ij}\boldsymbol{e}_j$，$\boldsymbol{P}=\boldsymbol{p}_i\boldsymbol{e}_i$，得

$$\nabla\cdot\boldsymbol{P}=\frac{1}{h_1h_2h_3}\left[\frac{\partial(\boldsymbol{p}_1h_2h_3)}{\partial q_1}+\frac{\partial(\boldsymbol{p}_2h_1h_3)}{\partial q_2}+\frac{\partial(\boldsymbol{p}_3h_1h_2)}{\partial q_3}\right]$$

$$=\frac{1}{h_1h_2h_3}\left\{\frac{\partial[(p_{11}\boldsymbol{e}_1+p_{12}\boldsymbol{e}_2+p_{13}\boldsymbol{e}_3)h_2h_3]}{\partial q_1}+\frac{\partial[(p_{21}\boldsymbol{e}_1+p_{22}\boldsymbol{e}_2+p_{23}\boldsymbol{e}_3)h_1h_3]}{\partial q_2}+\frac{\partial[(p_{31}\boldsymbol{e}_1+p_{32}\boldsymbol{e}_2+p_{33}\boldsymbol{e}_3)h_1h_2]}{\partial q_3}\right\}$$

$$=\frac{\boldsymbol{e}_1}{h_1h_2h_3}\left[\frac{\partial(p_{11}h_2h_3)}{\partial q_1}+\frac{\partial(p_{21}h_1h_3)}{\partial q_2}+\frac{\partial(p_{31}h_1h_2)}{\partial q_3}+p_{12}h_3\frac{\partial h_1}{\partial q_2}+p_{13}h_2\frac{\partial h_1}{\partial q_3}-p_{22}h_3\frac{\partial h_2}{\partial q_1}-p_{33}h_2\frac{\partial h_3}{\partial q_1}\right]+$$

$$\frac{\boldsymbol{e}_2}{h_1h_2h_3}\left[\frac{\partial(p_{12}h_2h_3)}{\partial q_1}+\frac{\partial(p_{22}h_1h_3)}{\partial q_2}+\frac{\partial(p_{32}h_1h_2)}{\partial q_3}+p_{31}h_1\frac{\partial h_2}{\partial q_3}+p_{21}h_3\frac{\partial h_2}{\partial q_1}-p_{33}h_1\frac{\partial h_3}{\partial q_2}-p_{11}h_3\frac{\partial h_1}{\partial q_2}\right]+$$

$$\frac{\boldsymbol{e}_3}{h_1h_2h_3}\left[\frac{\partial(p_{13}h_2h_3)}{\partial q_1}+\frac{\partial(p_{23}h_1h_3)}{\partial q_2}+\frac{\partial(p_{33}h_1h_2)}{\partial q_3}+p_{31}h_2\frac{\partial h_3}{\partial q_1}+p_{32}h_2\frac{\partial h_3}{\partial q_2}-p_{11}h_2\frac{\partial h_1}{\partial q_3}-p_{22}h_1\frac{\partial h_2}{\partial q_3}\right]$$

1.9

解：

记 $\boldsymbol{P}=\boldsymbol{p}_r\boldsymbol{e}_r+\boldsymbol{p}_\theta\boldsymbol{e}_\theta+\boldsymbol{p}_z\boldsymbol{e}_z$，其中 $\boldsymbol{p}_r=p_{rr}\boldsymbol{e}_r+p_{r\theta}\boldsymbol{e}_\theta+p_{rz}\boldsymbol{e}_z$，$\boldsymbol{p}_\theta=p_{\theta r}\boldsymbol{e}_r+p_{\theta\theta}\boldsymbol{e}_\theta+p_{\theta z}\boldsymbol{e}_z$，$\boldsymbol{p}_z=p_{zr}\boldsymbol{e}_r+p_{z\theta}\boldsymbol{e}_\theta+p_{zz}\boldsymbol{e}_z$，得

$$
\begin{aligned}
\nabla\cdot\boldsymbol{P}&=\frac{1}{r}\left[\frac{\partial(r\boldsymbol{p}_r)}{\partial r}+\frac{\partial\boldsymbol{p}_\theta}{\partial\theta}+\frac{\partial(r\boldsymbol{p}_z)}{\partial z}\right]\\
&=\frac{1}{r}\left[\boldsymbol{p}_r+r\frac{\partial\boldsymbol{p}_r}{\partial r}+\frac{\partial\boldsymbol{p}_\theta}{\partial\theta}+r\frac{\partial\boldsymbol{p}_z}{\partial z}\right]\\
&=\frac{1}{r}\left[p_{rr}\boldsymbol{e}_r+p_{r\theta}\boldsymbol{e}_\theta+p_{rz}\boldsymbol{e}_z+r\left(\frac{\partial p_{rr}}{\partial r}\boldsymbol{e}_r+\frac{\partial p_{r\theta}}{\partial r}\boldsymbol{e}_\theta+\frac{\partial p_{rz}}{\partial r}\boldsymbol{e}_z\right)+\left(\frac{\partial p_{\theta r}}{\partial\theta}\boldsymbol{e}_r+\frac{\partial p_{\theta\theta}}{\partial\theta}\boldsymbol{e}_\theta+\frac{\partial p_{\theta z}}{\partial\theta}\boldsymbol{e}_z+p_{\theta r}\boldsymbol{e}_\theta-p_{\theta\theta}\boldsymbol{e}_r\right)+r\left(\frac{\partial p_{zr}}{\partial z}\boldsymbol{e}_r+\frac{\partial p_{z\theta}}{\partial z}\boldsymbol{e}_\theta+\frac{\partial p_{zz}}{\partial z}\boldsymbol{e}_z\right)\right]\\
&=\left(\frac{p_{rr}}{r}+\frac{\partial p_{rr}}{\partial r}+\frac{\partial p_{\theta r}}{r\partial\theta}+\frac{\partial p_{zr}}{\partial z}-\frac{p_{\theta\theta}}{r}\right)\boldsymbol{e}_r+\left(\frac{p_{r\theta}}{r}+\frac{\partial p_{r\theta}}{\partial r}+\frac{\partial p_{\theta\theta}}{r\partial\theta}+p_{\theta r}+\frac{\partial p_{z\theta}}{\partial z}\right)\boldsymbol{e}_\theta+\left(\frac{p_{rz}}{r}+\frac{\partial p_{rz}}{\partial r}+\frac{\partial p_{\theta z}}{r\partial\theta}+\frac{\partial p_{zz}}{\partial z}\right)\boldsymbol{e}_z
\end{aligned}
$$

第 2 章　运动与变形

物体在外力作用下，内部会发生相对运动。类似于热力学方法，将物体作为一种连续体，假设物质连续、无间隙地分布于物体所占有的整个空间，物质的宏观运动表现为力的作用下物体的运动和变形，本章将用理论分析的方法对物体的运动和变形进行描述。

2.1　构　　形

2.1.1　连续介质假设

力学研究物质的宏观运动，研究的对象不是这些物质粒子本身，而是从这些物质中抽象出来的一种连续介质模型。连续介质的研究对象是物体的宏观运动，即大量分子的平均行为，而不是单个分子的个别行为，因而可以不去考虑物质的分子结构和单个分子的运动细节。事实表明，物质的分子结构和分子的热运动对宏观运动只存在间接的影响，即只能通过影响物质的热力学特性来改变物体的运动。因此，类似于热力学方法，当研究物体的变形、运动等宏观运动特性时，就可以将物体作为一种连续体对待，而无须涉及它的微观分子结构。连续介质模型假设物质连续、无间隙地分布于物体所占有的整个空间，物质宏观物理量是空间点及时间的连续函数。那么怎样把一个由分子和原子组成的质点系统“等效地”代换为一个连续体？即应如何正确规定连续体的质量、动量、能量等物理量在空间的分布？

下面以密度为例来分析宏观物理量的定义。密度的定义式为 $\rho=\lim\limits_{\delta V\to 0}\dfrac{\delta m}{\delta V}$，其中 δV 是在空间一点 P 近旁所取的一个微元体积［见图 2.1-1（a）］，δV 趋近于 0。如果 δV 非常小，像一个分子那么小，那么就会出现这种情况：若 δV 中包含一个分子，ρ 就是一个很大的值；若 δV 中不含任何粒子，ρ 就为 0。ρ 是随着 P 点位置改变而剧烈跳跃的函数，这样的函数显然不能应用连续系统数学。对于气体分子来说，标准状态下，1mol 气体体积为 22.4L，包含 10^{23} 个分子，相当于单个分子平均占据的体积空间为 $\dfrac{22.4\times10^{-3}\mathrm{m}^3}{6.02\times10^{23}}\approx3.72\times10^{-26}\mathrm{m}^3$，当微元边长 $a=10^{-8}$m 时，δV 中约有 27 个气体分子，分子的随机运动可能随时影响密度，因而引起密度值的很大波动；当 $a=10^{-6}$m 时，δV 中约有 2.7×10^{7} 个气体分子（约包含 3×10^{10} 个水分子），分子的随机运动对密度影响很小，可以获得一个确定的统计平均密度，称之为宏观密度；当 $a=10^{-3}$m 时，测量的数值受 P 附近位置的密度影响，也不能看作 P 点的密度［见图 2.1-1（b）］。

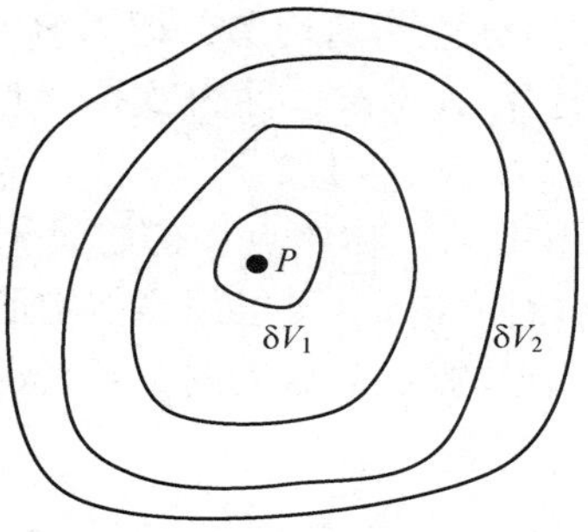

（a）P点与δV空间示意图

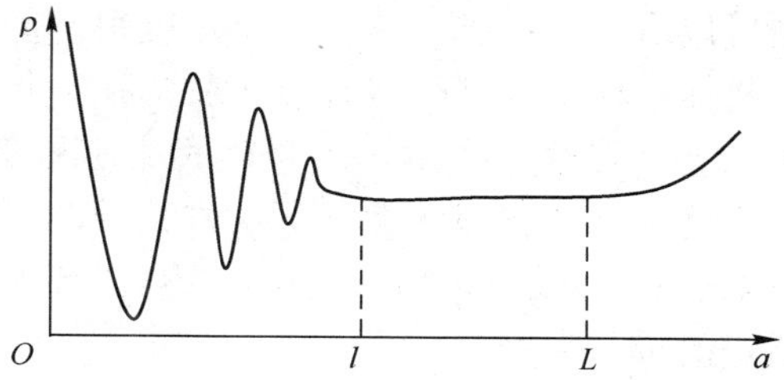

（b）密度ρ与微元边长a的关系曲线

图 2.1-1　ρ 与微元尺度的关系

由此可见，如果以分子间平均距离（气体为 10^{-9}m，液体为 10^{-10}m，固体为 10^{-10}m）或气体分子平均自由程（自由程是指一个分子与其他分子相继碰撞两次经过的直线路程，量级为 10^{-8}m）作为一个长度尺度，记为 l，将空间密度等物理量有显著变化的尺度记为 L，取 $l \ll a \ll L$，即微观充分大，宏观充分小。这样，微元既可近似看作一个几何点，其物理量的值又是稳定不变的，因此可适用连续介质模型。

本节所建立的连续介质模型，应当理解为一种近似的数学模型，其正确性要由实践来加以检验。大量事实证明，连续介质力学在相当广泛的领域内给出了和实际吻合的结果。如飞机、车船在周围流体介质中运动，血液在动脉中流动（红血球的直径约为 8×10^{-6}m，动脉直径约为 5×10^{-3}m），研究星系结构时，恒星间的距离约为 4×10^{16}m，它们在半径约为 4×10^{20}m 的银河系中运动，星系也可看作一种连续介质。

但是，也应当指出，在研究对象的宏观尺度和物质结构的微观尺度量级相当的情况下，连续介质模型将不再适用。如分析空间飞行器和高层稀薄大气的相互作用时，由于空气分子的平均自由程可以和飞行器尺度相当，连续介质力学将不再适用；研究稠密大气中强激波的内部结构时，也会由于激波厚度与气体分子平均自由程量级相当，而使连续介质模型失去意义。微机电系统（MEMS）中的流动、血液在微血管（直径约为 4×10^{-6}m）中的运动、分子运动的微观行为都对宏观运动有着直接的影响，这时连续介质力学都不再适用，分子动力学更适用于这些情况。

2.1.2　参考构形与当前构形

描述物质特性的参考构形是现代连续介质力学中一个十分重要的概念，也是对材料本构特性认识的一个抽象和飞跃。我们这里把任一时刻、每一个物体所占的空间区域连同它的全部粒子在此区域中的相应位置称为此物体的构形，也可简单理解为构形指物体在空间占据的区域，用符号 B 表示。为了对物质的运动进行描述，我们一般定义参考构形和当前构形。

参考构形：物体在某一特定时刻（一般取 $t=0$ 时刻，或者物体未变形时）的构形称为初始构形或参考构形。参考构形是不变的，我们可以取定一个原点 O，在欧几里得空间建立一个坐标系 $OX_1X_2X_3$，称为拉格朗日（Lagrange）坐标，初始构形记为 $B_0\subset \mathrm{R}^3$，物体中任一点可以用这点在参考构形的坐标（拉格朗日坐标），即向量 $\boldsymbol{X}$ 来表示（见图 2.1-2），记为 $OX_A, A=1,2,3$。

当前（现时）构形：物体在现在的时刻（t 时刻）的构形称为当前构形，记为 $B_t \subset \mathrm{R}^3$，我们也可以取定一个原点 o，在欧几里得空间建立一个坐标系 $ox_1x_2x_3$，称为欧拉（Euler）坐标。物体中任一点可以用向量 $\boldsymbol{x}$ 来表示（见图 2. 1-2），记为 $ox_i, i=1,2,3$。

图 2. 1-2 描述了物体（构形）的运动和变形。对于构形中某一物质点，初始时刻的位置 $\boldsymbol{X}$ 用参考构形中向量 $\boldsymbol{X}$ 来表示，在当前时刻这一质点运动到位置 $\boldsymbol{x}$，可以用当前构形中的向量 $\boldsymbol{x}$ 来表示，$\boldsymbol{x}$ 是和时刻 t 有关的量，当前构形相对参考构形的位移 Oo 用向量 $\boldsymbol{b}$ 表示，于是物质点的位移为

$$\boldsymbol{u}=\boldsymbol{x}+\boldsymbol{b}-\boldsymbol{X} \tag{2. 1-1}$$

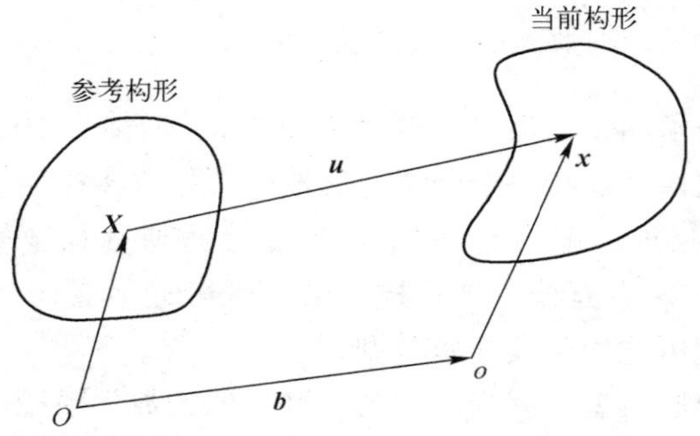

图 2. 1-2　物体（构形）的运动和变形

显然当前时刻的位置 $\boldsymbol{x}$ 是初始时刻位于 $\boldsymbol{X}$ 的质点在 t 时刻运动到达的位置，它也可以用参考构形的坐标（拉格朗日坐标）来表示，即

$$\boldsymbol{x}=\boldsymbol{x}(\boldsymbol{X},t) \tag{2. 1-2}$$

同样参考构形中初始时刻质点 $\boldsymbol{X}$ 的位置也可以用当前构形的坐标（欧拉坐标）来表示，即

$$\boldsymbol{X}=\boldsymbol{X}(\boldsymbol{x},t) \tag{2. 1-3}$$

它表示当前时刻的位于 $\boldsymbol{x}$ 位置的物质点在初始时刻的位置。

于是

$$\boldsymbol{u}=\boldsymbol{x}(\boldsymbol{X},t)-\boldsymbol{X}=\boldsymbol{x}-\boldsymbol{X}(\boldsymbol{x},t)$$

可以用拉格朗日坐标表示，也可以用欧拉坐标表示。

我们知道任一物理量都是物体中物质点的函数，因此它也可以基于参考构形表示为拉格朗日坐标的函数

$$f=f(\boldsymbol{X},t) \tag{2. 1-4}$$

或基于当前构形表示为欧拉坐标的函数

$$f=f(\boldsymbol{x},t) \tag{2. 1-5}$$

当 $f=\boldsymbol{u}$ 时，f 表示位移这一物理量，当 $f=\dfrac{\mathrm{d}\boldsymbol{u}}{\mathrm{d}t}=\boldsymbol{v}$ 时，f 表示速度这一物理量，它们都是向量；当 $f=p$ 时，f 表示压强这一物理量，它是标量；f 还可以是应力张量、应变张量（二阶张量）等高阶物理量。

对于任意物理量，如果已知其欧拉坐标下的表达式为 $F=F(\boldsymbol{x};t)$，我们可以通过欧拉坐标 $\boldsymbol{x}(x_1,x_2,x_3)$ 与 $t=0$ 时的拉格朗日坐标 $\boldsymbol{X}(X_1,X_2,X_3)$ 的关系 $\boldsymbol{x}=\boldsymbol{x}(\boldsymbol{X},t)$ 得到它在拉格朗日

坐标下的表达式

$$F(\boldsymbol{x};t)=F(\boldsymbol{x}(\boldsymbol{X},t);t)=f(X_1,X_2,X_3;t)=f(\boldsymbol{X};t) \tag{2.1-6}$$

同理，如果已知它在拉格朗日坐标下的表达式 $f(\boldsymbol{X};t)$，当雅可比行列式为

$$J=\begin{vmatrix} \dfrac{\partial x_1}{\partial X_1} & \dfrac{\partial x_2}{\partial X_1} & \dfrac{\partial x_3}{\partial X_1} \\ \dfrac{\partial x_1}{\partial X_2} & \dfrac{\partial x_2}{\partial X_2} & \dfrac{\partial x_3}{\partial X_2} \\ \dfrac{\partial x_1}{\partial X_3} & \dfrac{\partial x_2}{\partial X_3} & \dfrac{\partial x_3}{\partial X_3} \end{vmatrix} \neq 0$$

时则可反解出

$$\boldsymbol{X}=\boldsymbol{X}(\boldsymbol{x},t)\Rightarrow\begin{cases} X_1=X_1(x_1,x_2,x_3;t) \\ X_2=X_2(x_1,x_2,x_3;t) \\ X_3=X_3(x_1,x_2,x_3;t) \end{cases}$$

即

$$\boldsymbol{X}(X_1,X_2,X_3)=\boldsymbol{X}(x_1,x_2,x_3;t),$$

我们得到它的欧拉坐标下的表达式为

$$f(\boldsymbol{X};t)=f(\boldsymbol{X}(x_1,x_2,x_3;t);t)=F(x_1,x_2,x_3;t)=F(x;t) \tag{2.1-7}$$

【例 2-1】 设当前构形和参考构形有如下关系，$\begin{cases} x_1=X_1e^t \\ x_2=X_2e^{-t} \end{cases}$，求位移和速度在参考构形和当前构形的表达式。

位移为

$$\boldsymbol{u}=\boldsymbol{x}(\boldsymbol{X},t)-\boldsymbol{X}\Rightarrow\begin{cases} u_1=X_1(e^t-1) \\ u_2=X_2(e^{-t}-1) \end{cases}$$

由于

$$\begin{cases} x_1=X_1e^t \\ x_2=X_2e^{-t} \end{cases}\Rightarrow\begin{cases} X_1=x_1e^{-t} \\ X_2=x_2e^t \end{cases}$$

于是，位移为

$$\begin{cases} u_1=x_1(1-e^{-t}) \\ u_2=x_2(1-e^t) \end{cases}$$

也可将 $\begin{cases} X_1=x_1e^{-t} \\ X_2=x_2e^t \end{cases}$ 代入 $\begin{cases} u_1=X_1(e^t-1) \\ u_2=X_2(e^{-t}-1) \end{cases}$，得

$$\begin{cases} u_1=x_1e^{-t}(e^t-1)=x_1(1-e^{-t}) \\ u_2=x_2e^t(e^{-t}-1)=x_2(1-e^t) \end{cases}$$

速度为

$$\frac{\mathrm{d}\boldsymbol{u}(\boldsymbol{x},t)}{\mathrm{d}t} \Rightarrow \begin{cases} \dfrac{\mathrm{d}u_1}{\mathrm{d}t} = X_1 e^t \\ \dfrac{\mathrm{d}u_2}{\mathrm{d}t} = -X_2 e^{-t} \end{cases}$$

将$\begin{cases} x_1 = X_1 e^t \\ x_2 = X_2 e^{-t} \end{cases}$代入上式，得

$$\begin{cases} \dfrac{\mathrm{d}u_1}{\mathrm{d}t} = x_1 \\ \dfrac{\mathrm{d}u_2}{\mathrm{d}t} = -x_2 \end{cases}$$

【例 2-2】 已知位移在当前构形中的表达式是 $\boldsymbol{u} = \begin{cases} u_1 = x_1(1-e^{-t}) \\ u_2 = x_2(1-e^t) \end{cases}$，求位移在参考构形中的表达式。

根据 $\boldsymbol{u} = \boldsymbol{x} - \boldsymbol{X}(\boldsymbol{x},t)$，有

$$\begin{cases} u_1 = x_1 - x_1 e^{-t} = x_1 - X_1(\boldsymbol{x},t) \\ u_2 = x_2 - x_2 e^t = x_2 - X_2(\boldsymbol{x},t) \end{cases}$$

即

$$\begin{cases} X_1 = x_1 e^{-t} \\ X_2 = x_2 e^t \end{cases}$$

反解得到

$$\begin{cases} x_1 = X_1 e^t \\ x_2 = X_2 e^{-t} \end{cases}$$

即

$$\begin{cases} u_1 = x_1(1-e^{-t}) = X_1 e^t(1-e^{-t}) = X_1(e^t - 1) \\ u_2 = x_2(1-e^t) = X_2 e^{-t}(1-e^t) = X_2(e^{-t} - 1) \end{cases}$$

【例 2-3】 已知速度在当前构形中的表达式是$\dfrac{\mathrm{d}\boldsymbol{u}}{\mathrm{d}t} = \begin{cases} \dfrac{\mathrm{d}u_1}{\mathrm{d}t} = x_1 \\ \dfrac{\mathrm{d}u_2}{\mathrm{d}t} = -x_2 \end{cases}$，求位移、速度在参考构形中的表达式。

由

$$\frac{\mathrm{d}\boldsymbol{u}(\boldsymbol{x},t)}{\mathrm{d}t} = \frac{\mathrm{d}(\boldsymbol{x}-\boldsymbol{X})}{\mathrm{d}t} = \frac{\mathrm{d}\boldsymbol{x}}{\mathrm{d}t} = f(\boldsymbol{x},t)$$

积分得到

$$\boldsymbol{x} = F(\boldsymbol{X},t)$$

其中，$\boldsymbol{X}$ 为 $t=0$ 时质点的位置。

对于本题有

$$\begin{cases}\dfrac{\mathrm{d}x_1}{\mathrm{d}t}=x_1\xrightarrow{\text{积分}}x_1=C_1e^t\\ \dfrac{\mathrm{d}x_2}{\mathrm{d}t}=-x_2\xrightarrow{\text{积分}}x_2=C_2e^{-t}\end{cases}$$

根据初始条件，有

$$\begin{cases}x_1(t=0)=C_1e^0=X_1\Rightarrow C_1=X_1\\ x_2(t=0)=C_2e^0=X_2\Rightarrow C_2=X_2\end{cases}$$

于是，位移为

$$\begin{cases}u_1=x_1-X_1=X_1(e^t-1)\\ u_2=x_2-X_2=X_2(e^{-t}-1)\end{cases}$$

速度为

$$\frac{\mathrm{d}\boldsymbol{u}}{\mathrm{d}t}=\begin{cases}\dfrac{\mathrm{d}u_1}{\mathrm{d}t}=X_1e^t\\ \dfrac{\mathrm{d}u_2}{\mathrm{d}t}=-X_2e^{-t}\end{cases}$$

早期在研究较大变形时，把参考构形的坐标作为参考坐标，而不是将当前构形的坐标作为参考坐标，更多的是出于描述的方便。参考构形被抽象为包括所有物质点的、物质空间中的构形，因此包含了材料本身的诸多信息。而当前构形只是这些物质点在现实物理空间中的表象，包含的只是几何信息。这样，两个构形就将服从不同的物理规律。以质量密度函数 $\rho(\boldsymbol{x},t)$ 为例，在当前构形下密度是空间位置 $\boldsymbol{x}$ 和时间 t 的函数，也可表示为参考坐标的函数 $\rho(\boldsymbol{x},t)=\rho(\boldsymbol{x}(\boldsymbol{X}),t)=\rho'(\boldsymbol{X},t)$，这里 $\rho(\boldsymbol{x},t)$ 和 $\rho'(\boldsymbol{X},t)$ 是不同的表达式，但它们都表示当前位置的密度，数值是一样的。

2.2　变形与应变

参考构形的向径 $\boldsymbol{X}(t=0)$ 在当前（现时 t）构形运动到 $\boldsymbol{x}(\boldsymbol{X},t)$，相应的在参考构形中的物质线元 $\delta\boldsymbol{X}$ 对应当前构形的线元 $\delta\boldsymbol{x}$。显然，微元从 B_0 到 B_t 过程中物体内可以有变形，表现为：(1) 长度的改变 $|\delta\boldsymbol{x}|\neq|\delta\boldsymbol{X}|$；(2) 相对角度的改变 $\langle\delta\boldsymbol{X},\delta\boldsymbol{X}'\rangle\neq\langle\delta\boldsymbol{x},\delta\boldsymbol{x}'\rangle$。下面分析这些变形（必须要去除刚体运动）。

2.2.1　变形–变形梯度

参考构形内的微元长度为 $\delta\boldsymbol{X}=(\boldsymbol{X}+\delta\boldsymbol{X})-\boldsymbol{X}$，当前构形内对应的微元长度为 $\delta\boldsymbol{x}=\boldsymbol{x}(\boldsymbol{X}+\delta\boldsymbol{X},t)-\boldsymbol{x}(\boldsymbol{X},t)$，其中 $\boldsymbol{x}(\boldsymbol{X}+\delta\boldsymbol{X},t)$ 表示在当前时刻 t 参考构形中 $\boldsymbol{X}+\delta\boldsymbol{X}$ 点对应的位置（也就是 $t=0$ 时刻，在参考构形中 $\boldsymbol{X}+\delta\boldsymbol{X}$ 位置的点，在 t 时刻运动到当前构形 $\boldsymbol{x}(\boldsymbol{X}+\delta\boldsymbol{X},t)$ 的位置）。$\boldsymbol{x}(\boldsymbol{X},t)$ 表示在当前时刻 t 参考构形中 $\boldsymbol{X}$ 点对应的位置。

将 $\boldsymbol{x}(\boldsymbol{X}+\delta\boldsymbol{X},t)$ 关于 $\boldsymbol{X}$ 泰勒展开，有

$$\boldsymbol{x}(\boldsymbol{X}+\delta\boldsymbol{X},t)=\boldsymbol{x}(\boldsymbol{X},t)+\frac{\partial\boldsymbol{x}}{\partial\boldsymbol{X}}\delta\boldsymbol{X}-\frac{1}{2}\frac{\partial^2\boldsymbol{x}}{\partial\boldsymbol{X}^2}\delta\boldsymbol{X}^2+\cdots$$

取一阶近似，有

$$\delta \boldsymbol{x}=\boldsymbol{x}(\boldsymbol{X}+\delta \boldsymbol{X},t)-\boldsymbol{x}(\boldsymbol{X},t)=\frac{\partial \boldsymbol{x}}{\partial \boldsymbol{X}}\delta \boldsymbol{X}$$

在参考构形 B_0 中，$\boldsymbol{X}=\boldsymbol{X}(X_1,X_2,X_3)$，于是 $\delta\boldsymbol{X}=\frac{\partial \boldsymbol{X}}{\partial X_A}\delta X_A$，$A=1,2,3$。定义 $\boldsymbol{G}_A=\frac{\partial \boldsymbol{X}}{\partial X_A}$为参考坐标系的基向量（与第一章基向量的定义一致），于是有 $\delta\boldsymbol{X}=\delta X_A\boldsymbol{G}_A$，显然 $\delta X_A=\boldsymbol{G}_A\cdot\delta\boldsymbol{X}$。

在当前构形 B_t 中，$\boldsymbol{x}=\boldsymbol{x}(x_1,x_2,x_3)$，于是 $\delta\boldsymbol{x}=\frac{\partial \boldsymbol{x}}{\partial x_i}\delta x_i$，定义 $\boldsymbol{g}_i=\frac{\partial \boldsymbol{x}}{\partial x_i}$为当前坐标系的基向量，于是 $\delta\boldsymbol{x}=\delta x_i\boldsymbol{g}_i$，则 $\delta x_i=\boldsymbol{g}_i\cdot\delta\boldsymbol{x}$。

考虑到参考构形和当前构形存在着对应关系，即 $\boldsymbol{x}=\boldsymbol{x}(x_1,x_2,x_3)=\boldsymbol{x}(X_1,X_2,X_3)$，于是

$$\delta\boldsymbol{x}=\frac{\partial \boldsymbol{x}}{\partial X_A}\delta X_A=\frac{\partial \boldsymbol{x}}{\partial X_A}\boldsymbol{G}_A\cdot\delta\boldsymbol{X} \tag{2.2-1}$$

定义变形梯度：$\boldsymbol{F}=\frac{\partial \boldsymbol{x}}{\partial X_A}\boldsymbol{G}_A=\boldsymbol{x}\nabla_0$，其中$\nabla_0$ 表示对 $\boldsymbol{X}$ 的梯度算子，表达式$\frac{\partial \boldsymbol{x}}{\partial X_A}\boldsymbol{G}_A$ 表示物理量 $\boldsymbol{x}$ 关于 $\boldsymbol{X}$ 的梯度（与第 1 章梯度的定义相一致）。显然有

$$\delta\boldsymbol{x}=\boldsymbol{F}\cdot\delta\boldsymbol{X}$$

另外，由

$$\delta\boldsymbol{x}=\frac{\partial \boldsymbol{x}}{\partial X_A}\delta X_A=\frac{\partial \boldsymbol{x}}{\partial x_i}\frac{\partial x_i}{\partial X_A}\delta X_A=\boldsymbol{g}_i\frac{\partial x_i}{\partial X_A}\boldsymbol{G}_A\cdot\delta\boldsymbol{X} \tag{2.2-2}$$

可得 $\boldsymbol{F}=\boldsymbol{g}_i\frac{\partial x_i}{\partial X_A}\boldsymbol{G}_A$。分量记为 $F_{iA}=\frac{\partial x_i}{\partial X_A}$，$i=1,2,3$，$A=1,2,3$，显然，$\boldsymbol{F}$ 是二阶张量，基为 $\boldsymbol{g}_i\otimes\boldsymbol{G}_A$。（和第 1 章坐标变换的推导类似，但是要注意变形梯度和坐标变换的区别，这里的两个基分别是当前坐标系的基和参考坐标系的基，坐标变换的两个基是同一坐标系的基）。

同理，

$$\delta\boldsymbol{X}=\frac{\partial \boldsymbol{X}}{\partial x_i}\delta x_i=\frac{\partial \boldsymbol{X}}{\partial x_i}\boldsymbol{g}_i\cdot\delta\boldsymbol{x} \tag{2.2-3}$$

这里，$\boldsymbol{F}^{-1}=\frac{\partial \boldsymbol{X}}{\partial x_i}\boldsymbol{g}_i=\boldsymbol{X}\nabla$为变形梯度的逆（$\nabla$表示对 $\boldsymbol{x}$ 的梯度算子，表达式$\frac{\partial \boldsymbol{X}}{\partial x_i}\boldsymbol{g}_i$ 表示物理量 $\boldsymbol{X}$ 关于 $\boldsymbol{x}$ 的梯度）。

显然，变形梯度的逆 $\boldsymbol{F}^{-1}$满足 $\boldsymbol{F}^{-1}\cdot\delta\boldsymbol{x}=\delta\boldsymbol{X}$。

另外，由

$$\delta\boldsymbol{X}=\frac{\partial \boldsymbol{X}}{\partial x_i}\delta x_i=\frac{\partial \boldsymbol{X}}{\partial X_A}\frac{\partial X_A}{\partial x_i}\delta x_i=\boldsymbol{G}_A\frac{\partial X_A}{\partial x_i}\boldsymbol{g}_i\cdot\delta\boldsymbol{x} \tag{2.2-4}$$

可得 $\boldsymbol{F}^{-1}=\boldsymbol{G}_A\frac{\partial X_A}{\partial x_i}\boldsymbol{g}_i$。分量记为 $F^{-1}_{iA}=\frac{\partial X_A}{\partial x_i}$，$i=1,2,3$，$A=1,2,3$，$\boldsymbol{F}^{-1}$也是二阶张量，基为 $\boldsymbol{G}_A\otimes\boldsymbol{g}_i$（注意基不满足交换律）。

Nanson 公式： 在三维欧几里得空间中，对任何一个正则二阶张量 $\boldsymbol{F}(|\boldsymbol{F}|\neq0)$和任意向量 $\boldsymbol{u}$、$\boldsymbol{v}$ 有

(1) $(\boldsymbol{F}\cdot\boldsymbol{w})\cdot[(\boldsymbol{F}\cdot\boldsymbol{u})\times(\boldsymbol{F}\cdot\boldsymbol{v})]=|\boldsymbol{F}|\boldsymbol{w}\cdot(\boldsymbol{u}\times\boldsymbol{v})$

（2）$(\boldsymbol{F}\cdot\boldsymbol{u})\times(\boldsymbol{F}\cdot\boldsymbol{v})=|\boldsymbol{F}|\boldsymbol{F}^{-\mathrm{T}}\cdot(\boldsymbol{u}\times\boldsymbol{v})$

先证（1）：取 $\boldsymbol{u}$，$\boldsymbol{v}$，$\boldsymbol{w}$ 为 $\boldsymbol{g}_1,\boldsymbol{g}_2,\boldsymbol{g}_3$，有 $\boldsymbol{F}\cdot\boldsymbol{g}_1=F_{im}\boldsymbol{g}_i\otimes\boldsymbol{g}_m\cdot\boldsymbol{g}_1=F_{i1}\boldsymbol{g}_i$，于是

$$\begin{aligned}(\boldsymbol{F}\cdot\boldsymbol{g}_1)\cdot[(\boldsymbol{F}\cdot\boldsymbol{g}_2)\times(\boldsymbol{F}\cdot\boldsymbol{g}_3)]&=(F_{i1}\boldsymbol{g}_i)\cdot[(F_{j2}\boldsymbol{g}_j)\times(F_{k3}\boldsymbol{g}_k)]\\&=F_{i1}F_{j2}F_{k3}[\boldsymbol{g}_i\cdot(\boldsymbol{g}_j\times\boldsymbol{g}_k)]=F_{i1}F_{j2}F_{k3}e_{ijk}=|\boldsymbol{F}|\end{aligned}$$

对于 $\boldsymbol{u}=u_i\boldsymbol{g}_i=u_1\boldsymbol{g}_1+u_2\boldsymbol{g}_2+u_3\boldsymbol{g}_3$，显然有

$$(\boldsymbol{F}\cdot\boldsymbol{g}_2)\cdot[(\boldsymbol{F}\cdot\boldsymbol{g}_2)\times(\boldsymbol{F}\cdot\boldsymbol{g}_3)]=(F_{i2}\boldsymbol{g}_i)\cdot[(F_{j2}\boldsymbol{g}_j)\times(F_{k3}\boldsymbol{g}_k)]=F_{i2}F_{j2}F_{k3}e_{ijk}$$

相当于有一列重复的行列式，即

$$(\boldsymbol{F}\cdot\boldsymbol{g}_2)\cdot[(\boldsymbol{F}\cdot\boldsymbol{g}_2)\times(\boldsymbol{F}\cdot\boldsymbol{g}_3)]=0$$

于是

$$(\boldsymbol{F}\cdot\boldsymbol{w})\cdot[(\boldsymbol{F}\cdot\boldsymbol{g}_2)\times(\boldsymbol{F}\cdot\boldsymbol{g}_3)]=(F_{i1}w_1\boldsymbol{g}_i)\cdot[(F_{j2}\boldsymbol{g}_j)\times(F_{k3}\boldsymbol{g}_k)]=w_1e_{ijk}F_{i1}F_{j2}F_{k3}$$

因此 $\boldsymbol{u}$，$\boldsymbol{v}$，$\boldsymbol{w}$ 中只有取自不同基的三个分量的混合积才不为零，即可证

$$(\boldsymbol{F}\cdot\boldsymbol{w})\cdot[(\boldsymbol{F}\cdot\boldsymbol{u})\times(\boldsymbol{F}\cdot\boldsymbol{v})]=e_{ijk}F_{i1}F_{j2}F_{k3}e_{mnl}w_mu_nv_l=|\boldsymbol{F}|\boldsymbol{w}\cdot(\boldsymbol{u}\times\boldsymbol{v})$$

证（2），注意到向量的转置等于自身，即

$$\boldsymbol{F}\cdot\boldsymbol{w}=(\boldsymbol{F}\cdot\boldsymbol{w})^{\mathrm{T}}=\boldsymbol{w}\cdot\boldsymbol{F}^{\mathrm{T}}$$

于是

$$(\boldsymbol{F}\cdot\boldsymbol{w})\cdot[(\boldsymbol{F}\cdot\boldsymbol{u})\times(\boldsymbol{F}\cdot\boldsymbol{v})]=\boldsymbol{w}\cdot\boldsymbol{F}^{\mathrm{T}}\cdot[(\boldsymbol{F}\cdot\boldsymbol{u})\times(\boldsymbol{F}\cdot\boldsymbol{v})]=|\boldsymbol{F}|\boldsymbol{w}\cdot(\boldsymbol{u}\times\boldsymbol{v})\tag{2.2-5}$$

由 $\boldsymbol{w}$ 的任意性，有

$$\boldsymbol{F}^{\mathrm{T}}\cdot[(\boldsymbol{F}\cdot\boldsymbol{u})\times(\boldsymbol{F}\cdot\boldsymbol{v})]=|\boldsymbol{F}|(\boldsymbol{u}\times\boldsymbol{v})$$

于是，有

$$(\boldsymbol{F}\cdot\boldsymbol{u})\times(\boldsymbol{F}\cdot\boldsymbol{v})=\boldsymbol{F}^{-\mathrm{T}}|\boldsymbol{F}|\cdot(\boldsymbol{u}\times\boldsymbol{v})=|\boldsymbol{F}|\boldsymbol{F}^{-\mathrm{T}}\cdot(\boldsymbol{u}\times\boldsymbol{v})\tag{2.2-6}$$

Nanson 公式推论：变形梯度 $\boldsymbol{F}$ 的行列式 $|\boldsymbol{F}|>0$。

由 Nanson 公式（2.2-5），$(\boldsymbol{F}\cdot\boldsymbol{w})\cdot[(\boldsymbol{F}\cdot\boldsymbol{u})\times(\boldsymbol{F}\cdot\boldsymbol{v})]=|\boldsymbol{F}|\boldsymbol{w}\cdot(\boldsymbol{u}\times\boldsymbol{v})$，对于变形梯度 $\boldsymbol{F}$，等式左侧是当前坐标系的混合积（物质体积），等式右侧是参考坐标系的混合积（物质体积），因此，$|\boldsymbol{F}|$ 表示变形后与变形前物质的体积比，于是 $0<|\boldsymbol{F}|<\infty$。

极分解定理：任一可逆的二阶张量 $\boldsymbol{F}$ 具有下列两个唯一的相乘分解，得

$$\boldsymbol{F}=\boldsymbol{R}\cdot\boldsymbol{U}=\boldsymbol{V}\cdot\boldsymbol{R}\tag{2.2-7}$$

式中 $\boldsymbol{R}$ 为正交张量，而 $\boldsymbol{U}$ 和 $\boldsymbol{V}$ 为对称正定张量，而且 $\boldsymbol{U}=(\boldsymbol{F}^{\mathrm{T}}\cdot\boldsymbol{F})^{\frac{1}{2}}$，$\boldsymbol{V}=(\boldsymbol{F}\cdot\boldsymbol{F}^{\mathrm{T}})^{\frac{1}{2}}$。当 $|\boldsymbol{F}|>0$ 时，$\boldsymbol{R}$ 是一个旋转张量。

证明：注意到向量的转置等于自身，即 $\boldsymbol{F}\cdot\boldsymbol{u}=(\boldsymbol{F}\cdot\boldsymbol{u})^{\mathrm{T}}=\boldsymbol{u}\cdot\boldsymbol{F}^{\mathrm{T}}$，于是

$$(\boldsymbol{F}\cdot\boldsymbol{u})\cdot(\boldsymbol{F}\cdot\boldsymbol{u})=(\boldsymbol{F}\cdot\boldsymbol{u})^{\mathrm{T}}\cdot(\boldsymbol{F}\cdot\boldsymbol{u})=\boldsymbol{u}\cdot\boldsymbol{F}^{\mathrm{T}}\cdot\boldsymbol{F}\cdot\boldsymbol{u}=\boldsymbol{u}\cdot(\boldsymbol{F}^{\mathrm{T}}\cdot\boldsymbol{F})\cdot\boldsymbol{u}>0$$

定义左柯西-格林（Cauchy-Green）张量 $\boldsymbol{C}=\boldsymbol{F}^{\mathrm{T}}\cdot\boldsymbol{F}$，显然，$\boldsymbol{C}$ 是对称正定的二阶张量。它的三个特征值都大于零，记为 $\eta_i=\lambda_i^2$，$\lambda_i>0$，显然存在特征值为 λ_i 的对称正定矩阵 $\boldsymbol{U}$，使得 $\boldsymbol{C}=\boldsymbol{U}^2=\boldsymbol{U}\cdot\boldsymbol{U}=\boldsymbol{U}^{\mathrm{T}}\cdot\boldsymbol{U}$。

（注：把 $\boldsymbol{C}$ 坐标变换为对角阵 $\begin{bmatrix}\lambda_1^2&&\\&\lambda_2^2&\\&&\lambda_3^2\end{bmatrix}$，取 $\boldsymbol{U}'=\begin{bmatrix}\lambda_1&&\\&\lambda_2&\\&&\lambda_3\end{bmatrix}$，再逆变换回去即为所求的 $\boldsymbol{U}$，即 $U_{ij}U_{jn}=C_{in}$。）

定义 $\boldsymbol{R}=\boldsymbol{F}\cdot\boldsymbol{U}^{-1}$，则 $\boldsymbol{R}^{\mathrm{T}}\cdot\boldsymbol{R}=(\boldsymbol{U}^{-1})^{\mathrm{T}}\cdot\boldsymbol{F}^{\mathrm{T}}\cdot\boldsymbol{F}\cdot\boldsymbol{U}^{-1}=(\boldsymbol{U}^{\mathrm{T}})^{-1}\cdot\boldsymbol{C}\cdot\boldsymbol{U}^{-1}=\boldsymbol{U}^{-1}\cdot\boldsymbol{U}\cdot\boldsymbol{U}\cdot\boldsymbol{U}^{-1}=\boldsymbol{I}$，$\boldsymbol{R}$ 为正交张量，下面证明唯一性。

假定 $\boldsymbol{F}=\boldsymbol{R}_1\cdot\boldsymbol{U}_1$，由 $\boldsymbol{R}\cdot\boldsymbol{U}=\boldsymbol{R}_1\cdot\boldsymbol{U}_1\Rightarrow\boldsymbol{U}=\boldsymbol{R}^{\mathrm{T}}\cdot\boldsymbol{R}_1\cdot\boldsymbol{U}_1$，推出 $\boldsymbol{U}^2=\boldsymbol{U}^{\mathrm{T}}\cdot\boldsymbol{U}=\boldsymbol{U}_1^{\mathrm{T}}\cdot\boldsymbol{R}_1^{\mathrm{T}}\cdot\boldsymbol{R}\cdot\boldsymbol{R}^{\mathrm{T}}\cdot\boldsymbol{R}_1\cdot\boldsymbol{U}_1=\boldsymbol{U}_1^2$，从而证明 $\boldsymbol{U}$ 的唯一性。于是 $\boldsymbol{R}_1=\boldsymbol{R}_1\cdot\boldsymbol{U}_1\cdot\boldsymbol{U}_1^{-1}=\boldsymbol{R}\cdot\boldsymbol{U}\cdot\boldsymbol{U}_1^{-1}=\boldsymbol{R}\cdot\boldsymbol{U}\cdot\boldsymbol{U}^{-1}=\boldsymbol{R}$，证明了 $\boldsymbol{R}$ 唯一性。

再证 $\boldsymbol{F}=\boldsymbol{R}\cdot\boldsymbol{U}=\boldsymbol{V}\cdot\boldsymbol{R}$ 中 $\boldsymbol{R}$ 是相同的。

证明：$\boldsymbol{F}=\boldsymbol{V}\cdot\boldsymbol{R}=\boldsymbol{R}\cdot\boldsymbol{R}^{\mathrm{T}}\cdot\boldsymbol{V}\cdot\boldsymbol{R}=\boldsymbol{R}\cdot(\boldsymbol{R}^{\mathrm{T}}\cdot\boldsymbol{V}\cdot\boldsymbol{R})=\boldsymbol{R}\cdot\boldsymbol{U}$

这里，令 $\boldsymbol{U}=\boldsymbol{R}^{\mathrm{T}}\cdot\boldsymbol{V}\cdot\boldsymbol{R}$，显然，当 $\boldsymbol{V}$ 是对称正定时，$\boldsymbol{U}$ 也是对称正定的。由前面证明的极分解定理的唯一性，这个 $\boldsymbol{U}$ 是唯一的。

2.2.2 变形描述–应变张量

1. 长度（线元）的变化

变形前：$\delta L^2=\delta\boldsymbol{X}\cdot\delta\boldsymbol{X}=\boldsymbol{F}^{-1}\cdot\delta\boldsymbol{x}\cdot\boldsymbol{F}^{-1}\cdot\delta\boldsymbol{x}=\delta\boldsymbol{x}\cdot\boldsymbol{F}^{-\mathrm{T}}\cdot\boldsymbol{F}^{-1}\cdot\delta\boldsymbol{x}=\delta\boldsymbol{x}\cdot(\boldsymbol{F}\cdot\boldsymbol{F}^{\mathrm{T}})^{-1}\cdot\delta\boldsymbol{x}$（说明：$\boldsymbol{F}\cdot\boldsymbol{w}=(\boldsymbol{F}\cdot\boldsymbol{w})^{\mathrm{T}}=\boldsymbol{w}\cdot\boldsymbol{F}^{\mathrm{T}}$）。

定义右柯西–格林张量：$\boldsymbol{B}=\boldsymbol{F}\cdot\boldsymbol{F}^{\mathrm{T}}=\boldsymbol{g}_j\dfrac{\partial x_j}{\partial X_B}\boldsymbol{G}_B\cdot\left(\dfrac{\partial x_i}{\partial X_A}\boldsymbol{G}_A\boldsymbol{g}_i\right)=\dfrac{\partial x_i}{\partial X_A}\dfrac{\partial x_j}{\partial X_B}G_{AB}\boldsymbol{g}_i\boldsymbol{g}_j$，$B_{ij}=\dfrac{\partial x_i}{\partial X_A}\dfrac{\partial x_j}{\partial X_B}G_{AB}$。于是有

$$\delta L^2=\delta\boldsymbol{x}\cdot\boldsymbol{B}^{-1}\cdot\delta\boldsymbol{x}\qquad(2.2\text{-}8)$$

变形后有

$$\delta\ell^2=\delta\boldsymbol{x}\cdot\delta\boldsymbol{x}=\boldsymbol{F}\cdot\delta\boldsymbol{X}\cdot\boldsymbol{F}\cdot\delta\boldsymbol{X}=\delta\boldsymbol{X}\cdot\boldsymbol{F}^{\mathrm{T}}\cdot\boldsymbol{F}\cdot\delta\boldsymbol{X}=\delta\boldsymbol{X}\cdot(\boldsymbol{F}^{\mathrm{T}}\cdot\boldsymbol{F})\cdot\delta\boldsymbol{X}$$

这里的 $\boldsymbol{F}^{\mathrm{T}}\cdot\boldsymbol{F}$ 就是前一节定义的左柯西–格林张量 $\boldsymbol{C}$，即

$\boldsymbol{C}=\boldsymbol{F}^{\mathrm{T}}\cdot\boldsymbol{F}=\left(\dfrac{\partial x_i}{\partial X_A}G_A\boldsymbol{g}_i\right)\cdot\boldsymbol{g}_j\dfrac{\partial x_j}{\partial X_B}G_B=\dfrac{\partial x_i}{\partial X_A}\dfrac{\partial x_j}{\partial X_B}g_{ij}G_AG_B$，显然：$C_{AB}=\dfrac{\partial x_i}{\partial X_A}\dfrac{\partial x_j}{\partial X_B}g_{ij}$，于是有

$$\delta\ell^2-\delta L^2=\delta\boldsymbol{x}\cdot\delta\boldsymbol{x}-\delta\boldsymbol{X}\cdot\delta\boldsymbol{X}=\begin{cases}(\boldsymbol{C}-\boldsymbol{I})\delta\boldsymbol{X}\cdot\delta\boldsymbol{X}=2\boldsymbol{E}\delta\boldsymbol{X}\cdot\delta\boldsymbol{X}, \text{拉格朗日坐标}\\(\boldsymbol{I}-\boldsymbol{B}^{-1})\delta\boldsymbol{x}\cdot\delta\boldsymbol{x}=2\varepsilon\delta\boldsymbol{x}\cdot\delta\boldsymbol{x}, \text{欧拉坐标}\end{cases}\qquad(2.2\text{-}9)$$

其中 $\boldsymbol{C}$、$\boldsymbol{B}$ 均为对称正定张量，可对角化、特征值均为正，称为主值，特征向量相互正交，称为主方向，无变形时均为单位张量。

定义：$\boldsymbol{E}=\dfrac{1}{2}(\boldsymbol{C}-\boldsymbol{I})$，称为拉格朗日（Lagrange–Green）应变张量；以及 $\varepsilon=\dfrac{1}{2}(\boldsymbol{I}-\boldsymbol{B}^{-1})$，称为欧拉（Euler–Almansi）应变张量。显然，长度变化的充要条件是应变张量不为零张量。

【例 2–4】 对于均匀膨胀与收缩 $x_i=X_i+kX_i$，求变形梯度和它的逆，以及左、右柯西–格林张量、拉格朗日应变张量、欧拉应变张量。

$$\boldsymbol{F}=\begin{bmatrix}1+k&0&0\\0&1+k&0\\0&0&1+k\end{bmatrix},\quad \boldsymbol{F}^{-1}=\begin{bmatrix}\dfrac{1}{1+k}&0&0\\0&\dfrac{1}{1+k}&0\\0&0&\dfrac{1}{1+k}\end{bmatrix}$$

$$\boldsymbol{C}=\boldsymbol{F}^{\mathrm{T}}\cdot\boldsymbol{F}=\begin{bmatrix}(1+k)^2 & 0 & 0\\ 0 & (1+k)^2 & 0\\ 0 & 0 & (1+k)^2\end{bmatrix},\quad \boldsymbol{B}=\boldsymbol{F}\cdot\boldsymbol{F}^{\mathrm{T}}=\boldsymbol{C}$$

$$\boldsymbol{E}=\frac{1}{2}(\boldsymbol{C}-\boldsymbol{I})=\begin{bmatrix}k+\frac{k^2}{2} & 0 & 0\\ 0 & k+\frac{k^2}{2} & 0\\ 0 & 0 & k+\frac{k^2}{2}\end{bmatrix}$$

$$\varepsilon=\frac{1}{2}(\boldsymbol{I}-\boldsymbol{B}^{-1})=\begin{bmatrix}\frac{2k+k^2}{2(1+k)^2} & 0 & 0\\ 0 & \frac{2k+k^2}{2(1+k)^2} & 0\\ 0 & 0 & \frac{2k+k^2}{2(1+k)^2}\end{bmatrix}$$

【例 2-5】 对于简单剪切：$x_1=X_1+kX_2$，$x_2=X_2$，$x_3=X_3$，求变形梯度和左、右柯西-格林张量、拉格朗日应变张量 $\boldsymbol{E}$。

由题可得

$$\boldsymbol{F}=\begin{bmatrix}1 & k & 0\\ 0 & 1 & 0\\ 0 & 0 & 1\end{bmatrix},\quad \boldsymbol{F}^{-1}=\begin{bmatrix}1 & -k & 0\\ 0 & 1 & 0\\ 0 & 0 & 1\end{bmatrix}$$

$$\boldsymbol{C}=\boldsymbol{F}^{\mathrm{T}}\cdot\boldsymbol{F}=\begin{bmatrix}1 & k & 0\\ k & 1+k^2 & 0\\ 0 & 0 & 1\end{bmatrix},\quad \boldsymbol{B}=\boldsymbol{F}\cdot\boldsymbol{F}^{\mathrm{T}}=\begin{bmatrix}1+k^2 & k & 0\\ k & 1 & 0\\ 0 & 0 & 1\end{bmatrix}$$

$$\boldsymbol{E}=\frac{1}{2}(\boldsymbol{C}-\boldsymbol{I})=\begin{bmatrix}0 & \frac{k}{2} & 0\\ \frac{k}{2} & \frac{k^2}{2} & 0\\ 0 & 0 & 0\end{bmatrix}$$

2. 面积元的变化

考察面积元的变化，面积元可以用两有向线元的叉积（$\delta\boldsymbol{x}\times\delta\boldsymbol{x}'$）表示，根据 Nanson 公式，有

$$\delta\boldsymbol{s}=\delta\boldsymbol{x}\times\delta\boldsymbol{x}'=(\boldsymbol{F}\cdot\delta\boldsymbol{X})\times(\boldsymbol{F}\cdot\delta\boldsymbol{X}')=|\boldsymbol{F}|\boldsymbol{F}^{-\mathrm{T}}\cdot(\delta\boldsymbol{X}\times\delta\boldsymbol{X}')=|\boldsymbol{F}|\boldsymbol{F}^{-\mathrm{T}}\cdot\delta\boldsymbol{S}\quad(2.2\text{-}10)$$

反之有

$$\delta\boldsymbol{S}=|\boldsymbol{F}|^{-1}\boldsymbol{F}^{\mathrm{T}}\cdot\delta\boldsymbol{s}\quad(2.2\text{-}11)$$

3. 体积元的变化

对体积元可以用有向线元的混合积（$\delta\boldsymbol{x}\cdot(\delta\boldsymbol{x}'\times\delta\boldsymbol{x}'')$）表示，根据 Nanson 公式，有

$$\delta v=\delta\boldsymbol{x}\cdot(\delta\boldsymbol{x}'\times\delta\boldsymbol{x}'')=(\boldsymbol{F}\cdot\delta\boldsymbol{X})\cdot(\boldsymbol{F}\cdot\delta\boldsymbol{X}')\times(\boldsymbol{F}\cdot\delta\boldsymbol{X}'')=|\boldsymbol{F}|\delta\boldsymbol{X}\cdot(\delta\boldsymbol{X}'\times\delta\boldsymbol{X}'')=|\boldsymbol{F}|\delta V\quad(2.2\text{-}12)$$

反之有

$$\delta V = |\boldsymbol{F}|^{-1}\delta v \tag{2.2-13}$$

4. 用位移表达的应变张量

当变形不是很大时，可以用位移函数 $\boldsymbol{u}=\boldsymbol{x}-\boldsymbol{X}$ 表征应变。拉格朗日坐标系下的位移梯度

$$\boldsymbol{u}(\boldsymbol{x},t)\nabla_0=\boldsymbol{x}\,\nabla_0-\boldsymbol{X}(\boldsymbol{x},t)\nabla_0=\boldsymbol{F}-\boldsymbol{I}$$

记 $\boldsymbol{u}\,\nabla_0=\nabla_X\boldsymbol{u}=\boldsymbol{H}$，于是

$$\boldsymbol{F}=\boldsymbol{I}+\boldsymbol{u}(\boldsymbol{x},t)\nabla_0=\boldsymbol{I}+\boldsymbol{H}$$

其中

$$F_{ij}=\delta_{ij}+\frac{\partial u_i}{\partial X_j}$$

于是

$$\begin{aligned}\boldsymbol{C}&=\boldsymbol{F}^{\mathrm{T}}\cdot\boldsymbol{F}=(\boldsymbol{I}+\nabla_X\boldsymbol{u})^{\mathrm{T}}\cdot(\boldsymbol{I}+\nabla_X\boldsymbol{u})=\boldsymbol{I}+\nabla_X\boldsymbol{u}^{\mathrm{T}}+\nabla_X\boldsymbol{u}+\nabla_X\boldsymbol{u}^{\mathrm{T}}\cdot\nabla_X\boldsymbol{u}\\&=\boldsymbol{I}+\boldsymbol{H}^{\mathrm{T}}+\boldsymbol{H}+\boldsymbol{H}^{\mathrm{T}}\cdot\boldsymbol{H}\end{aligned}$$

于是，拉格朗日应变张量为

$$\boldsymbol{E}=\frac{1}{2}(\boldsymbol{C}-\boldsymbol{I})=\frac{1}{2}(\boldsymbol{H}^{\mathrm{T}}+\boldsymbol{H})+\frac{1}{2}\boldsymbol{H}^{\mathrm{T}}\cdot\boldsymbol{H}$$

即

$$E_{IJ}=\frac{1}{2}\left(\frac{\partial u_I}{\partial X_J}+\frac{\partial u_J}{\partial X_I}\right)+\frac{1}{2}\frac{\partial u_K}{\partial X_I}\frac{\partial u_K}{\partial X_J}$$

当位移梯度很小时，$|\nabla_X\boldsymbol{u}|\ll 1$，有

$$E_{IJ}\approx\frac{1}{2}\left(\frac{\partial u_I}{\partial X_J}+\frac{\partial u_J}{\partial X_I}\right)$$

欧拉坐标系下的位移梯度为

$$\boldsymbol{u}(\boldsymbol{x},t)\nabla=\boldsymbol{x}\,\nabla-\boldsymbol{X}(\boldsymbol{x},t)\nabla=\boldsymbol{I}-\boldsymbol{F}^{-1}$$

记 $\boldsymbol{u}\,\nabla=\nabla_x\boldsymbol{u}=\boldsymbol{h}$，于是

$$\boldsymbol{F}^{-1}=\boldsymbol{I}-\boldsymbol{u}(\boldsymbol{x},t)\nabla=\boldsymbol{I}-\boldsymbol{h}$$

其中

$$F_{ij}^{-1}=\delta_{ij}-\frac{\partial u_i}{\partial x_j}$$

于是

$$\boldsymbol{B}^{-1}=(\boldsymbol{F}\cdot\boldsymbol{F}^{\mathrm{T}})^{-1}=\boldsymbol{F}^{-\mathrm{T}}\cdot\boldsymbol{F}^{-1}=(\boldsymbol{I}-\boldsymbol{h})^{\mathrm{T}}\cdot(\boldsymbol{I}-\boldsymbol{h})=\boldsymbol{I}-\boldsymbol{h}^{\mathrm{T}}-\boldsymbol{h}+\boldsymbol{h}^{\mathrm{T}}\cdot\boldsymbol{h}$$

欧拉应变张量为

$$\boldsymbol{\varepsilon}=\frac{1}{2}(\boldsymbol{I}-\boldsymbol{B}^{-1})=\frac{1}{2}(\boldsymbol{h}^{\mathrm{T}}+\boldsymbol{h})-\frac{1}{2}\boldsymbol{h}^{\mathrm{T}}\cdot\boldsymbol{h}$$

即

$$\varepsilon_{ij}=\frac{1}{2}\left(\frac{\partial u_i}{\partial x_j}+\frac{\partial u_j}{\partial x_i}\right)-\frac{1}{2}\frac{\partial u_k}{\partial x_j}\frac{\partial u_k}{\partial x_i}$$

当位移梯度很小时，$|\nabla_x \boldsymbol{u}| \ll 1$，有

$$\varepsilon_{ij} \approx \frac{1}{2}\left(\frac{\partial u_i}{\partial x_j}+\frac{\partial u_j}{\partial x_i}\right)$$

拉格朗日坐标下的梯度可以表示成欧拉坐标的函数，即

$$\boldsymbol{u}\,\nabla_0 = \nabla_X \boldsymbol{u} = \nabla_x \boldsymbol{u}\,\nabla_X \boldsymbol{x} = \nabla_x \boldsymbol{u}\cdot\boldsymbol{F} = \nabla_x \boldsymbol{u}\cdot(\boldsymbol{I}+\boldsymbol{H}) = (\boldsymbol{u}\,\nabla)\cdot(\boldsymbol{I}+\boldsymbol{H})$$

其中

$$u_{i,A} = u_{i,j}F_{jA}$$

显然，当位移梯度很小时，$\boldsymbol{H}=\boldsymbol{u}\,\nabla_0 \ll 1$，有近似：$\boldsymbol{u}\,\nabla_0 \approx \boldsymbol{u}\,\nabla$

于是

$$\boldsymbol{E} \approx \boldsymbol{\varepsilon}$$

5. 体积应变速率

设参考坐标系中初始线元平行于 X_1 方向，即只有沿 $\delta X=\delta X_1 G_1$，于是

$$\frac{\delta\boldsymbol{x}\cdot\delta\boldsymbol{x}-\delta\boldsymbol{X}\cdot\delta\boldsymbol{X}}{\delta\boldsymbol{X}\cdot\delta\boldsymbol{X}}=\frac{(\boldsymbol{C}-\boldsymbol{I})\,\delta\boldsymbol{X}\cdot\delta\boldsymbol{X}}{\delta\boldsymbol{X}\cdot\delta\boldsymbol{X}}=\frac{(C_{ij}-\delta_{ij})\boldsymbol{G}_i\boldsymbol{G}_j\cdot\delta X_1\boldsymbol{G}_1\cdot\delta X_1\boldsymbol{G}_1}{\delta X_1\boldsymbol{G}_1\cdot\delta X_1\boldsymbol{G}_1}=C_{11}-1=2E_{11} \tag{2.2-14}$$

即 E_{11} 表示平行于 X_1 方向线元的相对伸长率，同理，E_{22}, E_{33} 分别表示平行于 X_2, X_3 方向线元的相对伸长率。

显然，对于刚体的运动，任意方向线元的相对伸长率都为 0，即 $E_{ij}=0, i=j$。

6. 角变形速率（剪切变形速率）

考察两线元 $\delta\boldsymbol{x}$，$\delta\boldsymbol{x}'$ 夹角的余弦，即

$$\cos(\delta\boldsymbol{x},\delta\boldsymbol{x}')=\frac{\delta\boldsymbol{x}\cdot\delta\boldsymbol{x}'}{|\delta\boldsymbol{x}||\delta\boldsymbol{x}'|}=\frac{(\boldsymbol{F}\cdot\delta\boldsymbol{X})\cdot(\boldsymbol{F}\cdot\delta\boldsymbol{X}')}{|\boldsymbol{F}\cdot\delta\boldsymbol{X}||\boldsymbol{F}\cdot\delta\boldsymbol{X}'|}=\frac{(\delta\boldsymbol{X}\cdot\boldsymbol{F}^{\mathrm{T}})\cdot(\boldsymbol{F}\cdot\delta\boldsymbol{X}')}{\boldsymbol{F}\cdot\delta\boldsymbol{X}||\boldsymbol{F}\cdot\delta\boldsymbol{X}'|}$$

$$=\frac{\delta\boldsymbol{X}\cdot\boldsymbol{C}\cdot\delta\boldsymbol{X}'}{\sqrt{\delta\boldsymbol{X}\cdot\boldsymbol{C}\cdot\delta\boldsymbol{X}}\sqrt{\delta\boldsymbol{X}'\cdot\boldsymbol{C}\cdot\delta\boldsymbol{X}'}}$$

$$|\delta\boldsymbol{x}|=\sqrt{\delta\boldsymbol{x}\cdot\delta\boldsymbol{x}}=\sqrt{(\boldsymbol{F}\cdot\delta\boldsymbol{X})\cdot(\boldsymbol{F}\cdot\delta\boldsymbol{X})}=\sqrt{\delta\boldsymbol{X}\cdot\boldsymbol{C}\cdot\delta\boldsymbol{X}}$$

当 $\delta X=\delta X_1 G_1, \delta X'=\delta X_2 G_2$ 时，有

$$\cos(\delta\boldsymbol{x},\delta\boldsymbol{x}')=\frac{C_{12}}{C_{11}C_{22}}=\frac{2E_{12}}{(2E_{11}+1)(2E_{22}+1)} \tag{2.2-15}$$

当小变形时，有 $E_{ij}\ll 1$，记 $\theta=\langle\delta\boldsymbol{x},\delta\boldsymbol{x}'\rangle$，线元夹角的改变量为

$$\alpha_{12}=\frac{\pi}{2}-\theta\approx\sin\left(\frac{\pi}{2}-\theta\right)=\cos\theta\approx 2E_{12}$$

显然，对于刚体的运动，任意线元夹角的改变量为 0，即 $E_{ij}=0, i\neq j$。

另外，定义反对称张量 $\boldsymbol{\Theta}=\frac{1}{2}(\boldsymbol{H}-\boldsymbol{H}^{\mathrm{T}})$，分量为

$$\Theta_{ij}=\frac{1}{2}\left(\frac{\partial u_i}{\partial X_j}-\frac{\partial u_j}{\partial X_i}\right)\approx\frac{1}{2}\left(\frac{\partial u_i}{\partial x_j}-\frac{\partial u_j}{\partial x_i}\right)$$

由第 1 章可知位移的旋度：$\nabla\times\boldsymbol{u}=e_{ijk}u_{i,j}\boldsymbol{e}_k=e_{ijk}\Theta_{ij}\boldsymbol{e}_k$，显然有

$$\boldsymbol{\Theta}\cdot\delta\boldsymbol{x}=\frac{1}{2}\nabla\times\boldsymbol{u}\times\delta\boldsymbol{x} \tag{2.2-16}$$

说明 $\boldsymbol{\Theta}$ 是标志物质转动的张量，我们称之为旋转张量，分量表示物质的转动角度。

于是定义 $\boldsymbol{W}=\dot{\boldsymbol{\Theta}}$为旋转率张量，分量为

$$W_{ij}=\frac{1}{2}\left(\frac{\partial\dot{u}_i}{\partial X_j}-\frac{\partial\dot{u}_j}{\partial X_i}\right)=\frac{1}{2}\left(\frac{\partial v_i}{\partial X_j}-\frac{\partial v_j}{\partial X_i}\right) \tag{2.2-17}$$

小变形下的 Green 应变张量 $\boldsymbol{E}=\frac{1}{2}(\boldsymbol{H}+\boldsymbol{H}^{\mathrm{T}})$，显然 $\boldsymbol{E}$ 为对称张量，分量为

$$E_{ij}=\frac{1}{2}\left(\frac{\partial u_i}{\partial X_j}+\frac{\partial u_j}{\partial X_i}\right)\approx\frac{1}{2}\left(\frac{\partial u_i}{\partial x_j}+\frac{\partial u_j}{\partial x_i}\right)$$

同理，定义 $\boldsymbol{D}=\dot{\boldsymbol{E}}$为应变率张量，分量为

$$D_{ij}=\frac{1}{2}\left(\frac{\partial\dot{u}_i}{\partial X_j}+\frac{\partial\dot{u}_j}{\partial X_i}\right)=\frac{1}{2}\left(\frac{\partial v_i}{\partial X_j}+\frac{\partial v_j}{\partial X_i}\right) \tag{2.2-18}$$

它刻画了微元在现在构形下的变化快慢。由于

$$\boldsymbol{F}=\boldsymbol{I}+\boldsymbol{E}+\boldsymbol{\Theta}$$

于是

$$\delta\boldsymbol{x}=\boldsymbol{F}\cdot\delta\boldsymbol{X}=\delta\boldsymbol{X}+\boldsymbol{E}\cdot\delta\boldsymbol{X}+\boldsymbol{\Theta}\cdot\delta\boldsymbol{X}=\delta\boldsymbol{X}+\boldsymbol{E}\cdot\delta\boldsymbol{X}+\frac{1}{2}\nabla\times\boldsymbol{u}\times\delta\boldsymbol{X}$$

显然 $\delta\boldsymbol{X}$ 表示平移，$\boldsymbol{E}\cdot\delta\boldsymbol{X}$ 表示变形，$\frac{1}{2}\nabla\times\boldsymbol{u}\times\delta\boldsymbol{X}$ 表示旋转。对于刚体的运动，$\boldsymbol{E}=\boldsymbol{0}$。当$\boldsymbol{\Theta}=\boldsymbol{0}$ 时，为无旋运动。

2.3 物质导数和输运定理

我们第 1 章介绍了变形梯度和相关张量，本节分析张量的导数，第 1 章介绍了张量在曲线坐标系下的导数要考虑基向量的求导。为了方便推导，以下分析都在直角坐标系下进行（直角坐标系下基向量的导数为 **0**，可以简化推导过程），获得的结果可以推广到任意曲线坐标系。

2.3.1 应变张量

1. 变形梯度的导数

$$\dot{\boldsymbol{F}}=\frac{\mathrm{d}}{\mathrm{d}t}\boldsymbol{F}$$

分量为

$$\dot{F}_{iA}=\frac{\partial\dot{x}_i}{\partial X_A}=\frac{\partial v_i}{\partial X_A}=\frac{\partial v_i}{\partial x_j}\frac{\partial x_j}{\partial X_A}=v_{i,j}F_{jA}$$

于是

$$\dot{\boldsymbol{F}}=(\boldsymbol{v}\nabla)\cdot\boldsymbol{F} \tag{2.3-1}$$

变形梯度的二阶导数的分量

$$\ddot{F}_{iA}=\frac{\partial \ddot{x}_i}{\partial X_A}=\frac{\partial a_i}{\partial X_A}=\frac{\partial a_i}{\partial x_j}\frac{\partial x_j}{\partial X_A}=a_{i,j}F_{jA}=(\dot{\boldsymbol{v}}\nabla)\cdot\boldsymbol{F} \tag{2.3-2}$$

2. Rivlin-Ericken 张量

求左柯西-格林张量 $\boldsymbol{C}$ 关于时间的一阶导数

$$\dot{\boldsymbol{C}}=\frac{\mathrm{d}}{\mathrm{d}t}\boldsymbol{C}=\frac{\mathrm{d}}{\mathrm{d}t}(\boldsymbol{F}^{\mathrm{T}}\cdot\boldsymbol{F})=\frac{\mathrm{d}\boldsymbol{F}^{\mathrm{T}}}{\mathrm{d}t}\cdot\boldsymbol{F}+\boldsymbol{F}^{\mathrm{T}}\cdot\frac{\mathrm{d}\boldsymbol{F}}{\mathrm{d}t}=[(\boldsymbol{v}\nabla)\cdot\boldsymbol{F}]^{\mathrm{T}}\cdot\boldsymbol{F}+\boldsymbol{F}^{\mathrm{T}}\cdot[(\boldsymbol{v}\nabla)\cdot\boldsymbol{F}]$$

于是

$$\dot{\boldsymbol{C}}=\boldsymbol{F}^{\mathrm{T}}\cdot[(\boldsymbol{v}\nabla)^{\mathrm{T}}+\boldsymbol{v}\nabla]\cdot\boldsymbol{F}=\boldsymbol{F}^{\mathrm{T}}\cdot(\nabla\boldsymbol{v}+\boldsymbol{v}\nabla)\cdot\boldsymbol{F}$$

令 τ 表示当前时刻，$\boldsymbol{F}(t)$ 表示物体在当前时刻 τ 相对于过去某一时刻 t 的变形梯度。显然，$\boldsymbol{F}(\tau)=\boldsymbol{I}$，于是

$$\dot{\boldsymbol{C}}\big|_{t=\tau}=\nabla\boldsymbol{v}+\boldsymbol{v}\nabla$$

定义一阶 Rivlin-Ericken 张量 $\boldsymbol{A}_1=\dot{\boldsymbol{C}}\big|_{t=\tau}=\nabla\boldsymbol{v}+\boldsymbol{v}\nabla$，显然它是应变率张量 $\boldsymbol{D}$ 的 2 倍。于是

$$\dot{\boldsymbol{C}}=\boldsymbol{F}^{\mathrm{T}}\cdot\boldsymbol{A}_1\cdot\boldsymbol{F}=2\boldsymbol{F}^{\mathrm{T}}\cdot\boldsymbol{D}\cdot\boldsymbol{F} \tag{2.3-3}$$

左柯西-格林张量 $\boldsymbol{C}$ 关于时间的二阶导数

$$\begin{aligned}\ddot{\boldsymbol{C}}&=\frac{\mathrm{d}}{\mathrm{d}t}\dot{\boldsymbol{C}}=\frac{\mathrm{d}}{\mathrm{d}t}(\boldsymbol{F}^{\mathrm{T}}\cdot\boldsymbol{A}_1\cdot\boldsymbol{F})\\&=\dot{\boldsymbol{F}}^{\mathrm{T}}\cdot\boldsymbol{A}_1\cdot\boldsymbol{F}+\boldsymbol{F}^{\mathrm{T}}\cdot\dot{\boldsymbol{A}}_1\cdot\boldsymbol{F}+\boldsymbol{F}^{\mathrm{T}}\cdot\boldsymbol{A}_1\cdot\dot{\boldsymbol{F}}\\&=\boldsymbol{F}^{\mathrm{T}}\cdot(\nabla\boldsymbol{v})\cdot\boldsymbol{A}_1\cdot\boldsymbol{F}+\boldsymbol{F}^{\mathrm{T}}\cdot\dot{\boldsymbol{A}}_1\cdot\boldsymbol{F}+\boldsymbol{F}^{\mathrm{T}}\cdot\boldsymbol{A}_1\cdot(\boldsymbol{v}\nabla)\cdot\boldsymbol{F}\\&=\boldsymbol{F}^{\mathrm{T}}\cdot[(\nabla\boldsymbol{v})\cdot\boldsymbol{A}_1+\dot{\boldsymbol{A}}_1+\boldsymbol{A}_1\cdot(\boldsymbol{v}\nabla)]\cdot\boldsymbol{F}\end{aligned}$$

显然，当 $t=\tau$ 时，有

$$\ddot{\boldsymbol{C}}=(\nabla\boldsymbol{v})\cdot\boldsymbol{A}_1+\dot{\boldsymbol{A}}_1+\boldsymbol{A}_1\cdot(\boldsymbol{v}\nabla)$$

定义二阶 Rivlin-Ericken 张量 $\boldsymbol{A}_2=\ddot{\boldsymbol{C}}\big|_{t=\tau}=(\nabla\boldsymbol{v})\cdot\boldsymbol{A}_1+\dot{\boldsymbol{A}}_1+\boldsymbol{A}_1\cdot(\boldsymbol{v}\nabla)$。以此类推，定义 $\boldsymbol{A}_{n-1}$ 为 $n-1$ 阶 Rivlin-Ericken 张量，有

$$\frac{\mathrm{d}^{n-1}}{\mathrm{d}t^{n-1}}\boldsymbol{C}=\boldsymbol{F}^{\mathrm{T}}\cdot\boldsymbol{A}_{n-1}\cdot\boldsymbol{F}$$

于是

$$\frac{\mathrm{d}^{n}}{\mathrm{d}t^{n}}\boldsymbol{C}=\frac{\mathrm{d}}{\mathrm{d}t}\left(\frac{\mathrm{d}^{n-1}}{\mathrm{d}t^{n-1}}\boldsymbol{C}\right)=\frac{\mathrm{d}}{\mathrm{d}t}(\boldsymbol{F}^{\mathrm{T}}\cdot\boldsymbol{A}_{n-1}\cdot\boldsymbol{F})=\boldsymbol{F}^{\mathrm{T}}\cdot[(\nabla\boldsymbol{v})\cdot\boldsymbol{A}_{n-1}+\dot{\boldsymbol{A}}_{n-1}+\boldsymbol{A}_{n-1}\cdot(\boldsymbol{v}\nabla)]\cdot\boldsymbol{F}$$

显然，n 阶 Rivlin-Ericken 张量可以表示为

$$\boldsymbol{A}_n=(\nabla\boldsymbol{v})\cdot\boldsymbol{A}_{n-1}+\dot{\boldsymbol{A}}_{n-1}+\boldsymbol{A}_{n-1}\cdot(\boldsymbol{v}\nabla) \tag{2.3-4}$$

将左柯西-格林张量 $\boldsymbol{C}$ 在 $t=\tau$ 附近泰勒展开，有

$$\boldsymbol{C}=\boldsymbol{I}+(-(t-\tau))\boldsymbol{A}_1+\frac{1}{2}(-(t-\tau))^2\boldsymbol{A}_2+\cdots+(-1)^n\frac{(t-\tau)^n}{n!}\boldsymbol{A}_n \tag{2.3-5}$$

2.3.2　物质导数

物体运动时，物质点从 $t=0$ 参考构形 $\boldsymbol{X}(t=0)$ 运动到当前构形 $\boldsymbol{x}=\boldsymbol{x}(\boldsymbol{X},t)$，当物体无断

裂、重合时，物质点在当前构形和参考构形间存在一一对应关系，且 $J=\det\left(\frac{\partial x_i}{\partial X_J}\right)>0$。相应的对于当前构形物质点 $\boldsymbol{x}(t)$，与它在参考构形相应的物质点也存在一一对应关系，对于任一物理量，如果用 $t=0$ 时流体质点的坐标（X_1，X_2,X_3）标记质点（拉格朗日坐标），流体的物理量 f 则可表示为

$$f(\boldsymbol{X},t)=f(X_1,X_2,X_3;t) \tag{2.3-6}$$

注意，如果求关于时间的绝对导数 $\frac{\mathrm{d}}{\mathrm{d}t}$；拉格朗日坐标中求的是关于时间的偏导 $\frac{\partial}{\partial t}$，因为 X_1，X_2，X_3 不表示自变量，所以自变量只有时间 t，即 $\frac{\mathrm{d}}{\mathrm{d}t}=\frac{\partial}{\partial t}$，拉格朗日描述是标记点关于时间 t 的函数，但标记点可以任意选取。于是，物体的位移 $\boldsymbol{u}$、速度 $\boldsymbol{v}$、加速度 $\boldsymbol{a}$ 等物理量可表示为

$$\boldsymbol{u}=\boldsymbol{x}(\boldsymbol{X},t)-\boldsymbol{X}\Rightarrow\begin{cases}u_1=x_1(X_1,X_2,X_3;t)-X_1\\ u_2=x_2(X_1,X_2,X_3;t)-X_2\\ x_3=x_3(X_1,X_2,X_3;t)-X_3\end{cases}$$

$$\boldsymbol{v}(\boldsymbol{X},t)=\frac{\partial\boldsymbol{u}(X_1,X_2,X_3,t)}{\partial t}=\frac{\partial\boldsymbol{x}(X_1,X_2,X_3,t)}{\partial t}\Rightarrow\begin{cases}v_1=\dfrac{\partial x_1(X_1,X_2,X_3,t)}{\partial t}\\ v_2=\dfrac{\partial x_2(X_1,X_2,X_3,t)}{\partial t}\\ v_3=\dfrac{\partial x_3(X_1,X_2,X_3,t)}{\partial t}\end{cases}$$

$$\boldsymbol{a}(\boldsymbol{X},t)=\frac{\partial^2\boldsymbol{u}(X_1,X_2,X_3,t)}{\partial t^2}=\frac{\partial^2\boldsymbol{x}(X_1,X_2,X_3,t)}{\partial t^2}\Rightarrow\begin{cases}a_1=\dfrac{\partial^2 x_1(X_1,X_2,X_3,t)}{\partial t^2}\\ a_2=\dfrac{\partial^2 x_2(X_1,X_2,X_3,t)}{\partial t^2}\\ a_3=\dfrac{\partial^2 x_3(X_1,X_2,X_3,t)}{\partial t^2}\end{cases}$$

另一种是用场论的观点，把物理量表示为当前构形物质点 $\boldsymbol{x}(x_1,x_2,x_3)$ 及时间 t 的函数，即欧拉坐标中的表达式为

$$F(\boldsymbol{x},t)=F(x_1,x_2,x_3;t) \tag{2.3-7}$$

于是，物体的速度 $\boldsymbol{v}$、加速度 $\boldsymbol{a}$、压强 p 可表示为某一时刻的场分布，即

$$\boldsymbol{v}(\boldsymbol{x},t)=\frac{\mathrm{d}\boldsymbol{x}(x_1,x_2,x_3;t)}{\mathrm{d}t}\Rightarrow\begin{cases}v_1=\dfrac{\mathrm{d}x_1(x_1,x_2,x_3;t)}{\mathrm{d}t}\\ v_2=\dfrac{\mathrm{d}x_2(x_1,x_2,x_3;t)}{\mathrm{d}t}\\ v_3=\dfrac{\mathrm{d}x_3(x_1,x_2,x_3;t)}{\mathrm{d}t}\end{cases}$$

$$\boldsymbol{a}(\boldsymbol{x},t)=\frac{\mathrm{d}^2\boldsymbol{x}(x_1,x_2,x_3;t)}{\mathrm{d}t^2}\Rightarrow\begin{cases}a_1=\dfrac{\mathrm{d}^2x_1(x_1,x_2,x_3;t)}{\mathrm{d}t^2}\\ a_2=\dfrac{\mathrm{d}^2x_2(x_1,x_2,x_3;t)}{\mathrm{d}t^2}\\ a_3=\dfrac{\mathrm{d}^2x_3(x_1,x_2,x_3;t)}{\mathrm{d}t^2}\end{cases}$$

$$p(\boldsymbol{x},t)=p(x_1,x_2,x_3;t)$$

此时 $\boldsymbol{x}(x_1,x_2,x_3)$ 是当前时刻物体所在的位置，$\boldsymbol{x}=\boldsymbol{x}(\boldsymbol{X},t)$ 是时间的函数，所以关于时间的绝对导数 $\dfrac{\mathrm{d}}{\mathrm{d}t}$ 中，欧拉坐标中求的不仅是关于时间的偏导 $\dfrac{\partial}{\partial t}$，函数 $\boldsymbol{\Phi}=\boldsymbol{\Phi}(\boldsymbol{x},t)$ 的自变量还包括 $\boldsymbol{x}(x_1,x_2,x_3)$，于是绝对导数表示为

$$\frac{\mathrm{d}}{\mathrm{d}t}\boldsymbol{\Phi}(\boldsymbol{x},t)=\frac{\partial}{\partial t}\boldsymbol{\Phi}(\boldsymbol{x},t)+\frac{\partial\boldsymbol{\Phi}(\boldsymbol{x},t)}{\partial x_i}\frac{\partial x_i}{\partial t}=\frac{\partial}{\partial t}\boldsymbol{\Phi}(\boldsymbol{x},t)+v_i\cdot\frac{\partial\boldsymbol{\Phi}(\boldsymbol{x},t)}{\partial x_i}=\left(\frac{\partial}{\partial t}+\boldsymbol{v}\cdot\nabla\right)\boldsymbol{\Phi}(x,t)\tag{2.3-8}$$

【例 2-6】 设当前构形和参考构形有如下关系，$\begin{cases}x_1=X_1e^t\\x_2=X_2e^{-t}\end{cases}$，求加速度在参考构形和当前构形的表达式。

加速度为

$$\boldsymbol{a}=\frac{\mathrm{d}^2\boldsymbol{x}(\boldsymbol{X},t)}{\mathrm{d}t^2}\Rightarrow\begin{cases}a_1=\dfrac{\mathrm{d}^2x_1}{\mathrm{d}t^2}=X_1e^t\\ a_2=\dfrac{\mathrm{d}^2x_2}{\mathrm{d}t^2}=X_2e^{-t}\end{cases}$$

由于 $\begin{cases}x_1=X_1e^t\\x_2=X_2e^{-t}\end{cases}\Rightarrow\begin{cases}X_1=x_1e^{-t}\\X_2=x_2e^t\end{cases}$，代入上式，得

$$\begin{cases}a_1=x_1\\a_2=-x_2\end{cases}$$

【例 2-7】 已知速度在当前构形中的表达式是 $\begin{cases}v_1=x_1\\v_2=-x_2\end{cases}$，求加速度在当前构形中的表达式。

加速度为

$$\boldsymbol{a}=\left(\frac{\partial}{\partial t}+\boldsymbol{v}\cdot\nabla\right)\boldsymbol{v}=\left(x_1\frac{\partial}{\partial x_1}+x_2\frac{\partial}{\partial x_2}\right)\boldsymbol{v}\Rightarrow\begin{cases}a_1=x_1\\a_2=-x_2\end{cases}$$

2.3.3　物质的随体导数（输运定理）

考虑由质点组成的物质线、物质面和物质体，随着时间的推移，连续的物质线、面、体不断改变自己的位置和形状，并维持其连续性，定义在这些流动集合上的物理量也在不断地改变，这两种因素都将使物理量随时间不断改变其值，我们通过定义随体导数来刻画物理量

的变化。

1. 物质微元的时间导数

对于线元，有

$$\frac{\mathrm{d}}{\mathrm{d}t}\delta\boldsymbol{x}=\delta\left(\frac{\mathrm{d}\boldsymbol{x}}{\mathrm{d}t}\right)=\delta\boldsymbol{v}=\frac{\partial\boldsymbol{v}}{\partial x_1}\delta x_1+\frac{\partial\boldsymbol{v}}{\partial x_2}\delta x_2+\frac{\partial\boldsymbol{v}}{\partial x_3}\delta x_3=\boldsymbol{v}\nabla\cdot\delta\boldsymbol{x}=\delta\boldsymbol{x}\cdot\nabla\boldsymbol{v} \tag{2.3-9}$$

（注：因为位置与时间线性无关，所以上式关于位置求导和关于时间求导的顺序可以交换）

还可通过当前构形和参考构形间的关系得出

$$\frac{\mathrm{d}}{\mathrm{d}t}(\delta\boldsymbol{x})=\frac{\mathrm{d}}{\mathrm{d}t}(\boldsymbol{F}\cdot\delta\boldsymbol{X})=\frac{\mathrm{d}\boldsymbol{F}}{\mathrm{d}t}\cdot\delta\boldsymbol{X}+\boldsymbol{F}\cdot\frac{\mathrm{d}}{\mathrm{d}t}(\delta\boldsymbol{X})=\frac{\mathrm{d}\boldsymbol{F}}{\mathrm{d}t}\cdot\delta\boldsymbol{X}=(\boldsymbol{v}\nabla)\cdot\boldsymbol{F}\cdot\delta\boldsymbol{X}=(\boldsymbol{v}\nabla)\cdot\delta\boldsymbol{x}$$

【例 2-8】 证明变形梯度行列式的时间导数$\frac{\mathrm{d}|\boldsymbol{F}|}{\mathrm{d}t}=|\boldsymbol{F}|\nabla\cdot\boldsymbol{v}$。

$$\frac{\mathrm{d}|\boldsymbol{F}|}{\mathrm{d}t}=\frac{\mathrm{d}\left(e_{ijk}\frac{\partial x_1}{\partial X_i}\frac{\partial x_2}{\partial X_j}\frac{\partial x_3}{\partial X_k}\right)}{\mathrm{d}t}=e_{ijk}\frac{\partial x_2}{\partial X_j}\frac{\partial x_3}{\partial X_k}\frac{\mathrm{d}\frac{\partial x_1}{\partial X_i}}{\mathrm{d}t}+\cdots=e_{ijk}\frac{\partial x_2}{\partial X_j}\frac{\partial x_3}{\partial X_k}\frac{\partial v_1}{\partial X_i}+\cdots$$

$$=e_{ijk}\left(\frac{\partial x_2}{\partial X_j}\frac{\partial x_3}{\partial X_k}\frac{\partial v_1}{\partial x_1}\frac{\partial x_1}{\partial X_i}+\frac{\partial x_2}{\partial X_j}\frac{\partial x_3}{\partial X_k}\frac{\partial v_1}{\partial x_2}\frac{\partial x_2}{\partial X_i}+\frac{\partial x_2}{\partial X_j}\frac{\partial x_3}{\partial X_k}\frac{\partial v_1}{\partial x_3}\frac{\partial x_3}{\partial X_i}+\right.$$

$$\left.\frac{\partial x_1}{\partial X_i}\frac{\partial x_2}{\partial X_j}\frac{\partial x_3}{\partial X_k}\frac{\partial v_2}{\partial x_2}+\cdots\frac{\partial x_1}{\partial X_i}\frac{\partial x_2}{\partial X_j}\frac{\partial x_3}{\partial X_k}\frac{\partial v_3}{\partial x_3}+\cdots\right)$$

$$=e_{ijk}\left(F_{1i}F_{2j}F_{3k}\frac{\partial v_1}{\partial x_1}+F_{2i}F_{2j}F_{3k}\frac{\partial v_1}{\partial x_2}+F_{3i}F_{2j}F_{3k}\frac{\partial v_1}{\partial x_3}+F_{1i}F_{2j}F_{3k}\frac{\partial v_2}{\partial x_2}+\cdots F_{1i}F_{2j}F_{3k}\frac{\partial v_3}{\partial x_3}+\cdots\right)$$

$$=e_{ijk}F_{1i}F_{2j}F_{3k}\left(\frac{\partial v_1}{\partial x_1}+\frac{\partial v_2}{\partial x_2}+\frac{\partial v_3}{\partial x_3}\right)=|\boldsymbol{F}|\nabla\cdot\boldsymbol{v}$$

其中

$$e_{ijk}\frac{\partial x_2}{\partial X_j}\frac{\partial x_3}{\partial X_k}\frac{\partial x_2}{\partial X_i}=e_{ijk}F_{i2}F_{j2}F_{k3}=\begin{vmatrix}\frac{\partial x_2}{\partial X_1}&\frac{\partial x_2}{\partial X_1}&\frac{\partial x_3}{\partial X_1}\\\frac{\partial x_2}{\partial X_2}&\frac{\partial x_2}{\partial X_2}&\frac{\partial x_3}{\partial X_2}\\\frac{\partial x_2}{\partial X_3}&\frac{\partial x_2}{\partial X_3}&\frac{\partial x_3}{\partial X_3}\end{vmatrix}=0$$

于是，体积元导数为

$$\frac{\mathrm{d}}{\mathrm{d}t}(\mathrm{d}v)=\frac{\mathrm{d}(|\boldsymbol{F}|\mathrm{d}V)}{\mathrm{d}t}=\frac{\mathrm{d}(|\boldsymbol{F}|)}{\mathrm{d}t}\mathrm{d}V=|\boldsymbol{F}|\nabla\cdot\boldsymbol{v}\mathrm{d}V=\nabla\cdot\boldsymbol{v}(\mathrm{d}v) \tag{2.3-10}$$

面积元导数为

$$\frac{\mathrm{d}}{\mathrm{d}t}(\delta\boldsymbol{s})=\frac{\mathrm{d}}{\mathrm{d}t}(|\boldsymbol{F}|\boldsymbol{F}^{-\mathrm{T}}\cdot\delta\boldsymbol{S})=\left[\frac{\mathrm{d}(|\boldsymbol{F}|)}{\mathrm{d}t}\boldsymbol{F}^{-\mathrm{T}}+|\boldsymbol{F}|\frac{\mathrm{d}(\boldsymbol{F}^{-\mathrm{T}})}{\mathrm{d}t}\right]\cdot\delta\boldsymbol{S}$$

由 $\boldsymbol{F}^{-1}\cdot\boldsymbol{F}=\boldsymbol{I}$，有

$$\frac{\mathrm{d}(\boldsymbol{F}^{-1}\cdot\boldsymbol{F})}{\mathrm{d}t}=\boldsymbol{F}^{-1}\cdot\frac{\mathrm{d}(\boldsymbol{F})}{\mathrm{d}t}+\frac{\mathrm{d}(\boldsymbol{F}^{-1})}{\mathrm{d}t}\cdot\boldsymbol{F}=\boldsymbol{F}^{-1}\cdot(\boldsymbol{v}\nabla)\cdot\boldsymbol{F}+\frac{\mathrm{d}(\boldsymbol{F}^{-1})}{\mathrm{d}t}\cdot\boldsymbol{F}=0$$

于是

$$\frac{\mathrm{d}(\boldsymbol{F}^{-1})}{\mathrm{d}t}=-\boldsymbol{F}^{-1}\cdot(\boldsymbol{v}\nabla)$$

或者

$$\frac{\mathrm{d}(\boldsymbol{F}^{-\mathrm{T}})}{\mathrm{d}t}=-(\nabla\boldsymbol{v})\cdot\boldsymbol{F}^{-\mathrm{T}}$$

于是

$$\frac{\mathrm{d}}{\mathrm{d}t}(\delta\boldsymbol{s})=\left[\frac{\mathrm{d}(|\boldsymbol{F}|)}{\mathrm{d}t}\boldsymbol{F}^{-\mathrm{T}}-|\boldsymbol{F}|(\nabla\boldsymbol{v})\cdot\boldsymbol{F}^{-\mathrm{T}}\right]\cdot\delta\boldsymbol{S}$$

根据式（2.3-10）、式（2.2-11）有

$$\frac{\mathrm{d}}{\mathrm{d}t}(\delta\boldsymbol{s})=[\,|\boldsymbol{F}|\nabla\cdot\boldsymbol{v}\boldsymbol{F}^{-\mathrm{T}}-|\boldsymbol{F}|(\nabla\boldsymbol{v})\cdot\boldsymbol{F}^{-\mathrm{T}}]\cdot\delta\boldsymbol{S}=\nabla\cdot\boldsymbol{v}(\delta\boldsymbol{s})-\nabla\boldsymbol{v}\cdot\delta\boldsymbol{s}$$

于是

$$\frac{\mathrm{d}}{\mathrm{d}t}(\delta\boldsymbol{s})=\nabla\cdot\boldsymbol{v}(\delta\boldsymbol{s})-\nabla\boldsymbol{v}\cdot\delta\boldsymbol{s}\tag{2.3-11}$$

2. 物质积分的随体导数

这里我们分析连续可微的张量 $\boldsymbol{\phi}$ 在物质线、面、体上积分的时间变化率。$\boldsymbol{\phi}$ 线积分的导数（注：因为位置与时间线性无关，所以关于时间求导和关于位置积分的顺序可交换）为

$$\frac{\mathrm{d}}{\mathrm{d}t}\int\boldsymbol{\phi}\cdot\mathrm{d}\boldsymbol{x}=\int\frac{\mathrm{d}}{\mathrm{d}t}(\boldsymbol{\phi}\cdot\mathrm{d}\boldsymbol{x})=\int\frac{\mathrm{d}\boldsymbol{\phi}}{\mathrm{d}t}\cdot\mathrm{d}\boldsymbol{x}+\int\boldsymbol{\phi}\cdot\frac{\mathrm{d}(\mathrm{d}\boldsymbol{x})}{\mathrm{d}t}=\int\frac{\mathrm{d}\boldsymbol{\phi}}{\mathrm{d}t}\cdot\mathrm{d}\boldsymbol{x}+\int\boldsymbol{\phi}\cdot\boldsymbol{v}\nabla\cdot\mathrm{d}\boldsymbol{x}\tag{2.3-12}$$

如果张量 $\boldsymbol{\phi}$ 为速度 $\boldsymbol{v}$，积分域为封闭曲线，则定义其为速度环量 Γ，有

$$\frac{\mathrm{d}}{\mathrm{d}t}\Gamma=\frac{\mathrm{d}}{\mathrm{d}t}\oint\boldsymbol{v}\cdot\mathrm{d}\boldsymbol{x}=\oint\frac{\mathrm{d}\boldsymbol{v}}{\mathrm{d}t}\cdot\mathrm{d}\boldsymbol{x}+\oint\boldsymbol{v}\cdot\frac{\mathrm{d}(\mathrm{d}\boldsymbol{x})}{\mathrm{d}t}=\oint\frac{\mathrm{d}\boldsymbol{v}}{\mathrm{d}t}\cdot\mathrm{d}\boldsymbol{x}+\oint\frac{1}{2}\mathrm{d}(\boldsymbol{v}\cdot\boldsymbol{v})=\oint\frac{\mathrm{d}\boldsymbol{v}}{\mathrm{d}t}\cdot\mathrm{d}\boldsymbol{x}\tag{2.3-13}$$

式（2.3-13）被称为速度环量传输定理。

$\boldsymbol{\phi}$ 面积分的导数为

$$\frac{\mathrm{d}}{\mathrm{d}t}\int\boldsymbol{\phi}\cdot\mathrm{d}\boldsymbol{s}=\int\frac{\mathrm{d}}{\mathrm{d}t}(\boldsymbol{\phi}\cdot\mathrm{d}\boldsymbol{s})=\int\frac{\mathrm{d}\boldsymbol{\phi}}{\mathrm{d}t}\cdot\mathrm{d}\boldsymbol{s}+\int\boldsymbol{\phi}\cdot\frac{\mathrm{d}(\mathrm{d}\boldsymbol{s})}{\mathrm{d}t}=\int\frac{\mathrm{d}\boldsymbol{\phi}}{\mathrm{d}t}\cdot\mathrm{d}\boldsymbol{s}+\int\boldsymbol{\phi}\cdot\nabla\cdot\boldsymbol{v}\mathrm{d}\boldsymbol{s}-\int\boldsymbol{\phi}\cdot\nabla\boldsymbol{v}\cdot\mathrm{d}\boldsymbol{s}\tag{2.3-14}$$

$\boldsymbol{\phi}$ 体积分的导数为

$$\frac{\mathrm{d}}{\mathrm{d}t}\int\boldsymbol{\phi}\mathrm{d}\tau=\int\frac{\mathrm{d}}{\mathrm{d}t}(\boldsymbol{\phi}\mathrm{d}\tau)=\int\frac{\mathrm{d}\boldsymbol{\phi}}{\mathrm{d}t}\mathrm{d}\tau+\int\boldsymbol{\phi}\frac{\mathrm{d}(\mathrm{d}\tau)}{\mathrm{d}t}=\int\frac{\mathrm{d}\boldsymbol{\phi}}{\mathrm{d}t}\mathrm{d}\tau+\int\boldsymbol{\phi}(\nabla\cdot\boldsymbol{v})\mathrm{d}\tau\tag{2.3-15}$$

式（2.3-15）还可表示为

$$\frac{\mathrm{d}}{\mathrm{d}t}\int\boldsymbol{\phi}\mathrm{d}\tau=\int\left[\frac{\partial\boldsymbol{\phi}}{\partial t}+\boldsymbol{v}\cdot\nabla\boldsymbol{\phi}+\boldsymbol{\phi}(\nabla\cdot\boldsymbol{v})\right]\mathrm{d}\tau$$

根据奥高定理，有

$$\int_S\boldsymbol{\phi}\boldsymbol{v}\cdot\boldsymbol{n}\mathrm{d}s=\int_\tau\nabla\cdot(\boldsymbol{\phi}\boldsymbol{v})\mathrm{d}\tau=\int_\tau\boldsymbol{\phi}\nabla\cdot\boldsymbol{v}\mathrm{d}\tau+\int_\tau\boldsymbol{v}\cdot\nabla\boldsymbol{\phi}\mathrm{d}\tau$$

即

$$\frac{\mathrm{d}}{\mathrm{d}t}\int_{\tau}\boldsymbol{\phi}\mathrm{d}\tau = \int_{\tau}\frac{\partial \boldsymbol{\phi}}{\partial t}\mathrm{d}\tau + \int_{S}\boldsymbol{\phi}\boldsymbol{v}\cdot\boldsymbol{n}\mathrm{d}s \tag{2.3-16}$$

式（2.3-15）和式（2.3-16）被称为雷诺（Reynolds）输运定理，其中式（2.3-16）用文字描述为：某时刻一可变体积上系统总物理量的时间变化率，等于该时刻所在空间域（控制体）中物理量的时间变化率与单位时间通过该空间域边界净输运的流体物理量之和。

课后习题

2.1 能把流体看作连续介质的条件是什么?

2.2 设稀薄气体的分子自由程是几米的数量级，问下列两种情况连续介质假设是否成立?

(1) 人造卫星在飞离大气层进入稀薄气体层时；

(2) 假想地球在这样的稀薄气体中运动。

2.3 已知质点的位置表示如下：

$$\begin{cases} x_1 = X_1 \\ x_2 = X_2 + X_1(e^{-2t}-1) \\ x_3 = X_3 + X_1(e^{-3t}-1) \end{cases}$$

求：变形梯度 $\boldsymbol{F}$、左柯西-格林张量 $\boldsymbol{C}$、拉格朗日应变张量 $\boldsymbol{E}$ 和旋转张量 $\boldsymbol{\Theta}$。

2.4 已知当前构形和参考构形的关系为

$$\begin{cases} x_1 = X_1 + kX_2 \\ x_2 = X_2 + kX_3 \\ x_3 = X_3 \end{cases}$$

求变形梯度 $\boldsymbol{F}$ 和它的逆，左、右柯西-格林张量 $\boldsymbol{C}$ 和 $\boldsymbol{B}$，拉格朗日应变张量 $\boldsymbol{E}$ 和欧拉应变张量 $\boldsymbol{\varepsilon}$。

2.5 计算物体的角速度 $\boldsymbol{\Omega}=(\Omega_1,\Omega_2,\Omega_3)$，做刚体旋转时的变形梯度 $\boldsymbol{F}$，应变率张量 $\boldsymbol{D}$ 和旋转率张量 $\boldsymbol{W}$。

2.6 设 $\boldsymbol{U}$ 的特征值为 λ_1，λ，λ_3，应用线性代数知识分析 $\boldsymbol{V}$，$\boldsymbol{C}$ 和 $\boldsymbol{B}$ 的特征值和 3 个主不变量。

2.7 证明 Green 应变张量 $\boldsymbol{E}$ 与左柯西-格林张量 $\boldsymbol{B}$ 的不变量间有以下关系：

$2\mathrm{I}_E = \mathrm{I}_B - 3$；$4\mathrm{II}_E = \mathrm{II}_B - 2\mathrm{I}_B + 3$；$8\mathrm{III}_E = \mathrm{III}_B - \mathrm{II}_B + \mathrm{I}_B - 1$；

$\mathrm{I}_B = 2\mathrm{I}_E + 3$；$\mathrm{II}_B = 4\mathrm{II}_E + 4\mathrm{I}_E + 3$；$\mathrm{III}_B = 8\mathrm{III}_E + 4\mathrm{II}_E + 2\mathrm{I}_E + 1$

习题参考答案

2.1

解：

$l \ll a \ll L$。其中 l 表示分子间平均距离（气体：10^{-9}m，液体：10^{-10}m）或气体分子平均自由程（10^{-8}m），而 L 表示空间密度等物理量有显著变化的尺度。

文字表述为：宏观上，相对所研究问题的尺度，a 可以认为是无穷小的一点；微观上，

a 中包含足够多流体分子，可以表现其平均统计特性，这时可以把流体看成由质点组成的连续介质。

2.2

解：

(1) 对于研究对象的宏观尺度和物质结构的微观尺度量级相当的情况，连续介质模型将不再适用。本题空气分子的平均自由程可以和飞行器尺度相当，连续介质流体力学将不再适用。

(2) 此时地球的直径约为 1.27×10^7m，而分子自由程数量级为几米，两者之间相差 10^7m 的数量级，符合 $l\ll a\ll L$ 的条件，气体分子运动的微观行为对宏观运动没有直接影响，因此连续介质假设适用。

2.3

解：

$$\boldsymbol{F}=\begin{bmatrix}1 & 0 & 0\\ e^{-2t}-1 & 1 & 0\\ e^{-3t}-1 & 0 & 1\end{bmatrix},\quad \boldsymbol{C}=\boldsymbol{F}^{\mathrm{T}}\boldsymbol{F}=\begin{bmatrix}1 & e^{-2t}-1 & e^{-3t}-1\\ e^{-2t}-1 & 1 & 0\\ e^{-3t}-1 & 0 & 1\end{bmatrix}$$

$$\boldsymbol{E}=\frac{1}{2}(\boldsymbol{F}^{\mathrm{T}}\boldsymbol{F}-\boldsymbol{I})=\begin{bmatrix}0 & \frac{1}{2}(e^{-2t}-1) & \frac{1}{2}(e^{-3t}-1)\\ \frac{1}{2}(e^{-2t}-1) & 0 & 0\\ \frac{1}{2}(e^{-3t}-1) & 0 & 0\end{bmatrix}$$

$$\boldsymbol{\varepsilon}=\frac{1}{2}(\boldsymbol{I}-\boldsymbol{F}^{-1}\boldsymbol{F}^{-\mathrm{T}})=\begin{bmatrix}-\frac{1}{2}(e^{-4t}+e^{-6t}-2e^{-2t}-2e^{-3t}+2) & \frac{1}{2}(e^{-2t}-1)^2 & \frac{1}{2}(e^{-3t}-1)^2\\ \frac{1}{2}(e^{-2t}-1)^2 & 0 & 0\\ \frac{1}{2}(e^{-3t}-1)^2 & 0 & 0\end{bmatrix}$$

$$\boldsymbol{\Theta}=\frac{1}{2}(\boldsymbol{H}-\boldsymbol{H}^{\mathrm{T}})=\begin{bmatrix}0 & -\frac{1}{2}(e^{-2t}-1) & -\frac{1}{2}(e^{-3t}-1)\\ \frac{1}{2}(e^{-2t}-1) & 0 & 0\\ \frac{1}{2}(e^{-3t}-1) & 0 & 0\end{bmatrix}$$

2.4

解：

$$\boldsymbol{F}=\begin{bmatrix}1 & k & 0\\ 0 & 1 & k\\ 0 & 0 & 1\end{bmatrix};\quad \boldsymbol{F}^{-1}=\begin{bmatrix}1 & -k & k^2\\ 0 & 1 & -k\\ 0 & 0 & 1\end{bmatrix}$$

$$\boldsymbol{C}=\boldsymbol{F}^{\mathrm{T}}\boldsymbol{F}=\begin{bmatrix}1 & k & 0\\ k & k^2+1 & k\\ 0 & k & k^2+1\end{bmatrix};\quad \boldsymbol{B}=\boldsymbol{F}\boldsymbol{F}^{\mathrm{T}}=\begin{bmatrix}1+k^2 & k & 0\\ k & 1+k^2 & k\\ 0 & k & 1\end{bmatrix}$$

$$\boldsymbol{E}=\frac{1}{2}(\boldsymbol{C}-\boldsymbol{I})=\begin{bmatrix}0 & \frac{k}{2} & 0\\ \frac{k}{2} & \frac{k^2}{2} & \frac{k}{2}\\ 0 & \frac{k}{2} & \frac{k^2}{2}\end{bmatrix};\ \boldsymbol{\varepsilon}=\frac{1}{2}(\boldsymbol{I}-\boldsymbol{B}^{-1})=\begin{bmatrix}0 & \frac{k}{2} & -\frac{k^2}{2}\\ \frac{k}{2} & \frac{1-k^2}{2} & \frac{k^3+k}{2}\\ -\frac{k^2}{2} & \frac{k^3}{2} & \frac{-k^4-k^2}{2}\end{bmatrix}$$

2.5

解：

先分析绕 z 轴旋转，取 $\boldsymbol{\Omega}=(0,0,\Omega)$。

参考构形为

$$X=R\cos\theta,\ Y=R\sin\theta,\ Z=z$$

当前构形为

$$x=R\cos(\theta+\Omega t)=R(\cos\theta\cos\Omega t-\sin\theta\sin\Omega t)=X\cos\Omega t-Y\sin\Omega t,$$
$$y=R\sin(\theta+\Omega t)=R(\sin\theta\cos\Omega t+\cos\theta\sin\Omega t)=Y\cos\Omega t+X\sin\Omega t$$

当前构形和参考构形的关系为

$$\begin{cases}x=X\cos\Omega t-Y\sin\Omega t\\ y=Y\cos\Omega t+X\sin\Omega t\\ z=Z\end{cases}$$

变形梯度为

$$\boldsymbol{F}=\begin{bmatrix}\cos\Omega t & -\sin\Omega t & 0\\ \sin\Omega t & \cos\Omega t & 0\\ 0 & 0 & 1\end{bmatrix}$$

$$\begin{cases}v_x=\dfrac{\partial x}{\partial t}=-\Omega X\sin\Omega t-\Omega Y\cos\Omega t=-\Omega y\\ v_y=\dfrac{\partial y}{\partial t}=-\Omega Y\sin\Omega t+\Omega X\cos\Omega t=\Omega x\end{cases}$$

$$\frac{\partial v_x}{\partial y}=\begin{bmatrix}0 & -\Omega & 0\\ \Omega & 0 & 0\\ 0 & 0 & 0\end{bmatrix},\ \frac{\partial v_y}{\partial x}=\begin{bmatrix}0 & \Omega & 0\\ -\Omega & 0 & 0\\ 0 & 0 & 0\end{bmatrix}$$

应变率张量为

$$\boldsymbol{D}=\frac{1}{2}\left(\frac{\partial u_i}{\partial X_j}+\frac{\partial u_j}{\partial X_i}\right)=0$$

旋转率张量为

$$\boldsymbol{W}=\frac{1}{2}\left(\frac{\partial u_i}{\partial X_j}-\frac{\partial u_j}{\partial X_i}\right)=\begin{bmatrix}0 & -\Omega & 0\\ \Omega & 0 & 0\\ 0 & 0 & 0\end{bmatrix}$$

同理可得，当物体以角速度 $\boldsymbol{\Omega}=(\Omega_1,\Omega_2,\Omega_3)$ 旋转时，有

$$F=\begin{bmatrix}\cos\Omega_3 t+\cos\Omega_2 t & -\sin\Omega_3 t & \sin\Omega_2 t\\ \sin\Omega_3 t & \cos\Omega_3 t+\cos\Omega_1 t & -\sin\Omega_1 t\\ -\sin\Omega_2 t & \sin\Omega_1 t & \cos\Omega_1 t+\cos\Omega_2 t\end{bmatrix}$$

$$\boldsymbol{D}=0,\ \boldsymbol{W}=\begin{bmatrix}0 & -\Omega_3 & \Omega_2\\ \Omega_3 & 0 & -\Omega_1\\ -\Omega_2 & \Omega_1 & 0\end{bmatrix}$$

2.6

解：

由变形梯度 $\boldsymbol{F}=\boldsymbol{R}\cdot\boldsymbol{U}=\boldsymbol{V}\cdot\boldsymbol{R}$，$\boldsymbol{U}$ 的特征值为 $\lambda_1,\lambda_2,\lambda_3$，即 $\det(\boldsymbol{U}-\lambda\boldsymbol{I})=0$，得

$$\det(\boldsymbol{AB})=\det(\boldsymbol{A})\cdot\det(\boldsymbol{B}),\ \det(\boldsymbol{R})\cdot\det(\boldsymbol{R}^{\mathrm{T}})=1$$

则

$$\det[\boldsymbol{R}\cdot(\boldsymbol{U}-\lambda\boldsymbol{I})\cdot R^{\mathrm{T}}]=\det(\boldsymbol{V}-\lambda\boldsymbol{I})=0$$

则 $\boldsymbol{V}$ 和 $\boldsymbol{U}$ 的特征值相同，为 λ_1，λ_2，λ_3，主不变量也相同，为 $\mathrm{I}=\lambda_1+\lambda_2+\lambda_3$，$\mathrm{II}=\lambda_1\lambda_2+\lambda_2\lambda_3+\lambda_1\lambda_3$，$\mathrm{III}=\lambda_1\lambda_2\lambda_3$。

由 $\boldsymbol{C}=\boldsymbol{F}^{\mathrm{T}}\boldsymbol{F}=\boldsymbol{U}^{\mathrm{T}}\boldsymbol{R}^{\mathrm{T}}\boldsymbol{R}\boldsymbol{U}=\boldsymbol{U}^2$，$\boldsymbol{B}=\boldsymbol{F}\boldsymbol{F}^{\mathrm{T}}=\boldsymbol{V}\boldsymbol{R}\boldsymbol{R}^{\mathrm{T}}\boldsymbol{V}^{\mathrm{T}}=\boldsymbol{V}^2$，$\det[(\boldsymbol{U}-\lambda\boldsymbol{I})\cdot(\boldsymbol{U}+\lambda\boldsymbol{I})]=\det(\boldsymbol{U}^2-\lambda^2\boldsymbol{I})=0$，有

$\boldsymbol{C}$ 的特征值为 λ_1^2，λ_2^2，λ_3^2，主不变量为 $\mathrm{I}=\lambda_1^2+\lambda_2^2+\lambda_3^2$，$\mathrm{II}=\lambda_1^2\lambda_2^2+\lambda_2^2\lambda_3^2+\lambda_1^2\lambda_3^2$，$\mathrm{III}=\lambda_1^2\lambda_2^2\lambda_3^2$。

同上可得 $\boldsymbol{C}$ 和 $\boldsymbol{B}$ 的特征值相同，为 λ_1^2，λ_2^2，λ_3^2，主不变量也相同，为 $\mathrm{I}=\lambda_1^2+\lambda_2^2+\lambda_3^2$，$\mathrm{II}=\lambda_1^2\lambda_2^2+\lambda_2^2\lambda_3^2+\lambda_1^2\lambda_3^2$，$\mathrm{III}=\lambda_1^2\lambda_2^2\lambda_3^2$。

2.7

证：

（1）$2\mathrm{I}_E=\mathrm{I}_B-3$

有 $\mathrm{I}_E=\mathrm{tr}(\boldsymbol{E})$，$\boldsymbol{E}=\frac{1}{2}(\boldsymbol{C}-\boldsymbol{I})$，$\mathrm{I}_B=\mathrm{I}_C$，得

$$\mathrm{I}_E=\mathrm{tr}(\boldsymbol{E})=\frac{1}{2}\mathrm{tr}(\boldsymbol{C}-\boldsymbol{I})=\frac{1}{2}[\mathrm{tr}(\boldsymbol{C})-\mathrm{tr}(\boldsymbol{I})]=\frac{1}{2}(\mathrm{I}_C-3)=\frac{1}{2}(\mathrm{I}_B-3)$$

因此

$$2\mathrm{I}_E=\mathrm{I}_B-3$$

（2）$4\mathrm{II}_E=\mathrm{II}_B-2\mathrm{I}_B+3$

有 $\mathrm{I}_B=\mathrm{tr}(\boldsymbol{B})$，$\mathrm{II}_B=\frac{1}{2}[(\mathrm{tr}(\boldsymbol{B}))^2-\mathrm{tr}(\boldsymbol{B}^2)]$，$\boldsymbol{E}^2=\left[\frac{1}{2}(\boldsymbol{C}-\boldsymbol{I})\right]^2=\frac{1}{4}(\boldsymbol{C}-\boldsymbol{I})^2$，$\mathrm{I}_B=\mathrm{I}_C$

则

$$\mathrm{II}_E=\frac{1}{2}\{[\mathrm{tr}(\boldsymbol{E})]^2-\mathrm{tr}(\boldsymbol{E}^2)\}=\frac{1}{2}\left\{\left[\frac{1}{2}(\mathrm{I}_C-3)\right]^2-\mathrm{tr}\left[\frac{1}{4}(\boldsymbol{C}-\boldsymbol{I})^2\right]\right\}$$

因此

$$4\mathrm{II}_E=\frac{1}{2}[(I_C-3)^2-\mathrm{tr}((\boldsymbol{C}-\boldsymbol{I})^2)]=\frac{1}{2}[(\mathrm{I}_C)^2-6\mathrm{I}_C+9-\mathrm{tr}(\boldsymbol{C}^2)+2\mathrm{I}_C-3]$$

$$=\frac{1}{2}\{[\mathrm{tr}(\boldsymbol{C})]^2-\mathrm{tr}(\boldsymbol{C}^2)-4\mathrm{I}_C+6\}=\mathrm{II}_B-2\mathrm{I}_B+3$$

(3) $8\mathrm{III}_E=\mathrm{III}_B-\mathrm{II}_B+\mathrm{I}_B-1$

有 $\mathrm{I}_B=\mathrm{tr}(\boldsymbol{B})$，$\mathrm{II}_B=\frac{1}{2}\{[\mathrm{tr}(\boldsymbol{B})]^2-\mathrm{tr}(\boldsymbol{B}^2)\}$，$\mathrm{III}_B=\frac{1}{3}\{3\mathrm{tr}(\boldsymbol{B})\cdot\mathrm{II}_B-[\mathrm{tr}(\boldsymbol{B})]^3+\mathrm{tr}(\boldsymbol{B}^3)\}=\frac{1}{3}\{3\mathrm{tr}(\boldsymbol{B})\cdot\frac{1}{2}[(\mathrm{tr}(\boldsymbol{B}))^2-\mathrm{tr}(\boldsymbol{B}^2)]-(\mathrm{tr}(\boldsymbol{B}))^3+\mathrm{tr}(\boldsymbol{B}^3)\}$，$\mathrm{I}_E=\mathrm{tr}(\boldsymbol{E})=\frac{1}{2}(\mathrm{I}_B-3)$，$\mathrm{II}_E=\frac{1}{2}\{[\mathrm{tr}(\boldsymbol{E})]^2-\mathrm{tr}(\boldsymbol{E}^2)\}=\frac{1}{2}\left\{\left[\frac{1}{2}(\mathrm{I}_C-3)\right]^2-\mathrm{tr}\left[\frac{1}{4}(\boldsymbol{C}-\boldsymbol{I})^2\right]\right\}$

则

$$\mathrm{III}_E=\frac{1}{3}\{3\mathrm{tr}(\boldsymbol{E})\cdot\mathrm{II}_E-[\mathrm{tr}(\boldsymbol{E})]^3+\mathrm{tr}(\boldsymbol{E}^3)\}$$

$$=\frac{1}{2}(\mathrm{I}_C-3)\cdot\frac{1}{2}\left\{\frac{1}{4}(\mathrm{I}_C-3)^2-\mathrm{tr}\left[\frac{1}{4}(\boldsymbol{C}-\boldsymbol{I})^2\right]\right\}-\frac{1}{3}\left\{\frac{1}{8}(\mathrm{I}_C-3)^3-\mathrm{tr}\left[\frac{1}{8}(\boldsymbol{C}-\boldsymbol{I})^3\right]\right\}$$

$$=\frac{1}{16}(\mathrm{I}_C-3)\cdot\{(\mathrm{I}_C-3)^2-\mathrm{tr}[(\boldsymbol{C}-\boldsymbol{I})^2]\}-\frac{1}{24}\{(\mathrm{I}_C-3)^3-\mathrm{tr}[(\boldsymbol{C}-\boldsymbol{I})^3]\}$$

$$=\frac{1}{48}(\mathrm{I}_C-3)^3-\frac{1}{16}(\mathrm{I}_C-3)\cdot[\mathrm{tr}(\boldsymbol{C}^2)-2\mathrm{I}_C+3]+\frac{1}{24}[\mathrm{tr}(\boldsymbol{C}^3)-3\mathrm{tr}(\boldsymbol{C}^2)+3\mathrm{I}_C-3]$$

$$=\frac{1}{48}(\mathrm{I}_C^3-9\mathrm{I}_C^2+27\mathrm{I}_C-27)-\frac{1}{16}[\mathrm{I}_C\cdot\mathrm{tr}(\boldsymbol{C}^2)+9\mathrm{I}_C-2\mathrm{I}_C^2-3\mathrm{tr}(\boldsymbol{C}^2)-9]+\frac{1}{24}[\mathrm{tr}(\boldsymbol{C}^3)-3\mathrm{tr}(\boldsymbol{C}^2)+3\mathrm{I}_C-3]$$

因此

$$8\mathrm{III}_E=\frac{1}{6}(\mathrm{I}_C^3-9\mathrm{I}_C^2+27\mathrm{I}_C-27)-\frac{1}{2}[\mathrm{I}_C\cdot\mathrm{tr}(\boldsymbol{C}^2)+9\mathrm{I}_C-2\mathrm{I}_C^2-3\mathrm{tr}(\boldsymbol{C}^2)-9]+\frac{1}{3}[\mathrm{tr}(\boldsymbol{C}^3)-3\mathrm{tr}(\boldsymbol{C}^2)+3\mathrm{I}_C-3]$$

$$=\frac{1}{2}\mathrm{I}_C^3-\frac{1}{2}\mathrm{I}_C\cdot\mathrm{tr}(\boldsymbol{C}^2)-\frac{1}{3}\mathrm{I}_C^3+\frac{1}{3}\mathrm{tr}(\boldsymbol{C}^3)-\frac{1}{2}\mathrm{I}_C^2+\frac{1}{2}\mathrm{tr}(\boldsymbol{C}^2)+I_C-1$$

$$=\mathrm{I}_B\cdot\frac{1}{2}[\mathrm{I}_B^2-\mathrm{tr}(\boldsymbol{B}^2)]-\frac{1}{3}[\mathrm{I}_B^3-\mathrm{tr}(\boldsymbol{B}^3)]-\frac{1}{2}[\mathrm{I}_B^2-\mathrm{tr}(\boldsymbol{B}^2)]+\mathrm{I}_B-1$$

$$=\mathrm{III}_B-\mathrm{II}_B+\mathrm{I}_B-1$$

(4) $\mathrm{I}_B=2\mathrm{I}_E+3$

有 $\mathrm{I}_E=\mathrm{tr}(\boldsymbol{E})$，$\boldsymbol{E}=\frac{1}{2}(\boldsymbol{C}-\boldsymbol{I})$，$\mathrm{I}_B=\mathrm{I}_C$

则

$$\mathrm{I}_E=\mathrm{tr}(\boldsymbol{E})=\frac{1}{2}\mathrm{tr}(\boldsymbol{C}-\boldsymbol{I})=\frac{1}{2}[\mathrm{tr}(\boldsymbol{C})-\mathrm{tr}(\boldsymbol{I})]=\frac{1}{2}(\mathrm{I}_C-3)=\frac{1}{2}(\mathrm{I}_B-3)$$

因此 $\mathrm{I}_B=2\mathrm{I}_E+3$

(5) $\mathrm{II}_B=4\mathrm{II}_E+4\mathrm{I}_E+3$

有 $4\mathrm{II}_E=\mathrm{II}_B-2\mathrm{I}_B+3$，$2\mathrm{I}_E=\mathrm{I}_B-3$

则

$$\mathrm{II}_B = 4\mathrm{II}_E + 2\mathrm{I}_B - 3 = 4\mathrm{II}_E + 4I_E + 6 - 3 = 4\mathrm{II}_E + 4\mathrm{I}_E + 3$$

（6）$\mathrm{III}_B = 8\mathrm{III}_E + 4\mathrm{II}_E + 2\mathrm{I}_E + 1$

有 $8\mathrm{III}_E = \mathrm{III}_B - \mathrm{II}_B + \mathrm{I}_B - 1$

则

$$\mathrm{III}_B = 8\mathrm{III}_E + \mathrm{II}_B - \mathrm{I}_B + 1 = 8\mathrm{III}_E + 4\mathrm{II}_E + 4\mathrm{I}_E + 3 - 2\mathrm{I}_E - 3 + 1 = 8\mathrm{III}_E + 4\mathrm{II}_E + 2\mathrm{I}_E + 1$$

第3章 基本方程

本章将通过经典物理中的原理和守恒定律推导流体力学的基本方程。这些原理和定律是通过大量实践和实验归纳出来的。

3.1 本构方程

在力学问题研究中，需要知道物质的应力（应力张量）和应变（应变率张量）之间的关系，我们称之为本构方程。现实物理学的基本原理是客观性原理，它要求物理理论必须符合客观实在性条件。因此，物质的本构关系不应随观测者的改变而改变。即在时空变换下，本构关系的形式是不变的，本构关系中的张量应该是客观性张量。

3.1.1 客观性原理

根据客观性原理的要求，假设有两个时空系（$\boldsymbol{x},t$）和（$\boldsymbol{x}^*,t^*$），它们之间的关系满足 $t^*=t+a$，$\boldsymbol{x}^*=\boldsymbol{c}(t)+\boldsymbol{Q}(t)\cdot\boldsymbol{x}$，其中 $\boldsymbol{Q}(t)$ 是正交张量，$\boldsymbol{c}(t)$ 是向量。若物理量满足如下变化规律，则称他们是参考坐标系下的客观量。

二阶张量：$\boldsymbol{D}^*=\boldsymbol{Q}\cdot\boldsymbol{D}\cdot\boldsymbol{Q}^{\mathrm{T}}$，

一阶张量：$\boldsymbol{v}^*=\boldsymbol{Q}\cdot\boldsymbol{v}$，

0 阶张量（标量）：$\rho^*=\rho$，$T^*=T$，$e^*=e$。

【例 3-1】 分析以下张量是否为客观量：速度 $\boldsymbol{v}$，一阶 Rivlin-Erickson 张量（应变率张量）$\boldsymbol{D}$，旋转率张量 $\boldsymbol{W}$。

在时空系（$\boldsymbol{x}^*,t^*$）中各物理量满足以下方程：

(1) $\boldsymbol{v}^*=\dot{\boldsymbol{x}}^*=[\boldsymbol{c}(t)+\boldsymbol{Q}(t)\cdot\boldsymbol{x}]=\dot{\boldsymbol{c}}(t)+\dot{\boldsymbol{Q}}(t)\cdot\boldsymbol{x}+\boldsymbol{Q}(t)\cdot\dot{\boldsymbol{x}}=\dot{\boldsymbol{c}}(t)+\dot{\boldsymbol{Q}}(t)\cdot\boldsymbol{x}+\boldsymbol{Q}(t)\cdot\boldsymbol{v}$

显然，$\dot{\boldsymbol{c}}(t)+\dot{\boldsymbol{Q}}(t)\cdot\boldsymbol{x}$ 不恒等于 $\boldsymbol{0}$，即速度不是客观量。

(2) $\nabla\boldsymbol{v}^*=\dfrac{\partial\boldsymbol{v}^*}{\partial\boldsymbol{x}^*}=\dfrac{\partial}{\partial\boldsymbol{x}}[\dot{\boldsymbol{c}}(t)+\dot{\boldsymbol{Q}}(t)\cdot\boldsymbol{x}+\boldsymbol{Q}(t)\cdot\boldsymbol{v}]\cdot\dfrac{\partial\boldsymbol{x}}{\partial\boldsymbol{x}^*}=\left[\dot{\boldsymbol{Q}}(t)+\boldsymbol{Q}(t)\cdot\dfrac{\partial\boldsymbol{v}}{\partial\boldsymbol{x}}\right]\cdot\boldsymbol{Q}^{\mathrm{T}}(t)$

于是

$$
\begin{aligned}
2\boldsymbol{D}^*=\boldsymbol{v}^*\nabla+\nabla\boldsymbol{v}^*&=\left\{\left[\dot{\boldsymbol{Q}}(t)+\boldsymbol{Q}(t)\cdot\frac{\partial\boldsymbol{v}}{\partial\boldsymbol{x}}\right]\cdot\boldsymbol{Q}^{\mathrm{T}}(t)\right\}^{\mathrm{T}}+\left[\dot{\boldsymbol{Q}}(t)+\boldsymbol{Q}(t)\cdot\frac{\partial\boldsymbol{v}}{\partial\boldsymbol{x}}\right]\cdot\boldsymbol{Q}^{\mathrm{T}}(t)\\
&=\boldsymbol{Q}(t)\cdot\left[\dot{\boldsymbol{Q}}^{\mathrm{T}}(t)+\left(\frac{\partial\boldsymbol{v}}{\partial\boldsymbol{x}}\right)^{\mathrm{T}}\cdot\boldsymbol{Q}^{\mathrm{T}}(t)\right]+\left[\dot{\boldsymbol{Q}}(t)+\boldsymbol{Q}(t)\cdot\frac{\partial\boldsymbol{v}}{\partial\boldsymbol{x}}\right]\cdot\boldsymbol{Q}^{\mathrm{T}}(t)
\end{aligned}
$$

由于

$$\dot{\boldsymbol{I}}=(\boldsymbol{Q}\dot{\boldsymbol{Q}}^{\mathrm{T}})=\dot{\boldsymbol{Q}}\boldsymbol{Q}^{\mathrm{T}}+\boldsymbol{Q}\dot{\boldsymbol{Q}}^{\mathrm{T}}=\boldsymbol{0}$$

所以

$$2\boldsymbol{D}^{*}=\boldsymbol{Q}(t)\cdot\left[\left(\frac{\partial\boldsymbol{v}}{\partial\boldsymbol{x}}\right)^{\mathrm{T}}+\frac{\partial\boldsymbol{v}}{\partial\boldsymbol{x}}\right]\cdot\boldsymbol{Q}^{\mathrm{T}}(t)=2\boldsymbol{Q}\cdot\boldsymbol{D}\cdot\boldsymbol{Q}^{\mathrm{T}}$$

即应变率张量 $\boldsymbol{D}$ 是客观量。

(3) $2\boldsymbol{W}^{*}=\boldsymbol{v}^{*}\nabla-\nabla\boldsymbol{v}^{*}=\boldsymbol{Q}(t)\cdot\left[\dot{\boldsymbol{Q}}^{\mathrm{T}}(t)+\left(\frac{\partial\boldsymbol{v}}{\partial\boldsymbol{x}}\right)^{\mathrm{T}}\cdot\boldsymbol{Q}^{\mathrm{T}}(t)\right]-\left[\dot{\boldsymbol{Q}}(t)+\boldsymbol{Q}(t)\cdot\frac{\partial v}{\partial x}\right]\cdot\boldsymbol{Q}^{\mathrm{T}}(t)$

于是

$$2\boldsymbol{W}^{*}=2\boldsymbol{Q}\cdot\boldsymbol{W}\cdot\boldsymbol{Q}^{\mathrm{T}}+(\boldsymbol{Q}\dot{\boldsymbol{Q}}^{\mathrm{T}}-\dot{\boldsymbol{Q}}\boldsymbol{Q}^{\mathrm{T}})\neq 2\boldsymbol{Q}\cdot\boldsymbol{W}\cdot\boldsymbol{Q}^{\mathrm{T}}$$

其中$(\boldsymbol{Q}\dot{\boldsymbol{Q}}^{\mathrm{T}}-\dot{\boldsymbol{Q}}\boldsymbol{Q}^{\mathrm{T}})$不恒等于$\boldsymbol{0}$，即旋转率张量 $\boldsymbol{W}$ 不是客观量。

3.1.2 应力张量

1. 物体受力分析

物体所受外力通常分为两类：质量力（体积力）和表面力（面积力）。

质量力是外力场对物体的作用，它作用在体积 τ 内任一质量微元（或质点）上，如重力。类似于密度的定义，在空间一点 M 近旁取一个微元体 $\Delta\tau$，其上作用的质量力为 $\Delta\boldsymbol{F}_b$，定义作用于此处单位质量物体上的质量力为

$$\boldsymbol{F}_b(M,t)=\lim_{\Delta m\to 0}\frac{\Delta\boldsymbol{F}_b}{\Delta m}=\lim_{\Delta\tau\to 0}\frac{\Delta\boldsymbol{F}_b}{\rho\Delta\tau} \tag{3.1-1}$$

其中 Δm 为微元质量，ρ 为密度。于是整个物体上的质量力为

$$\boldsymbol{F}=\int_{\tau}\rho\boldsymbol{F}_b\mathrm{d}\tau$$

表面力是指所研究的单元与同它接触的周围物体之间的作用力，它作用在物体平面上，如表面压强。在物体表面 s 取一面积元 Δs，Δs 的外法向单位矢量为 $\boldsymbol{n}$，作用在 Δs 上的表面力为 $\Delta\boldsymbol{p}$，则法线为 $\boldsymbol{n}$ 的单位面积上的表面力为

$$\boldsymbol{p}_n=\lim_{\Delta s\to 0}\frac{\Delta\boldsymbol{p}}{\Delta s} \tag{3.1-2}$$

于是作用于整个面 s 上的表面力为

$$\boldsymbol{p}=\int_{s}\boldsymbol{p}_n\Delta s$$

通过前面的讨论可知，$\boldsymbol{p}_n$ 除了是空间点和时间的函数，还与面元的法向方向有关，过空间一点可以做无穷多个不同法向的平面，这些面上的表面力 $\boldsymbol{p}_n$ 可以是不相同的。

如图 3.1-1 所示，在空间 M 点近旁取一平面 Δs，平面右侧外法向单位矢量为 $\boldsymbol{n}$，作用有表面力 $\boldsymbol{p}_n\Delta s$，这个力也是右侧物质作用于左侧物质的力；平面左侧外法向单位矢量为$-\boldsymbol{n}$，作用有表面力 $\boldsymbol{p}_{-n}\Delta s$，这个力也是左侧物质作用于右侧物质的力；可见，这两个力是一对作用力与反作用力，于是有 $\boldsymbol{p}_n\Delta s=-\boldsymbol{p}_{-n}\Delta s$，即

$$\boldsymbol{p}_n=-\boldsymbol{p}_{-n} \tag{3.1-3}$$

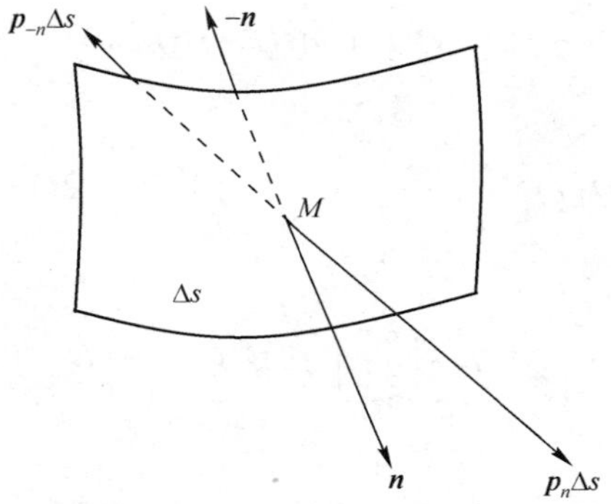

图 3.1-1 空间任一点的表面力

可见，不同法向的平面受到的表面力是不同的。那么是否有物理量来表征空间上一点的表面力呢？为了回答这一问题，我们通过力和力矩平衡对表面力的特点进行分析。

2. 应力张量分析

如图 3.1-2 所示，在空间一点 M 做局部坐标系 $Mxyz$，A、B、C 分别在 x 轴、y 轴和 z 轴上。考虑四面体 $MABC$ 的受力状况。作用于此四面体的外力有质量力 $\rho\boldsymbol{F}_b\Delta\tau$、表面力（作用于 ΔMBC、ΔMCA、ΔMAB 和 ΔABC 的面力分别表示为 $\boldsymbol{p}_{-x}\Delta s_x$、$\boldsymbol{p}_{-y}\Delta s_y$、$\boldsymbol{p}_{-z}\Delta s_z$ 和 $\boldsymbol{p}_n\Delta s$）及惯性力 $\rho\boldsymbol{F}'\Delta\tau$。根据达朗贝尔原理，这三种力及其力矩应当平衡。即

$$\rho(\boldsymbol{F}_b+\boldsymbol{F}')\Delta\tau+\boldsymbol{p}_{-x}\Delta\boldsymbol{s}_x+\boldsymbol{p}_{-y}\Delta\boldsymbol{s}_y+\boldsymbol{p}_{-z}\Delta\boldsymbol{s}_z+\boldsymbol{p}_n\Delta\boldsymbol{s}=\boldsymbol{0}$$

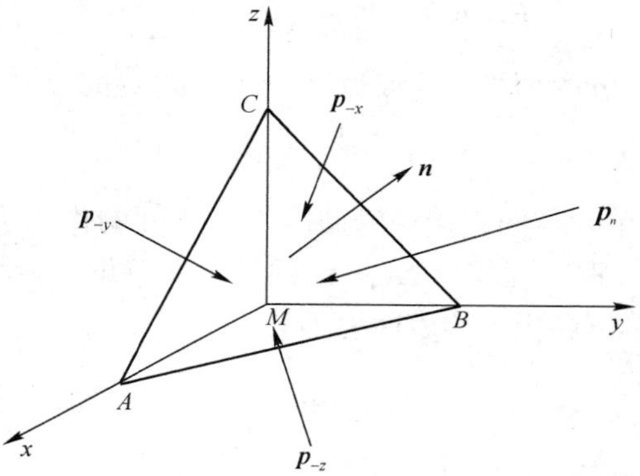

图 3.1-2 四面体的应力

由于作用于四面体的质量力及惯性力与此四面体的质量 $\rho\Delta\tau$ 成正比，从而也与此四面体的体积 $\Delta\tau$ 成正比，故其为三阶小量，而作用于此四面体的表面力与四面体的表面积成正比，故其为二阶小量。当此四面体缩小至一点时，忽略三阶小量，则其表面力的合力（及其力矩）将等于零，即

$$\boldsymbol{p}_{-x}\Delta s_x+\boldsymbol{p}_{-y}\Delta s_y+\boldsymbol{p}_{-z}\Delta s_z+\boldsymbol{p}_n\Delta s=\boldsymbol{0} \tag{3.1-4}$$

根据

$$\boldsymbol{n}=\cos(n,x)\boldsymbol{i}+\cos(n,y)\boldsymbol{j}+\cos(n,z)\boldsymbol{k}=n_x\boldsymbol{i}+n_y\boldsymbol{j}+n_z\boldsymbol{k},$$

有

$$\Delta s_x=\Delta sn_x,\Delta s_y=\Delta sn_y,\Delta s_z=\Delta sn_z,$$

代入式（3.1-4），得

$$(\boldsymbol{p}_{-x}n_x+\boldsymbol{p}_{-y}n_y+\boldsymbol{p}_{-z}n_z+\boldsymbol{p}_n)\Delta s=\boldsymbol{0}$$

由于 $\Delta s\neq 0$，有

$$\boldsymbol{p}_{-x}n_x+\boldsymbol{p}_{-y}n_y+\boldsymbol{p}_{-z}n_z+\boldsymbol{p}_n=\boldsymbol{0}$$

即

$$\boldsymbol{p}_n=\boldsymbol{p}_x n_x+\boldsymbol{p}_y n_y+\boldsymbol{p}_z n_z \tag{3.1-5}$$

写成分量形式为

$$\begin{cases}p_{nx}=n_x p_{xx}+n_y p_{yx}+n_z p_{zx}\\ p_{ny}=n_x p_{xy}+n_y p_{yy}+n_z p_{zy}\\ p_{nz}=n_x p_{xz}+n_y p_{yz}+n_z p_{zz}\end{cases}$$

即

$$[p_{nx}\ p_{ny}\ p_{nz}]=[n_x\quad n_y\quad n_z]\begin{bmatrix}p_{xx} & p_{xy} & p_{xz}\\ p_{yx} & p_{yy} & p_{yz}\\ p_{zx} & p_{zy} & p_{zz}\end{bmatrix}$$

定义应力张量为

$$\boldsymbol{P}=\begin{bmatrix}p_{xx} & p_{xy} & p_{xz}\\ p_{yx} & p_{yy} & p_{yz}\\ p_{zx} & p_{zy} & p_{zz}\end{bmatrix}$$

有

$$\boldsymbol{p}_n=\boldsymbol{n}\cdot\boldsymbol{P} \tag{3.1-6}$$

或者

$$p_{nj}=n_i p_{ij} \tag{3.1-7}$$

3. 应力张量的对称性

应力张量的9个分量并非都是独立的，对任意流体微元内取一点 O 关于任意轴取矩，则其表面力的合力矩都将等于零，即

$$\oint_S \boldsymbol{x}\times\boldsymbol{p}_n\mathrm{d}s=\oint_S \boldsymbol{x}\times(\boldsymbol{n}\cdot\boldsymbol{P})\mathrm{d}s=\oint_S x_i\boldsymbol{e}_i\times(n_m\boldsymbol{e}_m\cdot p_{lj}\boldsymbol{e}_l\boldsymbol{e}_j)\mathrm{d}s=\oint_S \varepsilon_{ijk}x_i p_{lj}n_l\boldsymbol{e}_k\mathrm{d}s=\boldsymbol{0} \tag{3.1-8}$$

其中

$$\varepsilon_{ijk}x_i p_{lj}n_l\boldsymbol{e}_k=\varepsilon_{ijk}x_i p_{lj}\boldsymbol{e}_k\boldsymbol{e}_l\cdot n_m\boldsymbol{e}_m=(\varepsilon_{ijk}x_i p_{lj}\boldsymbol{e}_k\boldsymbol{e}_l)\cdot\boldsymbol{n}$$

根据奥高公式得

$$\iiint_{\tau(t)}\nabla\cdot\boldsymbol{a}\mathrm{d}\tau=\oiint_{S(t)}\boldsymbol{a}\cdot\boldsymbol{n}\mathrm{d}s$$

式（3.1-8）等于

$$\begin{aligned}\boldsymbol{0}&=\oint_S\varepsilon_{ijk}x_i p_{lj}n_l\boldsymbol{e}_k\mathrm{d}s=\int_\tau\frac{\partial}{\partial x_l}(\varepsilon_{ijk}x_i p_{lj})\boldsymbol{e}_k\mathrm{d}\tau\\ &=\int_\tau\varepsilon_{ijk}\left(\frac{\partial x_i}{\partial x_l}p_{lj}+x_i\frac{\partial p_{lj}}{\partial x_l}\right)\boldsymbol{e}_k\mathrm{d}\tau=\int_\tau\varepsilon_{ijk}\left(p_{ij}+x_i\frac{\partial p_{lj}}{\partial x_l}\right)\boldsymbol{e}_k\mathrm{d}\tau\end{aligned}$$

其中，$\int_\tau \varepsilon_{ijk} p_{ij} \mathrm{d}\tau$ 这项和 $\Delta\tau$ 成正比，故其为三阶小量，$\int_\tau \varepsilon_{ijk} x_i \frac{\partial p_{lj}}{\partial x_l} \mathrm{d}\tau$ 量级是 $\Delta\tau \cdot \delta x$，故为四阶小量，因此，$\int_\tau \varepsilon_{ijk} p_{ij} \mathrm{d}\tau = 0$。由于 τ 的任意性，有 $\varepsilon_{ijk} p_{ij} = 0$，由 ε_{ijk} 的性质，得

$$\varepsilon_{ijk}(p_{ij} - p_{ji}) = 0$$

即

$$p_{ij} = p_{ji} \tag{3.1-9}$$

3.1.3 简单物质的本构方程

简单物质：定义本构关系仅依赖于它的变形梯度史 $\boldsymbol{F}(\boldsymbol{x}, t')$，而与 $\boldsymbol{x}$ 关于 $\boldsymbol{X}$ 的更高阶导数无关的物质为简单物质。

于是对于有记忆的简单流体，一个物质点 P 在现在时刻的应力状态依赖于它全部的相对变形历史，其本构方程可描述为 $\boldsymbol{T} = \underset{t'=-\infty}{\overset{t}{\mathcal{H}}}[\boldsymbol{F}(t')]$，由客观性原理证其本构方程可描述为 $\boldsymbol{T} = \underset{t'=-\infty}{\overset{t}{\mathcal{H}}}[\boldsymbol{C}(t')]$。其中 $\mathcal{H}$ 为泛函，要对时间 t' 的函数进行积分，本书对泛函内容不做介绍。

证明：定义参考空间 1，参考空间 2，分别记为 $\boldsymbol{x}^*$，$\boldsymbol{x}$。取现时构形为参考构形，如图 3.1-3 所示，相对变形梯度为 $\boldsymbol{F}(t') = \frac{\partial \boldsymbol{x}'}{\partial \boldsymbol{x}}$，$\boldsymbol{F}^*(t') = \frac{\partial \boldsymbol{x}'^*}{\partial \boldsymbol{x}^*}$。

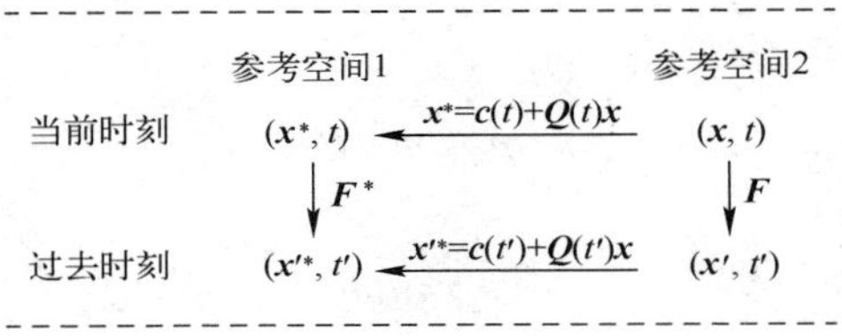

图 3.1-3 时空变换关系

在 t' 时刻，进行坐标变换 $\boldsymbol{x}'^* = \boldsymbol{c}(t') + \boldsymbol{Q}(t')\boldsymbol{x}$，可得

$$\boldsymbol{F}^*(t') = \frac{\partial \boldsymbol{x}'^*}{\partial \boldsymbol{x}^*} = \frac{\partial \boldsymbol{x}'^*}{\partial \boldsymbol{x}'} \frac{\partial \boldsymbol{x}'}{\partial \boldsymbol{x}} \frac{\partial \boldsymbol{x}}{\partial \boldsymbol{x}^*} = \boldsymbol{Q}(t')\boldsymbol{F}(t')\boldsymbol{Q}^{\mathrm{T}}(t)$$

由客观性原理，应力满足 $\boldsymbol{T}^* = \boldsymbol{Q}(t)\boldsymbol{T}\boldsymbol{Q}^{\mathrm{T}}(t)$。而 $\boldsymbol{T}^* = \underset{t'=-\infty}{\overset{t}{\mathcal{H}}}[\boldsymbol{F}^*(t')]$，于是有

$$\boldsymbol{T}^* = \boldsymbol{Q}(t)\boldsymbol{T}\boldsymbol{Q}^{\mathrm{T}}(t) = \underset{t'=-\infty}{\overset{t}{\mathcal{H}}}[\boldsymbol{F}^*(t')] = \underset{t'=-\infty}{\overset{t}{\mathcal{H}}}[\boldsymbol{Q}(t')\boldsymbol{F}(t')\boldsymbol{Q}^{\mathrm{T}}(t)]$$

上式对于任意正交张量 $\boldsymbol{Q}$ 都成立，对 $\boldsymbol{F}$ 进行极分解 $\boldsymbol{F} = \boldsymbol{R}\boldsymbol{U}$，其中 $\boldsymbol{R}$ 为正交张量，$\boldsymbol{U}$ 为正定张量。取 $\boldsymbol{Q}(t') = \boldsymbol{R}^{\mathrm{T}}(t')$，并注意到 $\boldsymbol{F}(t) = \frac{\partial \boldsymbol{x}(t)}{\partial \boldsymbol{x}(t)} = \boldsymbol{I} \Rightarrow \boldsymbol{R}^{\mathrm{T}}(t) = \boldsymbol{I}$，因而 $\boldsymbol{Q}(t) = \boldsymbol{R}^{\mathrm{T}}(t) = \boldsymbol{I}$，由客观性原理，可得

$$\boldsymbol{T}^* = \boldsymbol{Q}(t)\boldsymbol{T}\boldsymbol{Q}^{\mathrm{T}}(t) = \underset{t'=-\infty}{\overset{t}{\mathcal{H}}}[\boldsymbol{Q}(t')\boldsymbol{F}(t')\boldsymbol{Q}^{\mathrm{T}}(t')] = \underset{t'=-\infty}{\overset{t}{\mathcal{H}}}[\boldsymbol{Q}(t')\boldsymbol{R}(t')\boldsymbol{U}(t')\boldsymbol{Q}^{\mathrm{T}}(t)] = \underset{t'=-\infty}{\overset{t}{\boldsymbol{H}}}[\boldsymbol{U}(t')]$$

此时

$$T^* = \boldsymbol{Q}(t)\boldsymbol{T}\boldsymbol{Q}^{\mathrm{T}}(t) = \boldsymbol{T}$$

于是

$$\boldsymbol{T}=\underset{t'=-\infty}{\overset{t}{\mathcal{H}}}[\boldsymbol{U}(t')]$$

而 $\boldsymbol{C}=\boldsymbol{U}^2$，因此上式等价于

$$\boldsymbol{T}=\underset{t'=-\infty}{\overset{t}{\mathcal{F}}}[\boldsymbol{C}(t')]。$$

以下证明上式满足一般的客观性原理。有

$$\boldsymbol{C}^*(t')=\boldsymbol{F}^{*\mathrm{T}}(t')\boldsymbol{F}^*(t')=\boldsymbol{Q}(t)\boldsymbol{F}^{\mathrm{T}}(t')\boldsymbol{Q}^{\mathrm{T}}(t')\boldsymbol{Q}(t')\boldsymbol{F}(t')\boldsymbol{Q}^{\mathrm{T}}(t)=\boldsymbol{Q}(t)\boldsymbol{C}(t')\boldsymbol{Q}^{\mathrm{T}}(t)$$

因此，满足

$$\boldsymbol{T}^*=\underset{t'=-\infty}{\overset{t}{\mathcal{F}}}[\boldsymbol{C}^*(t')]$$

即简单流体的本构方程是柯西-格林张量 $\boldsymbol{C}$ 的泛函。

引入时间间隔，$s=t-t'$。则 $\boldsymbol{T}=\underset{s=0}{\overset{\infty}{\mathcal{F}}}[\boldsymbol{C}(s)]$，引入特征时间 τ_0，令$\bar{s}=s/\tau_0$，于是

$$\boldsymbol{T}=\underset{\bar{s}=0}{\overset{\infty}{\mathcal{F}}}[\boldsymbol{C}(\bar{s}\tau_0)],$$

假定 $\mathcal{F}$ 是一个健忘的泛函（它只和过去短期内的变形有关，而与更远时间内的变形无关），于是有

$$\underset{\bar{s}=0}{\overset{\infty}{\mathcal{F}}}[\boldsymbol{C}(\bar{s}\tau_0)]=\underset{\bar{s}=0}{\overset{c}{\mathcal{H}}}[\boldsymbol{C}(\bar{s}\tau_0)]$$

对于所有的$\bar{s}<c$ 成立，式中 c 是一个有限数，$\mathcal{H}$ 是一个各向同性的泛函，这意味着应力的现在状态只依赖于 $\boldsymbol{C}$ 有限过去的历史，而不依赖于无限过去的历史。在$\bar{s}=0$ 处将 $\boldsymbol{C}(\bar{s})$ 展开为泰勒级数，有

$$\boldsymbol{C}=\boldsymbol{I}-(-\bar{s}\tau_0)\boldsymbol{A}_1+\frac{1}{2}(-\bar{s}\tau_0)^2\boldsymbol{A}_2+\cdots+(-1)^n\frac{(-\bar{s}\tau_0)^n}{n!}\boldsymbol{A}_n$$

即

$$\boldsymbol{C}(\bar{s})=\boldsymbol{I}+\sum_{m=1}^{n}\frac{1}{m!}(\bar{s}\tau_0)^m\boldsymbol{A}_m+\boldsymbol{R}_{n+1} \tag{3.1-10}$$

其中 $\boldsymbol{R}_{n+1}$是余项，并且为 $\boldsymbol{O}(\tau_0)^{n+1}$阶，$\boldsymbol{A}_m$ 是 m 阶 Rivlin-Ericken 张量。

假定 τ_0 很小（实际上是具有“无穷小记忆”物质的近似，可用来描述缓慢流动的流体特性，相应的应力是由“无限接近现在的过去”到现在的变形历史来决定的），因而$(\tau_0)^{n+1}$项略去。则有

$$\boldsymbol{T}=\underset{\bar{s}=0}{\overset{c}{\mathcal{H}}}\left[\sum_{m=1}^{n}\frac{1}{m!}(\bar{s}\tau_0)^m\boldsymbol{A}_m\right]=F^*(\boldsymbol{I},\tau_0\boldsymbol{A}_1,\tau_0^2\boldsymbol{A}_2,\cdots,\tau_0^n\boldsymbol{A}_n)$$

式中 F^* 是一个各向同性的函数，并且 $\boldsymbol{A}_1$，$\boldsymbol{A}_2$，…，$\boldsymbol{A}_n$ 不依赖于 s。注意，这里 $\mathcal{H}$ 是泛函，要对 $\bar{s}$ 求积分，所以 F^* 的表达式没有$\bar{s}$。

由各向同性的张量函数表示式（1.2-25），有

$$\begin{aligned}\boldsymbol{T}&=F^*(\tau_0\boldsymbol{A}_1,\tau_0^2\boldsymbol{A}_2,\cdots,\tau_0^n\boldsymbol{A}_n)\\&=\alpha_0\boldsymbol{I}+\alpha_1\tau_0\boldsymbol{A}_1+\alpha_2\tau_0^2\boldsymbol{A}_2+\alpha_3(\tau_0\boldsymbol{A}_1)^2+\alpha_4(\tau_0\boldsymbol{A}_1)^3+\alpha_5\tau_0^3(\boldsymbol{A}_1\boldsymbol{A}_2+\boldsymbol{A}_2\boldsymbol{A}_1)+\cdots\end{aligned} \tag{3.1-11}$$

其中 α_i 是表达式中出现的 $\boldsymbol{A}_m^k$ 的第一不变量的函数。由于 $\boldsymbol{A}_i$为 3×3 的矩阵张量，根据 Hamilton-Caylay 定理，任何 $\boldsymbol{A}_i$的 3 以上次幂都可以表示成 2 以下次幂的多项式的形式，即

$$\boldsymbol{A}^3=\mathrm{tr}(\boldsymbol{A})\boldsymbol{A}^2-\frac{1}{2}\boldsymbol{A}[(\mathrm{tr}(\boldsymbol{A}))^2-\mathrm{tr}(\boldsymbol{A}^2)]+|\boldsymbol{A}|\boldsymbol{I}$$

按 τ_0 的幂次将 F^* 展开，得到保留 τ_0 的各次幂的表达式分别为

$$\tau_0:\boldsymbol{T}=\frac{\eta_0}{\tau_0}\alpha_0\boldsymbol{I}+\frac{\eta_0}{\tau_0}\alpha_1\tau_0\boldsymbol{A}_1=\alpha\boldsymbol{I}+\mu\boldsymbol{A}_1 \tag{3.1-12}$$

$$\tau_0^2:\boldsymbol{T}=\frac{\eta_0}{\tau_0}[\alpha_0\boldsymbol{I}+\alpha_1\tau_0\boldsymbol{A}_1+\alpha_2\eta_0\tau_0^2\boldsymbol{A}_2+\alpha_3(\tau_0\boldsymbol{A}_1)^2]=\alpha\boldsymbol{I}+\mu\boldsymbol{A}_1+\beta_1\boldsymbol{A}_1^2+\beta_2\boldsymbol{A}_2 \tag{3.1-13}$$

它们分别是一阶（牛顿）流体［式（3.1-12）］、二阶流体［式（3.1-13）］的本构方程，更高阶流体的本构方程亦可以写出，并且当我们考虑更高阶流体时，物质常量的个数将增多，表达式将更复杂。也可根据 Rivlin-Ericken 张量的阶数，定义一阶 Rivlin-Ericken 张量流体［式（3.1-14）］的本构方程为

$$\boldsymbol{T}=\frac{\eta_0}{\tau_0}[\alpha_0\boldsymbol{I}+\alpha_1\tau_0\boldsymbol{A}_1+\alpha_3(\tau_0\boldsymbol{A}_1)^2]=\alpha\boldsymbol{I}+\mu\boldsymbol{A}_1+\beta_1\boldsymbol{A}_1^2 \tag{3.1-14}$$

一阶流体的本构方程

为了确定应力与应变率的关系，假设［斯托克斯（Stokes）提出］当流体静止时，应变速率为零，流体的应力就是静止压强，因此，应力张量表示为

$$\boldsymbol{P}=-p\boldsymbol{I}+\boldsymbol{T}$$

其中 p 为静水压强，$\boldsymbol{T}$ 为偏应力，或称剪切应力、黏性应力。对于一阶流体，有

$$\boldsymbol{P}=-p\boldsymbol{I}+\alpha\boldsymbol{I}+\mu\boldsymbol{A}_1$$

对于各向同性物质，α_0 为 $\boldsymbol{A}_1$第一不变量的函数，再由 $\boldsymbol{A}_1=2\boldsymbol{D}$，应力张量可表示为

$$\boldsymbol{P}=-p\boldsymbol{I}+\lambda D_{ii}+2\mu\boldsymbol{D}$$

应力张量分量的表达式为

$$p_{ij}=-p\delta_{ij}+\lambda\delta_{ij}D_{kk}+2\mu D_{ij}$$

μ 为常数时就是纳维（Navier）和斯托克斯共同建立的牛顿流体的本构关系。其中 μ 为第一黏性系数、λ 为第二黏性系数。本构关系还可以写成以下形式：

$$p_{ij}=-p\delta_{ij}+\left(\lambda+\frac{2}{3}\mu\right)D_{kk}\delta_{ij}+2\mu\left(D_{ij}-\frac{1}{3}D_{kk}\delta_{ij}\right) \tag{3.1-15}$$

张量形式为

$$\boldsymbol{P}=\left(-p+\left(\lambda+\frac{2}{3}\mu\right)\nabla\cdot\boldsymbol{v}\right)\boldsymbol{I}+2\mu\left(\boldsymbol{D}-\frac{1}{3}\nabla\cdot\boldsymbol{v}\boldsymbol{I}\right)$$

对于大多数流体（高温和高频声波这些极端情况之外），满足斯托克斯假设：

$$\lambda+\frac{2}{3}\mu=0$$

因此，本构方程化简为

$$p_{ij}=-p\delta_{ij}+2\mu\left(D_{ij}-\frac{1}{3}D_{kk}\delta_{ij}\right) \tag{3.1-16}$$

如果流体不可压缩，则有

$$p_{ij}=-p\delta_{ij}+2\mu D_{ij} \tag{3.1-17}$$

定义 $\bar{p}=-\frac{1}{3}p_{ii}=p-\left(\lambda+\frac{2}{3}\mu\right)D_{kk}$，记 $p-\bar{p}=\xi D_{kk}$，其中 $\xi=\lambda+\frac{2}{3}\mu$，称为体积黏性系数，显

然，当流体的体积膨胀率很大时，不满足斯托克斯流体的条件。

以上由客观性理论得到的本构关系也在流体力学实验中得到证实。1687年，牛顿发表了他的剪切流动的实验结果。在平行平板间充满黏性流体，令下板固定不动，以平行于平板的力 F 拉动上板，使其以等速度 U 运动（见图3.1-4），实验发现 F 与 U、上板面积 A 和平板间距 h 存在如下关系（牛顿黏性定律）：

$$F=\mu\frac{U}{h}A$$

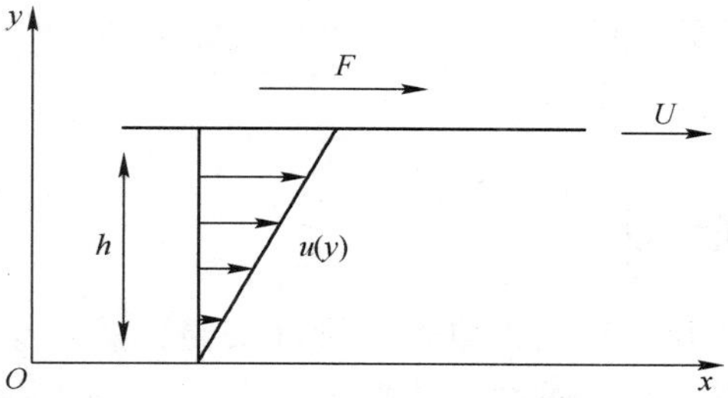

图3.1-4 牛顿黏性定律实验示意图

定义剪切应力 $\tau=\frac{F}{A}=\mu\frac{U}{h}$，它的单位是 N/m^2 或Pa。这里，τ 对应偏应力分量 T_{12}，应变率分量 $D_{12}=\frac{1}{2}\frac{du}{dy}=\frac{1}{2}\frac{U}{h}$，其他应变分量为零，显然

$$\tau=\mu\frac{du}{dy}\Rightarrow \boldsymbol{T}=2\mu\boldsymbol{D} \tag{3.1-18}$$

其中比例系数 μ 就是牛顿流体的黏性系数。通常，液体的（分子）黏性系数比气体大得多，并且随着温度升高，液体分子间的间隙增大，吸引力减小，黏性系数减小；而气体正好相反，随着温度升高，热运动加剧，动量交换加快，黏性系数增大。另外，引入一个描述黏性的物理量 $\nu=\frac{\mu}{\rho}$，称为运动黏性系数或动量扩散率。

取 $u=dx/dt$ 代入式（3.1-18），得到黏性的另一种解释：流体抵抗剪切变形的能力，有

$$\tau=\mu\frac{du}{dy}=\mu\frac{d}{dy}\frac{dx}{dt}=\mu\frac{d}{dt}\frac{dx}{dy}=\mu\dot{\gamma} \tag{3.1-19}$$

其中 $\gamma=dx/dy$，为剪切应变，$\dot{\gamma}$ 为剪切应变率。式（3.1-19）显示：无论剪应力多么小，都会使剪切应变率不为零，从而流体剪切应变一直增大，引起流体很大的变形，这就是流体区别于固体的一种性质：易流动性。只有在流体不受任何剪切应力作用的情况下，流体才能处于完全静止的状态。

实验得到的牛顿黏性定律并非对所有流体都成立，它只适用于一些分子结构简单的流体，如空气、水等。剪切应力与剪切应变率之间满足线性关系的流体被称作牛顿流体，凡是不能表示成简单的比例关系的流体，统称为非牛顿流体。

对于非牛顿流体，剪切应变率 $\dot{\gamma}$ 与剪切应力 τ 之间的关系一般可以表示为

$$\dot{\gamma}=f(\tau)\text{ 或 }\tau=F(\dot{\gamma})$$

对牛顿流体，$f(\tau)$是剪切应力τ的正比例函数，即$f(\tau)=\frac{1}{\eta}\tau$（$\eta$为常数），即$\dot{\gamma}=\frac{1}{\eta}\tau$，此时$\eta$用$\mu$替代，即为式（3.1-19）。

牛顿流体可以看作非牛顿流体的特例，类似的，将非牛顿流体剪切应力与剪切应变率的一般方程写为

$$\dot{\gamma}=f(\tau)=\frac{1}{\eta_a}\tau \tag{3.1-20}$$

其中$\eta_a=\frac{\tau}{\dot{\gamma}}=\frac{\tau}{f(\tau)}$是一个随剪切应力或剪切应变率变化而变化的量，通常称η_a为非牛顿流体的表观黏度。

3.1.4　简单流体的曲线流动

类似牛顿的剪切流动实验，我们可以通过设计实验，减少本构方程中不为零的参数个数，从而进行分析。曲线流动就是通过设计高阶（$n\geqslant3$）Rivlin-Ericken 张量$\boldsymbol{A}_n=\boldsymbol{0}$，来进行分析的实例。建立一个正交坐标系$ox_1x_2x_3$，流动速度场的分量表示为

$$v_1=u(x_2),v_2=0,v_3=w(x_2)$$

并且沿任一物质点P的轨线，基向量的大小$\sqrt{g_{ii}}$保持不变，定义这样的流动为曲线流动。

由

$$v_1=\frac{\mathrm{d}x_1'}{\mathrm{d}t'}=u(x_2)\Rightarrow x_1'=x_1-su(x_2)$$

$$v_2=\frac{\mathrm{d}x_2'}{\mathrm{d}t'}=0\Rightarrow x_2'=x_2$$

$$v_3=\frac{\mathrm{d}x_3'}{\mathrm{d}t'}=w(x_2)\Rightarrow x_3'=x_3-sw(x_2)$$

其中$s=t-t'$，$C_{ij}=\frac{\partial x_A'}{\partial x_i}g_{AB}\frac{\partial x_B'}{\partial x_j}$，例如

$$C_{22}=\frac{[\partial x_1'\ \partial x_1'g_{11}+\partial x_1'\ \partial x_2'g_{12}+\cdots+\partial x_3'\ \partial x_3'g_{33}]}{\partial x_2\ \partial x_2}=g_{22}+s^2\left[g_{11}\left(\frac{\mathrm{d}u}{\mathrm{d}x_2}\right)^2+g_{33}\left(\frac{\mathrm{d}w}{\mathrm{d}x_2}\right)^2\right]$$

于是左柯西-格林张量$\boldsymbol{C}$可表示为

$$\boldsymbol{C}=\begin{bmatrix} g_{11} & -s\frac{\mathrm{d}u}{\mathrm{d}x_2}g_{11} & 0 \\ -s\frac{\mathrm{d}u}{\mathrm{d}x_2}g_{11} & g_{22}+s^2\left[g_{11}\left(\frac{\mathrm{d}u}{\mathrm{d}x_2}\right)^2+g_{33}\left(\frac{\mathrm{d}w}{\mathrm{d}x_2}\right)^2\right] & -s\frac{\mathrm{d}w}{\mathrm{d}x_2}g_{33} \\ 0 & -s\frac{\mathrm{d}w}{\mathrm{d}x_2}g_{33} & g_{33} \end{bmatrix}$$

定义$\boldsymbol{C}$的物理分量$C_{t<i,j>}=\frac{C_{i,j}}{\sqrt{g_{ii}}\sqrt{g_{jj}}}$，于是

$$C_t=\begin{bmatrix}1 & -s\frac{\mathrm{d}u}{\mathrm{d}x_2}\sqrt{\frac{g_{11}}{g_{22}}} & 0\\ -s\frac{\mathrm{d}u}{\mathrm{d}x_2}\sqrt{\frac{g_{11}}{g_{22}}} & 1+s^2\left[\frac{g_{11}}{g_{22}}\left(\frac{\mathrm{d}u}{\mathrm{d}x_2}\right)^2+\frac{g_{33}}{g_{22}}\left(\frac{\mathrm{d}w}{\mathrm{d}x_2}\right)^2\right] & -s\frac{\mathrm{d}w}{\mathrm{d}x_2}\sqrt{\frac{g_{33}}{g_{22}}}\\ 0 & -s\frac{\mathrm{d}w}{\mathrm{d}x_2}\sqrt{\frac{g_{33}}{g_{22}}} & 1\end{bmatrix}$$

可以展开成它的 Rivlin-Ericken 张量形式。

令 $l=\frac{\mathrm{d}u}{\mathrm{d}x_2}\sqrt{\frac{g_{11}}{g_{22}}}$，$m=\frac{\mathrm{d}w}{\mathrm{d}x_2}\sqrt{\frac{g_{33}}{g_{22}}}$，则

$$C_t=\begin{bmatrix}1 & -sl & 0\\ -sl & 1+s^2(l^2+m^2) & -sm\\ 0 & -sm & 1\end{bmatrix}$$

即

$$C_t=I-sA_1+\frac{1}{2}s^2A_2$$

其中

$$A_1=\begin{bmatrix}0 & l & 0\\ l & 0 & m\\ 0 & m & 0\end{bmatrix},A_2=\begin{bmatrix}0 & 0 & 0\\ 0 & 2(l^2+m^2) & 0\\ 0 & 0 & 0\end{bmatrix}$$

作正交变换有

$$Q=\begin{bmatrix}\frac{l}{k} & 0 & \frac{m}{k}\\ 0 & 1 & 0\\ -\frac{m}{k} & 0 & \frac{l}{k}\end{bmatrix}$$

其中 $k=\sqrt{l^2+m^2}$，在新的坐标系下有

$$C_t=\begin{bmatrix}1 & -ks & 0\\ -ks & 1+k^2s^2 & 0\\ 0 & 0 & 1\end{bmatrix}$$

由本构原理我们知道

$$T^*=Q(t)\cdot T\cdot Q^{\mathrm{T}}(t)=\mathop{\mathcal{H}}_{t'=-\infty}^{t}[Q(t')\cdot C(t')\cdot Q(t')^{\mathrm{T}}]$$

对任意正交张量 Q 成立。取

$$Q=\begin{bmatrix}-1 & 0 & 0\\ 0 & -1 & 0\\ 0 & 0 & 1\end{bmatrix}$$（对 x^3 轴的反射，x，y 轴旋转 180°）

有

$$\boldsymbol{T}^{*}=\boldsymbol{Q}(t)\cdot\boldsymbol{T}\cdot\boldsymbol{Q}^{\mathrm{T}}(t)=\begin{bmatrix}T_{11} & T_{12} & -T_{13}\\ T_{12} & T_{22} & -T_{23}\\ -T_{13} & -T_{23} & T_{33}\end{bmatrix}$$

又由于

$$\boldsymbol{C}^{*}=\boldsymbol{Q}(t')\cdot\boldsymbol{C}\cdot\boldsymbol{Q}^{\mathrm{T}}(t')=\boldsymbol{C}$$

显然有

$$\boldsymbol{T}^{*}=\boldsymbol{T}$$

即

$$T_{13}=-T_{13}\Rightarrow T_{13}=0$$

$$T_{23}=-T_{23}\Rightarrow T_{23}=0$$

定义剪应力 $\tau(k)$：$\tau(k)=T_{12}=k\eta(k)$，定义表观黏度为

$$\eta(k)=\frac{\tau(k)}{k}$$

定义第一法向应力差 $\nu_1(k)$：$\nu_1(k)=T_{11}-T_{22}=k^2N_1(k)$，定义第一法向应力差系数为

$$N_1(k)=\frac{T_{11}-T_{22}}{k^2}$$

定义第二法向应力差 $\nu_2(k)$：$\nu_2(k)=T_{22}-T_{33}==k^2N_2(k)$，定义第二法向应力差系数为

$$N_2(k)=\frac{T_{22}-T_{33}}{k^2}$$

取

$$\boldsymbol{Q}=\begin{bmatrix}1 & 0 & 0\\ 0 & -1 & 0\\ 0 & 0 & 1\end{bmatrix}$$

有

$$\boldsymbol{T}^{*}=\boldsymbol{Q}(t)\cdot\boldsymbol{T}\cdot\boldsymbol{Q}^{\mathrm{T}}(t)=\begin{bmatrix}T_{11} & -T_{12} & 0\\ -T_{12} & T_{22} & 0\\ 0 & 0 & T_{33}\end{bmatrix}$$

又由于

$$\boldsymbol{C}^{*}=\boldsymbol{Q}(t')\cdot\boldsymbol{C}\cdot\boldsymbol{Q}^{\mathrm{T}}(t')=\boldsymbol{C}=\begin{bmatrix}1 & -ks & 0\\ -ks & 1+k^2s^2 & 0\\ 0 & 0 & 1\end{bmatrix}$$

即 $C_{12}^{*}=-C_{12}$，其他不变。

于是

$$\tau(-k)=-\tau(k),\ \nu_1(-k)=\nu_1(k),\ \nu_2(-k)=\nu_2(k)$$

即 $\tau(k)$ 是 k 的奇函数，$\nu_1(k)$ 和 $\nu_2(k)$ 是 k 的偶函数。

对于曲线流动，由于

$$\boldsymbol{C}=\boldsymbol{I}-s\boldsymbol{A}_1+\frac{1}{2}s^2\boldsymbol{A}_2 \tag{3.1-21}$$

显然，当 $n \geqslant 3$ 时，Rivlin-Ericken 张量 $\boldsymbol{A}_n = \boldsymbol{0}$，流动是物质点承受常剪切率的简单剪切变形。

3.2　守 恒 方 程

3.2.1　质量守恒

物质体系的总质量是守恒的，即 $\frac{\mathrm{d}M}{\mathrm{d}t}=0$，对于雷诺输运定理的式（2.3-16），取 $\boldsymbol{\phi}=\rho$，有

$$\frac{\mathrm{d}M}{\mathrm{d}t} = \frac{\mathrm{d}}{\mathrm{d}t}\int_\tau \rho \mathrm{d}\tau = \int_\tau \frac{\partial \rho}{\partial t}\mathrm{d}\tau + \int_S \rho v \cdot \boldsymbol{n}\mathrm{d}s = 0 \tag{3.2-1}$$

式（3.2-1）被称为积分形式的连续性方程。对均质不可压缩流体，$\frac{\partial \rho}{\partial t}=0$，有

$$\oint_{S(t)} \rho \boldsymbol{v} \cdot \boldsymbol{n}\mathrm{d}s = 0 \tag{3.2-2}$$

对于雷诺输运定理的式（2.3-15），有

$$\frac{\mathrm{d}}{\mathrm{d}t}\int \rho \mathrm{d}\tau = \int \frac{\mathrm{d}\rho}{\mathrm{d}t}\mathrm{d}\tau + \int \rho(\nabla \cdot v)\mathrm{d}\tau = \int\left[\frac{\partial \rho}{\partial t} + \boldsymbol{v}\cdot\nabla\rho + \rho(\nabla\cdot\boldsymbol{v})\right]\mathrm{d}\tau = 0$$

考虑到 τ 的任意性，上式满足

$$\frac{\mathrm{d}\rho}{\mathrm{d}t}+\rho(\nabla\cdot\boldsymbol{v})=\frac{\partial\rho}{\partial t}+\boldsymbol{v}\cdot\nabla\rho+\rho(\nabla\cdot\boldsymbol{v})=\frac{\partial\rho}{\partial t}+\nabla\cdot(\rho\boldsymbol{v})=0 \tag{3.2-3}$$

式（3.2-3）被称为微分形式的连续性方程。

由式（1.2-11），式（3.2-3）的分量形式为

$$\frac{\partial\rho}{\partial t}+\frac{1}{h_1h_2h_3}\left[\frac{\partial(h_2h_3\rho v_1)}{\partial x_1}+\frac{\partial(h_3h_1\rho v_2)}{\partial x_2}+\frac{\partial(h_1h_2\rho v_3)}{\partial x_3}\right]=0$$

式（3.2-3）在直角坐标系下的形式为

$$\frac{\partial\rho}{\partial t}+\frac{\partial(\rho v_1)}{\partial x_1}+\frac{\partial(\rho v_2)}{\partial x_2}+\frac{\partial(\rho v_3)}{\partial x_3}=0$$

式（3.2-3）在柱坐标系下的形式为

$$\frac{\partial\rho}{\partial t}+\frac{1}{r}\left[\frac{\partial(\rho v_r r)}{\partial r}+\frac{\partial(\rho v_\theta)}{\partial\theta}+\frac{\partial(\rho v_z r)}{\partial z}\right]=0$$

式（3.2-3）在球坐标系下的形式为

$$\frac{\partial\rho}{\partial t}+\frac{1}{R^2\sin\theta}\left[\frac{\partial(\rho v_R R^2\sin\theta)}{\partial R}+\frac{\partial(\rho v_\theta R\sin\theta)}{\partial\theta}+\frac{\partial(\rho v_z R)}{\partial\varphi}\right]=0$$

3.2.2　动量守恒

1. 动量方程

式（2.3-15）和式（2.3-16）中，取 $\boldsymbol{\phi}=\rho\boldsymbol{v}$，作用在体系上的力有体积力 $\int_\tau \rho\boldsymbol{f}\mathrm{d}\tau$ 和面

积力 $\int_S \boldsymbol{p}_n \mathrm{d}s$，于是有

$$\frac{\mathrm{d}}{\mathrm{d}t}\boldsymbol{K} = \frac{\mathrm{d}}{\mathrm{d}t}\int_\tau \rho \boldsymbol{v} \mathrm{d}\tau = \int_\tau \frac{\mathrm{d}(\rho \boldsymbol{v})}{\mathrm{d}t}\mathrm{d}\tau + \int_\tau \rho \boldsymbol{v}(\nabla \cdot \boldsymbol{v})\mathrm{d}\tau = \int_\tau \rho \boldsymbol{f}\mathrm{d}\tau + \int_S \boldsymbol{p}_n \mathrm{d}s \tag{3.2-4}$$

$$\int_\tau \frac{\partial(\rho \boldsymbol{v})}{\partial t}\mathrm{d}\tau + \int_S \rho \boldsymbol{v}\boldsymbol{v} \cdot \boldsymbol{n}\mathrm{d}s = \int_\tau \rho \boldsymbol{f}\mathrm{d}\tau + \int_S \boldsymbol{p}_n \mathrm{d}s \tag{3.2-5}$$

它们可称为积分形式的动量方程。

根据奥高定理，式（3.2-4）最后一项 $\int_S \boldsymbol{p}_n \mathrm{d}s = \int_S \boldsymbol{P} \cdot \boldsymbol{n}\mathrm{d}s = \int_\tau (\nabla \cdot \boldsymbol{P})\mathrm{d}\tau$，考虑到 τ 的任意性，式（3.2-5）满足

$$\frac{\mathrm{d}(\rho \boldsymbol{v})}{\mathrm{d}t} + \rho \boldsymbol{v}(\nabla \cdot \boldsymbol{v}) = \rho \boldsymbol{f} + \nabla \cdot \boldsymbol{P}$$

由于

$$\frac{\mathrm{d}(\rho \boldsymbol{v})}{\mathrm{d}t} + \rho \boldsymbol{v}(\nabla \cdot \boldsymbol{v}) = \rho \frac{\mathrm{d}\boldsymbol{v}}{\mathrm{d}t} + \boldsymbol{v}\frac{\mathrm{d}\rho}{\mathrm{d}t} + \rho \boldsymbol{v}(\nabla \cdot \boldsymbol{v}) = \rho \frac{\mathrm{d}\boldsymbol{v}}{\mathrm{d}t} + \boldsymbol{v}\left[\frac{\mathrm{d}\rho}{\mathrm{d}t} + \rho(\nabla \cdot \boldsymbol{v})\right] = \rho \frac{\mathrm{d}\boldsymbol{v}}{\mathrm{d}t}$$

上式化简为

$$\rho \frac{\mathrm{d}\boldsymbol{v}}{\mathrm{d}t} = \rho \frac{\partial \boldsymbol{v}}{\partial t} + \rho \boldsymbol{v} \cdot \nabla \boldsymbol{v} = \rho \boldsymbol{f} + \nabla \cdot \boldsymbol{P} \tag{3.2-6}$$

对于斯托克斯流体，有

$$\rho \frac{\mathrm{d}\boldsymbol{v}}{\mathrm{d}t} = \rho \frac{\partial \boldsymbol{v}}{\partial t} + \rho \boldsymbol{v} \cdot \nabla \boldsymbol{v} = \rho \boldsymbol{f} - \nabla p + \nabla \cdot \mu\left[(\nabla \boldsymbol{v} + \nabla \boldsymbol{v}^{\mathrm{T}}) - \frac{1}{3}\nabla \cdot \boldsymbol{v}\boldsymbol{I}\right] \tag{3.2-7}$$

式（3.2-6）在直角坐标系下的形式为

$$\rho \frac{\mathrm{d}v_i}{\mathrm{d}t} = \rho f_i + \frac{\partial p_{ji}}{\partial x_j}$$

由式（1.2-11）和式（1.1-8），曲线坐标系中式（3.2-6）的分量形式为

$$\rho\left[\frac{\mathrm{d}v_1}{\mathrm{d}t} + \frac{v_2}{h_1 h_2}\left(v_1 \frac{\partial h_1}{\partial x_2} - v_2 \frac{\partial h_2}{\partial x_1}\right) + \frac{v_3}{h_1 h_3}\left(v_1 \frac{\partial h_1}{\partial x_3} - v_3 \frac{\partial h_3}{\partial x_1}\right)\right] = \rho f_1 + \frac{1}{h_1 h_2 h_3}\left[\frac{\partial(p_{11}h_2 h_3)}{\partial x_1} + \frac{\partial(p_{21}h_1 h_3)}{\partial x_2} + \frac{\partial(p_{31}h_1 h_2)}{\partial x_3} + p_{12}h_3 \frac{\partial h_1}{\partial x_2} + p_{13}h_2 \frac{\partial h_1}{\partial x_3} - p_{22}h_3 \frac{\partial h_2}{\partial x_1} - p_{33}h_2 \frac{\partial h_3}{\partial x_1}\right] \tag{3.2-8}$$

2. 积分形式动量方程的相关公式

对于积分形式的动量方程式（3.2-5），当流动定常时，有

$$\oint_{S(t)} \rho \boldsymbol{v}\boldsymbol{v} \cdot \boldsymbol{n}\mathrm{d}s = \sum \boldsymbol{F} \tag{3.2-9}$$

对动量方程式（3.2-5）两端取矩，有

$$\boldsymbol{T} = \sum \boldsymbol{r} \times \boldsymbol{F} = \frac{\partial}{\partial t}\int_\tau \boldsymbol{r} \times \rho \boldsymbol{v}\mathrm{d}\tau + \int_S \boldsymbol{r} \times \rho \boldsymbol{v}\boldsymbol{v} \cdot \boldsymbol{n}\mathrm{d}s \tag{3.2-10}$$

如果忽略由表面力和对称性体积力所产生的转矩，对于定常运动有

$$\boldsymbol{T}_{轴} = \int_S \boldsymbol{r} \times \rho \boldsymbol{v}\boldsymbol{v} \cdot \boldsymbol{n}\mathrm{d}s \tag{3.2-11}$$

对于转动流体机械，有

$$\boldsymbol{T}_{轴} = \int_S \boldsymbol{r} \times \rho \boldsymbol{v}\boldsymbol{v} \cdot \boldsymbol{n} \mathrm{d}s = (r_2 v_{\theta 2} - r_1 v_{\theta 1}) Q_m \quad (3.2\text{-}12)$$

其中 $v_{\theta 1}$，$v_{\theta 2}$分别为流体在截面 1，2 处的绝对速度切向分量，r_1，r_2 为 $v_{\theta 1}$ 与 $v_{\theta 2}$ 至转轴的距离。

对于非定常运动，有

$$\boldsymbol{T}_{轴} = \frac{\partial}{\partial t}\int_\tau \boldsymbol{r} \times \rho \boldsymbol{v} \mathrm{d}\tau + (r_2 v_{\theta 2} - r_1 v_{\theta 1}) Q_m$$

3.2.3　能量守恒

1. 热量输运

流体中的传热有三种方式：热传导（由于分子热运动产生的热能输运现象）、热辐射（由于电磁波辐射引起的热效应）、热对流（随流体的宏观运动产生的热迁移现象），其中热传导和热辐射在固体和静止流体中也存在，热对流则仅存在于运动流体中。

当静止流体中的温度分布不均匀时，流体的热能通过分子热运动从较高温度的区域传递到较低温度的区域，这种现象称为热传导现象。热传导不牵涉流体的宏观流动，类似于固体的性质。1822 年，傅里叶首先进行了最简单的热传导实验（见图 3.2-1），得到了傅里叶定律（定常一维热传导定律）：

$$Q_y = -kA \lim_{\Delta y \to 0} \frac{T(y+\Delta y) - T(y)}{\Delta y} = -kA \frac{\mathrm{d}T}{\mathrm{d}y}$$

其中 Q_y为单位时间热传递的热量，k 为热传导系数，A 为截面积，T 为绝对温度，定义单位面积的热流量 $q_y = \frac{Q_y}{A}$，有

$$q_y = \frac{Q_y}{A} = -k \frac{\mathrm{d}T}{\mathrm{d}y} \quad (3.2\text{-}13)$$

k 的单位为$\frac{\mathrm{W}}{\mathrm{m}^2}\ \frac{\mathrm{m}}{\mathrm{K}} = \mathrm{W/(m \cdot K)}$。

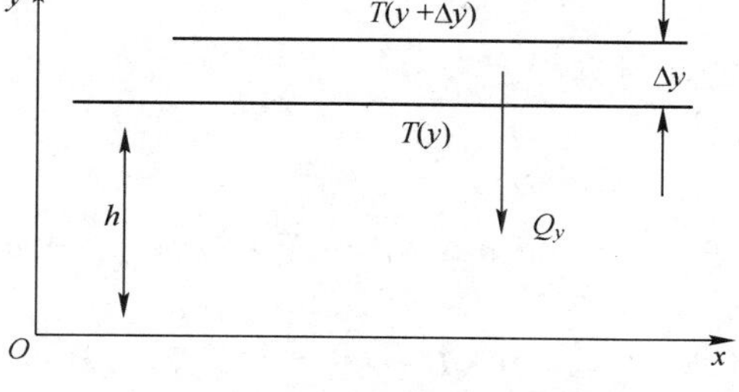

图 3.2-1　傅里叶定律的实验示意图

若温度在空间呈三维不均匀分布，介质的热传导性为各向同性，则单位面积的热流量矢量为

$$\boldsymbol{q} = -k \nabla T \quad (3.2\text{-}14)$$

如果把各向同性物质里的热传导系数表示为二阶张量 $\boldsymbol{k} = k\boldsymbol{I}$，张量分量为 $k\delta_{ij}\boldsymbol{e}_i \otimes \boldsymbol{e}_j$，

式（3.2-14）被改写为

$$\boldsymbol{q}=-\boldsymbol{k}\cdot\nabla T=-k\delta_{ij}\boldsymbol{e}_i\otimes\boldsymbol{e}_j\cdot\frac{\partial T}{\partial x_k}\boldsymbol{e}_k=-k\frac{\partial T}{\partial x_j}\delta_{ij}\boldsymbol{e}_i=-k\frac{\partial T}{\partial x_i}\boldsymbol{e}_i=-k\nabla T$$

那么对于各向异性物质，热传导系数就是一般二阶张量 $\boldsymbol{k}=k_{ij}\boldsymbol{e}_i\otimes\boldsymbol{e}_j$，于是

$$\boldsymbol{q}=-\boldsymbol{k}\cdot\nabla T=-k_{ij}\boldsymbol{e}_i\otimes\boldsymbol{e}_j\cdot\frac{\partial T}{\partial x_k}\boldsymbol{e}_k=-k_{ij}\frac{\partial T}{\partial x_j}\boldsymbol{e}_i \tag{3.2-15}$$

气体热传导是分子平均热运动交换的结果。液体的热传导系数来自两方面的贡献（与固体类似）：（1）依靠分子在其平均位置附近作小振幅的热振动，温度较高区域的分子振动的热能大，可以把热能传递给邻近的分子；（2）分子在较分子间距大很多的范围内运动所产生的热传导（此贡献通常比较小，但远大于零），一般来说，液体的热传导系数仅依赖于温度而与压强几乎无关，较气体大 1~2 个数量级。

2. 能量方程

封闭物质体系的能量 $E(t)=\int_{\tau(t)}\rho\left(\frac{\boldsymbol{v}\cdot\boldsymbol{v}}{2}+\varepsilon\right)\mathrm{d}\tau$，其中 $\rho\frac{\boldsymbol{v}\cdot\boldsymbol{v}}{2}$ 表示动能强度，$\rho\varepsilon$ 表示内能强度。能量变化率 $\frac{\mathrm{d}E}{\mathrm{d}t}=\frac{\mathrm{d}}{\mathrm{d}t}W+Q$，其中 $\frac{\mathrm{d}}{\mathrm{d}t}W$ 表示力做功的功率，包括体积力做功 $\int_\tau\rho\boldsymbol{f}\cdot\boldsymbol{v}\mathrm{d}\tau$，面积力做功 $\int_S\boldsymbol{p}_n\cdot\boldsymbol{v}\mathrm{d}s$，$Q$ 表示吸收的热量，包括热传导 $-\int_S\boldsymbol{q}\cdot\boldsymbol{n}\mathrm{d}s$、热辐射率 $\int_\tau\rho q_0\mathrm{d}\tau$ 等。因此有

$$\frac{\mathrm{d}}{\mathrm{d}t}\int_{\tau(t)}\rho\left(\frac{\boldsymbol{v}\cdot\boldsymbol{v}}{2}+\varepsilon\right)\mathrm{d}\tau=\int_{\tau(t)}\rho\boldsymbol{f}\cdot\boldsymbol{v}\mathrm{d}\tau+\int_{S(t)}\boldsymbol{p}_n\cdot\boldsymbol{v}\mathrm{d}s-\int_{S(t)}\boldsymbol{q}\cdot\boldsymbol{n}\mathrm{d}s+\int_{\tau(t)}\rho q_0\mathrm{d}\tau$$

根据雷诺输运定理，式（2.3-16）中取 $\boldsymbol{\phi}=\rho\left(\frac{\boldsymbol{v}\cdot\boldsymbol{v}}{2}+\varepsilon\right)$，有

$$\begin{aligned}\frac{\mathrm{d}}{\mathrm{d}t}\int_{\tau(t)}\rho\left(\frac{\boldsymbol{v}\cdot\boldsymbol{v}}{2}+\varepsilon\right)\mathrm{d}\tau&=\int_{\tau(t)}\frac{\partial}{\partial t}\rho\left(\frac{\boldsymbol{v}\cdot\boldsymbol{v}}{2}+\varepsilon\right)\mathrm{d}\tau+\int_{S(t)}\rho\left(\frac{\boldsymbol{v}\cdot\boldsymbol{v}}{2}+\varepsilon\right)\boldsymbol{v}\cdot\boldsymbol{n}\mathrm{d}s\\&=\int_{\tau(t)}\rho\boldsymbol{f}\cdot\boldsymbol{v}\mathrm{d}\tau+\int_{S(t)}\boldsymbol{p}_n\cdot\boldsymbol{v}\mathrm{d}s-\int_{S(t)}\boldsymbol{q}\cdot\boldsymbol{n}\mathrm{d}s+\int_{\tau(t)}\rho q_0\mathrm{d}\tau\end{aligned} \tag{3.2-16}$$

式（3.2-16）为积分形式的能量方程。

由奥高公式，有

$$\int_{S(t)}\rho\left(\frac{\boldsymbol{v}\cdot\boldsymbol{v}}{2}+\varepsilon\right)\boldsymbol{v}\cdot\boldsymbol{n}\mathrm{d}s=\int_{\tau(t)}\nabla\cdot\left[\rho\left(\frac{\boldsymbol{v}\cdot\boldsymbol{v}}{2}+\varepsilon\right)\boldsymbol{v}\right]\mathrm{d}\tau$$

$$\int_{S(t)}\boldsymbol{p}_n\cdot\boldsymbol{v}\mathrm{d}s=\int_{S(t)}\boldsymbol{n}\cdot\boldsymbol{P}\cdot\boldsymbol{v}\mathrm{d}s=\int_{\tau(t)}\nabla\cdot(\boldsymbol{P}\cdot\boldsymbol{v})\mathrm{d}\tau,$$

$$-\int_{S(t)}\boldsymbol{q}\cdot\boldsymbol{n}\mathrm{d}s=-\int_{\tau(t)}\nabla\cdot\boldsymbol{q}\mathrm{d}\tau$$

式（3.2-16）可表示为

$$\int_{\tau(t)}\left\{\frac{\partial}{\partial t}\rho\left(\frac{\boldsymbol{v}\cdot\boldsymbol{v}}{2}+\varepsilon\right)+\nabla\cdot\left[\rho\left(\frac{\boldsymbol{v}\cdot\boldsymbol{v}}{2}+\varepsilon\right)\boldsymbol{v}\right]\right\}\mathrm{d}\tau=\int_{\tau(t)}[\rho\boldsymbol{f}\cdot\boldsymbol{v}+\nabla\cdot(\boldsymbol{P}\cdot\boldsymbol{v})-\nabla\cdot\boldsymbol{q}+\rho q_0]\mathrm{d}\tau$$

其中

$$\frac{\partial}{\partial t}\rho\left(\frac{\boldsymbol{v}\cdot\boldsymbol{v}}{2}+\varepsilon\right)+\nabla\cdot\left[\rho\left(\frac{\boldsymbol{v}\cdot\boldsymbol{v}}{2}+\varepsilon\right)\boldsymbol{v}\right]$$

$$=\rho\frac{\partial}{\partial t}\left(\frac{\boldsymbol{v}\cdot\boldsymbol{v}}{2}+\varepsilon\right)+\left(\frac{\boldsymbol{v}\cdot\boldsymbol{v}}{2}+\varepsilon\right)\frac{\partial\rho}{\partial t}+\left(\frac{\boldsymbol{v}\cdot\boldsymbol{v}}{2}+\varepsilon\right)\nabla\cdot(\rho\boldsymbol{v})+\rho\boldsymbol{v}\cdot\nabla\left(\frac{\boldsymbol{v}\cdot\boldsymbol{v}}{2}+\varepsilon\right)$$

根据连续性方程$\frac{\partial\rho}{\partial t}+\nabla\cdot(\rho\boldsymbol{v})=0$，上式化简为

$$\frac{\partial}{\partial t}\rho\left(\frac{\boldsymbol{v}\cdot\boldsymbol{v}}{2}+\varepsilon\right)+\nabla\cdot\left[\rho\left(\frac{\boldsymbol{v}\cdot\boldsymbol{v}}{2}+\varepsilon\right)\boldsymbol{v}\right]=\rho\frac{\partial}{\partial t}\left(\frac{\boldsymbol{v}\cdot\boldsymbol{v}}{2}+\varepsilon\right)+\rho\boldsymbol{v}\cdot\nabla\left(\frac{\boldsymbol{v}\cdot\boldsymbol{v}}{2}+\varepsilon\right)=\rho\frac{\mathrm{d}}{\mathrm{d}t}\left(\frac{\boldsymbol{v}\cdot\boldsymbol{v}}{2}+\varepsilon\right)$$

于是有

$$\int_{\tau(t)}\rho\frac{\mathrm{d}}{\mathrm{d}t}\left(\frac{\boldsymbol{v}\cdot\boldsymbol{v}}{2}+\varepsilon\right)\mathrm{d}\tau=\int_{\tau(t)}[\rho\boldsymbol{f}\cdot\boldsymbol{v}+\nabla\cdot(\boldsymbol{P}\cdot\boldsymbol{v})-\nabla\cdot\boldsymbol{q}+\rho q_0]\mathrm{d}\tau$$

考虑到 τ 的任意性，上式满足

$$\rho\frac{\mathrm{d}}{\mathrm{d}t}\left(\frac{\boldsymbol{v}\cdot\boldsymbol{v}}{2}+\varepsilon\right)=\rho\boldsymbol{f}\cdot\boldsymbol{v}+\nabla\cdot(\boldsymbol{P}\cdot\boldsymbol{v})-\nabla\cdot\boldsymbol{q}+\rho q_0$$

不考虑热辐射有 $q_0=0$，又因为边界热传导 $\boldsymbol{q}=-k\nabla T$ 有

$$\rho\frac{\mathrm{d}}{\mathrm{d}t}\left(\frac{\boldsymbol{v}\cdot\boldsymbol{v}}{2}+\varepsilon\right)=\rho\boldsymbol{f}\cdot\boldsymbol{v}+\nabla\cdot(\boldsymbol{P}\cdot\boldsymbol{v})+\nabla\cdot(k\nabla T)\tag{3.2-17}$$

式（3.2-17）为微分形式的能量方程。

速度 $\boldsymbol{v}$ 点乘动量方程式（3.2-6），有

$$\boldsymbol{v}\cdot\rho\frac{\mathrm{d}}{\mathrm{d}t}\boldsymbol{v}=\boldsymbol{v}\cdot\rho\boldsymbol{f}+\boldsymbol{v}\cdot\nabla\cdot\boldsymbol{P}$$

由于

$$\nabla\cdot(\boldsymbol{P}\cdot\boldsymbol{v})=\boldsymbol{e}_i\frac{\partial}{\partial x_i}\cdot(P_{mn}\boldsymbol{e}_m\boldsymbol{e}_n\cdot v_j\boldsymbol{e}_j)=\boldsymbol{e}_i\frac{\partial}{\partial x_i}\cdot(P_{mj}v_j\boldsymbol{e}_m)=\frac{\partial(P_{ij}v_j)}{\partial x_i}=\frac{\partial P_{ij}}{\partial x_i}v_j+P_{ij}\frac{\partial v_j}{\partial x_i}$$

$$\boldsymbol{v}\cdot(\nabla\cdot\boldsymbol{P})=v_j\boldsymbol{e}_j\cdot\left(\boldsymbol{e}_i\frac{\partial}{\partial x_i}\cdot P_{mn}\boldsymbol{e}_m\boldsymbol{e}_n\right)=v_j\boldsymbol{e}_j\cdot\frac{\partial}{\partial x_i}P_{in}\boldsymbol{e}_n=v_j\frac{\partial P_{ij}}{\partial x_i}$$

$$\boldsymbol{P}:\boldsymbol{D}=P_{in}\boldsymbol{e}_i\boldsymbol{e}_n:D_{mj}\boldsymbol{e}_j\boldsymbol{e}_m=P_{ij}\boldsymbol{e}_i\cdot D_{mj}\boldsymbol{e}_m=P_{ij}D_{ij}=P_{ij}\frac{\partial v_j}{\partial x_i}$$

其中，“:”表示 P 和 S 求两次点积，整理上述表达式，有

$$\nabla\cdot(\boldsymbol{P}\cdot\boldsymbol{v})=\boldsymbol{v}\cdot(\nabla\cdot\boldsymbol{P})+\boldsymbol{P}:\boldsymbol{D}$$

于是

$$\rho\frac{\mathrm{d}\varepsilon}{\mathrm{d}t}=\boldsymbol{P}:\boldsymbol{D}+\nabla\cdot(k\nabla T)\tag{3.2-18}$$

考虑斯托克斯流体的本构关系，有

$$\boldsymbol{P}=2\mu\boldsymbol{D}-\left(p+\frac{2}{3}\mu\nabla\cdot\boldsymbol{v}\right)\boldsymbol{I}$$

有

$$\boldsymbol{P}:\boldsymbol{D}=\left[2\mu\boldsymbol{D}-\left(p+\frac{2}{3}\mu\nabla\cdot\boldsymbol{v}\right)\mathbf{I}\right]:\boldsymbol{D}=2\mu\boldsymbol{D}:\boldsymbol{D}-p\nabla\cdot\boldsymbol{v}-\frac{2\mu}{3}(\nabla\cdot\boldsymbol{v})^2=-p\nabla\cdot\boldsymbol{v}+\varphi$$

其中

$$\varphi=2\mu\boldsymbol{D}:\boldsymbol{D}-\frac{2\mu}{3}(\nabla\cdot\boldsymbol{v})^2=2\mu\left[\left(\frac{\partial u}{\partial x}\right)^2+\left(\frac{\partial v}{\partial y}\right)^2+\left(\frac{\partial w}{\partial z}\right)^2+\frac{1}{2}\left(\frac{\partial u}{\partial y}+\frac{\partial v}{\partial x}\right)^2+\frac{1}{2}\left(\frac{\partial v}{\partial z}+\frac{\partial w}{\partial y}\right)^2+\frac{1}{2}\left(\frac{\partial w}{\partial x}+\frac{\partial u}{\partial z}\right)^2\right]-\frac{2\mu}{3}\left(\frac{\partial u}{\partial x}+\frac{\partial v}{\partial y}+\frac{\partial w}{\partial z}\right)^2\geqslant 0$$

式（3.2-18）表示为

$$\rho\frac{\mathrm{d}\varepsilon}{\mathrm{d}t}+p\nabla\cdot\boldsymbol{v}=\nabla\cdot(k\nabla T)+\varphi \tag{3.2-19}$$

这表明，可转换为内能的一部分功 $\boldsymbol{P}:\boldsymbol{D}$ 分为两部分，与黏性有关的一部分为 φ，由于 $\varphi\geqslant 0$，说明功总是被耗散的，即黏性应力所做的功总是不断地转换成热，并由热转化成内能，这一转化是不可逆的。因此在流体力学中称 φ 为耗散功，或耗散函数。与此不同，$-p\nabla\cdot\boldsymbol{v}$ 这一部分功，表示流体压缩（$\nabla\cdot\boldsymbol{v}<0$）或膨胀（$\nabla\cdot\boldsymbol{v}>0$）时压强 p 所做的功：压缩时，功转为内能；膨胀时，内能转为功，即它们的转化是可逆的。

3. 能量定理积分方程

能量变化率 $\frac{\mathrm{d}E}{\mathrm{d}t}=\frac{\mathrm{d}}{\mathrm{d}t}W+Q$，其中 $\frac{\mathrm{d}}{\mathrm{d}t}W$ 表示力做功的功率，包括三部分，即

$$\frac{\mathrm{d}}{\mathrm{d}t}W=\frac{\mathrm{d}W_m}{\mathrm{d}t}+\frac{\mathrm{d}W_b}{\mathrm{d}t}+\frac{\mathrm{d}W_s}{\mathrm{d}t}$$

其中 $\frac{\mathrm{d}W_m}{\mathrm{d}t}$ 为每单位时间外界对控制体所做的机械功，$\frac{\mathrm{d}W_b}{\mathrm{d}t}=\int_\tau\rho\boldsymbol{F}_{b1}\cdot\boldsymbol{v}\mathrm{d}\tau$ 为每单位时间质量力 $\rho\boldsymbol{F}_{b1}$ 所做的功，$\frac{\mathrm{d}W_s}{\mathrm{d}t}=\int_S\boldsymbol{p}_n\cdot\boldsymbol{v}\mathrm{d}s$ 为每单位时间面积力所做的功。当质量力 $\rho\boldsymbol{F}_{b1}$ 为重力时，有

$$\frac{\mathrm{d}W_b}{\mathrm{d}t}=\int_\tau\rho\boldsymbol{F}_{b1}\cdot\boldsymbol{v}\mathrm{d}\tau=\int_\tau\rho\boldsymbol{g}\cdot\frac{\mathrm{d}\boldsymbol{y}}{\mathrm{d}t}\mathrm{d}\tau=\int_\tau\frac{\mathrm{d}}{\mathrm{d}t}(-\rho gy)\mathrm{d}\tau=-\frac{\mathrm{d}}{\mathrm{d}t}\int_\tau(\rho gy)\mathrm{d}\tau$$

忽略切向表面力所做的功，面积力所做的功为

$$\frac{\mathrm{d}W_s}{\mathrm{d}t}=-\int p\boldsymbol{n}\cdot\boldsymbol{v}\mathrm{d}s=-\int_S\frac{p}{\rho}\rho\boldsymbol{n}\cdot\boldsymbol{v}\mathrm{d}s$$

于是

$$\frac{\mathrm{d}E(t)}{\mathrm{d}t}=\frac{\mathrm{d}}{\mathrm{d}t}\int_{\tau(t)}\rho\left(\frac{\boldsymbol{v}\cdot\boldsymbol{v}}{2}+\varepsilon\right)\mathrm{d}\tau=Q+\frac{\mathrm{d}W_m}{\mathrm{d}t}+\frac{\mathrm{d}W_b}{\mathrm{d}t}+\frac{\mathrm{d}W_s}{\mathrm{d}t}=Q+\frac{\mathrm{d}W_m}{\mathrm{d}t}-\frac{\mathrm{d}}{\mathrm{d}t}\int_\tau(\rho gy)\mathrm{d}\tau-\int_S\frac{p}{\rho}\rho\boldsymbol{n}\cdot\boldsymbol{v}\mathrm{d}s$$

整理得

$$\frac{\mathrm{d}}{\mathrm{d}t}\int_{\tau(t)}\rho\left(\frac{\boldsymbol{v}\cdot\boldsymbol{v}}{2}+\varepsilon+gy\right)\mathrm{d}\tau=Q+\frac{\mathrm{d}W_m}{\mathrm{d}t}-\int_S\frac{p}{\rho}\rho\boldsymbol{n}\cdot\boldsymbol{v}\mathrm{d}s \tag{3.2-20}$$

定义 $\varepsilon_s=\frac{1}{2}v^2+gy+\varepsilon$，等式右端三项分别表示动能、势能和内能之和，有

$$Q+\frac{\mathrm{d}}{\mathrm{d}t}W_m=\int_{\tau(t)}\frac{\partial}{\partial t}\rho\varepsilon_s\mathrm{d}\tau+\int_{S(t)}\rho\left(\varepsilon_s+\frac{p}{\rho}\right)\boldsymbol{v}\cdot\boldsymbol{n}\mathrm{d}s \tag{3.2-21}$$

假设运动为定常，有

$$Q + \frac{\mathrm{d}}{\mathrm{d}t}W_m = \int_{S(t)} \rho\left(\varepsilon_s + \frac{p}{\rho}\right)\boldsymbol{v} \cdot \boldsymbol{n}\mathrm{d}s \tag{3.2-22}$$

3.2.4　标量输运方程

许多工程技术领域都会遇到流体中含有物质的传输和散布问题，特别是在环境工程中，工业和生活中排放的污染物在大气内和河水域内的浓度分布更是环境保护规划设计所依据的重要资料。这就涉及表征物质扩散的质量输运。

1. 质量输运

当流体的密度分布不均匀时，流体的质量就会从高密度区迁移到低密度区，这种现象称为扩散现象。在单组分流体中，由于其自身密度差所引起的扩散，称为自扩散；在多种组分的混合介质中，由于各组分的各自密度差在另一组分中所引起的扩散，称为互扩散。1955年，菲克（A. Fick）首先发表了双组分混合物扩散的实验结果（一维定常菲克第一扩散定律）：

$$\boldsymbol{j}_{AinB} = -D_{AinB}\frac{\mathrm{d}\rho_A}{\mathrm{d}y} \tag{3.2-23}$$

$\boldsymbol{j}_{AinB}$和D_{AinB}分别为组分A在组分B中单位面积的质量流量和扩散系数。当密度呈空间三维不均匀分布，且介质的质量扩散为各向同性时，单位面积的质量流量矢量为

$$\boldsymbol{j}_{AinB} = -D_{AinB}\nabla\rho_A \tag{3.2-24}$$

对于同种组分，则用该组分单位面积的质量流量$\boldsymbol{j}$和扩散系数D分别替换表达式中的$\boldsymbol{j}_{AinB}$和D_{AinB}，即$\boldsymbol{j} = -D\dfrac{\mathrm{d}\rho}{\mathrm{d}y}$。$D$的单位为$\mathrm{m^2/s}$。一般液体中的扩散系数比气体中的小几个数量级。与传热现象类似，传质现象除分子输运以外，还有对流传质，并且根据流动的性质分为受迫对流传质与自由对流传质。

与热传导类似，定义扩散系数的二阶张量为$\boldsymbol{D} = D_{ij}\boldsymbol{e}_i \otimes \boldsymbol{e}_j$，于是有

$$\boldsymbol{j} = -\boldsymbol{D} \cdot \nabla\rho = -D_{ij}\boldsymbol{e}_i \otimes \boldsymbol{e}_j \cdot \frac{\partial\rho}{\partial x_k}\boldsymbol{e}_k = -D_{ij}\frac{\partial\rho}{\partial x_j}\boldsymbol{e}_i \tag{3.2-25}$$

对于各向同性物质，有$\boldsymbol{D} = D\delta_{ij}\boldsymbol{e}_i \otimes \boldsymbol{e}_j$，则

$$\boldsymbol{j} = -D\delta_{ij}\boldsymbol{e}_i \otimes \boldsymbol{e}_j \cdot \frac{\partial\rho}{\partial x_k}\boldsymbol{e}_k = -D\frac{\partial\rho}{\partial x_i}\boldsymbol{e}_i = -D\,\nabla\rho \tag{3.2-26}$$

这节的能量输运、质量输运方程以及3.1节的牛顿黏性定律式（3.1-18）分别对应流体的导热、扩散和黏滞现象，三种输运过程的微观机理具有相似性，都是通过分子的热运动及分子的相互碰撞输运表达了它们所具有的宏观性质，使不平衡状态趋于平衡状态。此三种输运过程均是不可逆过程，这些分子输运现象主要在层流流动中考虑，一旦流动为湍流，由于湍流输运能力远大于分子输运，此时的分子输运可以被忽略。

2. 标量输运方程分析

环境流体中经常要分析污染物的分布，也就是污染物在大气或水流中的浓度分布。取封闭物质体系的某物质的总量$\int_{\tau(t)} c\mathrm{d}\tau$。类似能量方程，物质量的变化率为

$$\frac{\mathrm{d}}{\mathrm{d}t}\int_{\tau(t)} c\mathrm{d}\tau = -\int_{S(t)} \boldsymbol{F}_c \cdot \boldsymbol{n}\mathrm{d}s + \int_{\tau(t)} q\mathrm{d}\tau$$

等式右端第一项表示由物质扩散引起物质总量的改变，第二项表示物质生成（如化学反应、生化反应生成的新的物质量）的影响。根据雷诺输运定理（式（2.3-16）中取 $\boldsymbol{\phi}=c$），并由菲克第一扩散定律式（3.2-26），有

$$\frac{\mathrm{d}}{\mathrm{d}t}\int_{\tau(t)} c\mathrm{d}\tau = \int_{\tau(t)} \frac{\partial}{\partial t}c\mathrm{d}\tau + \int_{S(t)} c\boldsymbol{v}\cdot\boldsymbol{n}\mathrm{d}s = \int_{S(t)} D\nabla c\cdot\boldsymbol{n}\mathrm{d}s + \int_{\tau(t)} q\mathrm{d}\tau \tag{3.2-27}$$

式（3.2-27）为积分形式的传质方程。

由奥高公式，有

$$\int_{S(t)} c\boldsymbol{v}\cdot\boldsymbol{n}\mathrm{d}s = \int_{\tau(t)} \nabla\cdot(c\boldsymbol{v})\mathrm{d}\tau$$

$$\int_{S(t)} D\nabla c\cdot\boldsymbol{n}\mathrm{d}s = \int_{\tau(t)} \nabla\cdot(D\nabla c)\mathrm{d}\tau$$

式（3.2-27）可表示为

$$\int_{\tau(t)}\left\{\frac{\partial c}{\partial t} + \nabla\cdot(c\boldsymbol{v})\right\}\mathrm{d}\tau = \int_{\tau(t)}[\nabla\cdot(D\nabla c) + q]\mathrm{d}\tau$$

由于 τ 的任意性，上式左右两端的积分算子一定相等，即

$$\frac{\partial c}{\partial t}+\nabla\cdot(c\boldsymbol{v})=\frac{\partial c}{\partial t}+\boldsymbol{v}\cdot\nabla c+c\nabla\cdot\boldsymbol{v}=\nabla\cdot(D\nabla c)+q \tag{3.2-28}$$

式（3.2-28）为微分形式的传质方程。

当流体不可压缩且扩散系数 D 为常数时，有

$$\frac{\partial c}{\partial t}+\nabla\cdot(c\boldsymbol{v})=\frac{\mathrm{d}c}{\partial t}=D\nabla^2 c+q \tag{3.2-29}$$

3.3 状态方程

3.3.1 热力学方程

状态方程是描述平衡态热力学特性的方程，状态参量有 ρ，p，T 等，对于均匀物质，流体密度的大小，除依赖于流体的种类外，通常还决定于压强和温度，因此，对于同一流体，密度表示为压强、温度的函数，记为 $\rho=\rho(p,T)$。状态方程必须通过实验来确定，或者由统计物理学的理论来推导，如对完全气体有

$$p=\rho RT \tag{3.3-1}$$

对于多组分的理想气体，如空气，道尔顿根据实验，总结出下列结论：某一气体在气体混合物中产生的分压等于在相同温度下它单独占有整个容器时所产生的压力；而气体混合物的总压强等于其中各气体分压之和，这就是气体分压定律（law of partial pressure），即

$$p=p_1+p_2+p_3+\cdots \tag{3.3-2}$$

密度的改变量为

$$\mathrm{d}\rho=\frac{\partial\rho}{\partial p}\mathrm{d}p+\frac{\partial\rho}{\partial T}\mathrm{d}T=\rho\gamma_T\mathrm{d}p-\rho\beta\mathrm{d}T \tag{3.3-3}$$

其中，$\gamma_T=\frac{1}{\rho}\left(\frac{\partial\rho}{\partial p}\right)_T$ 称为等温压缩系数，表示在一定温度下压强增加一个单位时，流体密度的相对增加率。流体力学中还定义了比容：比容是密度的倒数，即单位质量流体所占有的体积，以符号 v 表示，$v=\frac{1}{\rho}$，于是 $\gamma_T=-\frac{1}{v}\left(\frac{\partial v}{\partial p}\right)_T$。$\beta=-\frac{1}{\rho}\left(\frac{\partial\rho}{\partial T}\right)_p$ 称为热膨胀系数，表示在一定压强下，温度增加1K时流体密度的相对减小率，也可表示过比容的函数 $\beta=\frac{1}{v}\left(\frac{\partial v}{\partial T}\right)_p$。

【例3-2】 在常温下，水的 $\gamma_T=4.9\times10^{-10}\text{m}^2/\text{N}$，求在100atm下，水的密度改变率。

由 $\gamma_T=\frac{1}{\rho}\left(\frac{\partial\rho}{\partial p}\right)=\frac{1}{\rho}\frac{\partial\rho}{\partial p}$，得 $\gamma_T\partial p=\frac{\partial\rho}{\rho}$

两边积分得

$$\gamma_T\Delta p=\ln\left(\frac{\rho+\Delta\rho}{\rho}\right)=\ln\left(1+\frac{\Delta\rho}{\rho}\right)=\sum_{n=1}^{\infty}\frac{(-1)^{n+1}}{n}\left(\frac{\Delta\rho}{\rho}\right)^n$$

由 $\gamma_T\Delta p=4.9\times10^{-10}\times100\times1.01\times10^5\approx0.5\%$，可见 $\frac{\Delta\rho}{\rho}$ 是个小量，于是忽略 $\frac{\Delta\rho}{\rho}$ 高阶项，$\sum_{n=1}^{\infty}\frac{(-1)^{n+1}}{n}\left(\frac{\Delta\rho}{\rho}\right)^n\approx\frac{\Delta\rho}{\rho}$，即 $\frac{\Delta\rho}{\rho}\approx\gamma_T\Delta p\approx0.5\%$。

【例3-3】 在1atm下，$T=273.15\text{K}$ 时，水的比容 $v=1/1000\text{m}^3/\text{kg}$，$T=373.15\text{K}$ 时，水的比容 $v=1.044/1000\text{m}^3/\text{kg}$，求温度从273.15K变化到373.15K时水的密度改变率。

$T=273.15\text{K}$ 时，$\rho=1/v=10^3\text{kg/m}^3$；$T=373.15\text{K}$ 时，$\rho=1/v=957.8\text{kg/m}^3$，于是 $\frac{\text{d}\rho}{\rho}=\frac{1000-957.8}{1000}=4.21\%$。

液体的密度通常视为常数，$\rho-\rho_0$ 为小量，根据

$$\beta=-\frac{1}{\rho}\frac{\partial\rho}{\partial T}=-\frac{1}{\partial T}\left(\frac{\partial\rho}{\rho}\right)_P$$

积分得

$$-\beta(T-T_0)=\ln\frac{\rho}{\rho_0}=\ln\left(1+\frac{\rho-\rho_0}{\rho_0}\right)$$

当 $\rho-\rho_0$ 为小量时，可以近似得到

$$-\beta(T-T_0)=\frac{\rho-\rho_0}{\rho_0}\tag{3.3-4}$$

即密度改变量与温度改变量成比例关系。

【例3-4】 对于完全气体，求等温压缩系数和热膨胀系数。

根据完全气体状态方程 $p=\rho RT$（其中 R 为气体常数，对于空气，$R=287\text{J/kg}\cdot\text{K}$），有

$$\gamma_T=\frac{1}{\rho}\left(\frac{\partial\rho}{\partial p}\right)=\frac{1}{\rho}\frac{1}{RT}=\frac{1}{p}$$

$$\beta=-\frac{1}{\rho}\left(\frac{\partial\rho}{\partial T}\right)_p=-\frac{1}{\rho}\frac{d\left(\frac{p}{RT}\right)}{dT}=\frac{p}{\rho RT^2}=\frac{\rho RT}{\rho RT^2}=\frac{1}{T}$$

当密度只是压强的函数时 $\rho=\rho(p)$，流体为正压流体，否则为斜压流体。常见的密度（在 1atm 下）：4℃时水的密度 $\rho=1000\text{kg/m}^3$，20℃时空气的密度 $\rho=1.2\text{kg/m}^3$。

流体在外力作用下，其体积或密度可以改变的性质称为可压缩性，流体在温度改变时，其体积或密度可以改变的性质称为热膨胀性。

3.3.2 完全气体的内能

1. 完全气体内能与等容比热

完全气体的内能是比容 v，温度 T 的函数：$\varepsilon=\varepsilon(v,T)$，于是

$$\mathrm{d}\varepsilon=\frac{\partial\varepsilon}{\partial T}\mathrm{d}T+\frac{\partial\varepsilon}{\partial v}\mathrm{d}v$$

对于单位质量流体而言，可逆过程的热力学第一定律为

$$T\mathrm{d}S=\mathrm{d}Q=\mathrm{d}\varepsilon+p\mathrm{d}v$$

其中，S 称为熵，$\mathrm{d}Q$ 为传给单位质量流体的总热量，$\mathrm{d}\varepsilon$ 为单位质量流体内能的增量，$p\mathrm{d}v$ 是流体因膨胀对外界做的功，显然 S 也是 v、T 的函数，于是

$$\mathrm{d}S=\frac{\partial S}{\partial T}\mathrm{d}T+\frac{\partial S}{\partial v}\mathrm{d}v=\frac{1}{T}(\mathrm{d}\varepsilon+p\mathrm{d}v)=\frac{\partial\varepsilon}{T\partial T}\mathrm{d}T+\frac{1}{T}\left(\frac{\partial\varepsilon}{\partial v}+p\right)\mathrm{d}v$$

即 $\frac{\partial S}{\partial T}=\frac{\partial\varepsilon}{T\partial T}$，$\frac{\partial S}{\partial v}=\frac{1}{T}\left(\frac{\partial\varepsilon}{\partial v}+p\right)$。根据全微分 Swartz 定理，混合导数 $\frac{\partial}{\partial v}\frac{\partial S}{\partial T}=\frac{\partial}{\partial T}\frac{\partial S}{\partial v}$

又由于 $p=\rho RT\Rightarrow\frac{p}{T}=\rho R=\frac{R}{v}$（与 T 无关），于是有

$$\frac{\partial}{\partial v}\left(\frac{\partial\varepsilon}{T\partial T}\right)=\frac{\partial}{\partial T}\left[\frac{1}{T}\left(\frac{\partial\varepsilon}{\partial v}+p\right)\right]=\frac{\partial}{\partial T}\left(\frac{1}{T}\ \frac{\partial\varepsilon}{\partial v}+\frac{R}{v}\right)=\frac{\partial}{\partial T}\left(\frac{1}{T}\ \frac{\partial\varepsilon}{\partial v}\right)=\frac{1}{T}\ \frac{\partial}{\partial T}\ \frac{\partial\varepsilon}{\partial v}-\frac{1}{T^2}\ \frac{\partial\varepsilon}{\partial v}$$

由于 $\frac{\partial}{\partial v}\left(\frac{\partial\varepsilon}{T\partial T}\right)=\frac{\partial}{T\partial v}\left(\frac{\partial\varepsilon}{\partial T}\right)=\frac{\partial}{T\partial T}\ \frac{\partial\varepsilon}{\partial v}$，于是有 $\frac{1}{T^2}\ \frac{\partial\varepsilon}{\partial v}=0$，说明 ε 与 v 无关，即 $\varepsilon=\varepsilon(T)$，定义等容比热 C_V，有

$$\varepsilon=\int C_V\mathrm{d}T\Rightarrow\varepsilon=C_VT \tag{3.3-5}$$

当温度变化范围不大时，C_V 可以认为是常数。于是内能方程式（3.2-16）可表示为

$$\rho C_V\frac{\mathrm{d}T}{\mathrm{d}t}+p\nabla\cdot\boldsymbol{v}=\nabla\cdot(k\nabla T)+\varphi \tag{3.3-6}$$

2. 焓表示的完全气体内能与等压比热

定义焓 $i=\varepsilon+pv=\varepsilon+\frac{p}{\rho}=\varepsilon+RT=i(T)$，于是

$$\rho\frac{\mathrm{d}\varepsilon}{\mathrm{d}t}=\rho\frac{\mathrm{d}\left(i-\frac{p}{\rho}\right)}{\mathrm{d}t}=\rho\frac{\mathrm{d}i}{\mathrm{d}t}-\rho\frac{p}{-\rho^2}\frac{\mathrm{d}\rho}{\mathrm{d}t}-\rho\frac{1}{\rho}\frac{\mathrm{d}p}{\mathrm{d}t}=\rho\frac{\mathrm{d}i}{\mathrm{d}t}+\frac{p}{\rho}\frac{\mathrm{d}\rho}{\mathrm{d}t}-\frac{\mathrm{d}p}{\mathrm{d}t}$$

考虑能量方程 $\rho\frac{\mathrm{d}\varepsilon}{\mathrm{d}t}+p\nabla\cdot\boldsymbol{v}=\nabla\cdot(k\nabla T)+\varphi$ 和连续性方程 $\frac{\mathrm{d}\rho}{\mathrm{d}t}+\rho\nabla\cdot\boldsymbol{v}=0$，有

$$\rho\frac{\mathrm{d}\varepsilon}{\mathrm{d}t}+p\nabla\cdot\boldsymbol{v}=\rho\frac{\mathrm{d}i}{\mathrm{d}t}+\frac{p}{\rho}\frac{\mathrm{d}\rho}{\mathrm{d}t}-\frac{\mathrm{d}p}{\mathrm{d}t}-\frac{p}{\rho}\frac{\mathrm{d}\rho}{\mathrm{d}t}=\rho\frac{\mathrm{d}i}{\mathrm{d}t}-\frac{\mathrm{d}p}{\mathrm{d}t}=\nabla\cdot(k\nabla T)+\varphi$$

即

$$\rho\frac{\mathrm{d}i}{\mathrm{d}t}=\frac{\mathrm{d}p}{\mathrm{d}t}+\nabla\cdot(k\nabla T)+\varphi$$

定义等压比热为

$$C_p=\frac{\mathrm{d}i}{\mathrm{d}T}=\frac{\mathrm{d}\varepsilon}{\mathrm{d}T}+\left[\frac{\mathrm{d}\left(\frac{p}{\rho}\right)}{\mathrm{d}T}\right]_p=C_V+\left[\frac{\mathrm{d}\left(\frac{\rho RT}{\rho}\right)}{\mathrm{d}T}\right]_p=C_V+R \tag{3.3-7}$$

于是，有

$$\rho C_p\frac{\mathrm{d}T}{\mathrm{d}t}=\frac{\mathrm{d}p}{\mathrm{d}t}+\nabla\cdot(k\nabla T)+\varphi \tag{3.3-8}$$

3.3.3 等熵过程（理想绝热）

根据可逆过程的热力学第一定律 $T\mathrm{d}S=\mathrm{d}Q=\mathrm{d}\varepsilon+p\mathrm{d}v$，有

$$\mathrm{d}S=\frac{\mathrm{d}\varepsilon}{T}+\frac{p\mathrm{d}v}{T}=\frac{\mathrm{d}\varepsilon}{T}+\frac{\rho RT\mathrm{d}v}{T}=\frac{\mathrm{d}\varepsilon}{T}+\rho R\mathrm{d}v=\frac{C_V}{T}\mathrm{d}T+\frac{R}{v}\mathrm{d}v$$

根据式（3.3-7），有 $\mathrm{d}S=\frac{C_V}{T}\mathrm{d}T+C_V\left(\frac{C_p}{C_V}-1\right)\frac{\mathrm{d}v}{v}$，令 $\gamma=\frac{C_p}{C_V}$，积分得

$$S=C_V[\ln T+(\gamma-1)\ln v]+\text{常数}=C_V\ln Tv^{\gamma-1}+\text{常数}=C_V\ln\frac{p}{R}v^{\gamma}+\text{常数}=C_V\ln\frac{p}{\rho^{\gamma}}+\text{常数}$$

等熵过程（理想绝热），$S=$常数，有 $C_V\ln\frac{p}{\rho^{\gamma}}=$常数，即

$$\frac{p}{\rho^{\gamma}}=\text{常数} \tag{3.3-9}$$

此为理想绝热过程流体的状态方程。

用熵表示的内能方程为

$$\mathrm{d}S=\frac{\mathrm{d}\varepsilon}{T}+\frac{p\mathrm{d}v}{T}=\frac{\mathrm{d}\varepsilon}{T}+\frac{p}{T}\mathrm{d}\left(\frac{1}{\rho}\right)=\frac{\mathrm{d}\varepsilon}{T}-\frac{p}{T\rho^2}\mathrm{d}\rho$$

考虑能量方程 $\rho\frac{\mathrm{d}\varepsilon}{\mathrm{d}t}+p\nabla\cdot\boldsymbol{v}=\nabla\cdot(k\nabla T)+\varphi$ 和连续性方程 $\frac{\mathrm{d}\rho}{\mathrm{d}t}+\rho\nabla\cdot\boldsymbol{v}=0$，有

$$\rho T\frac{\mathrm{d}S}{\mathrm{d}t}=\rho\frac{\mathrm{d}\varepsilon}{\mathrm{d}t}-\frac{p}{\rho}\frac{\mathrm{d}\rho}{\mathrm{d}t}=\rho\frac{\mathrm{d}\varepsilon}{\mathrm{d}t}+p\nabla\cdot\boldsymbol{v}=\nabla\cdot(k\nabla T)+\varphi \tag{3.3-10}$$

3.4 量纲分析

3.4.1 量纲

物理量通常是用数字和单位联合表达的。目前世界上最普遍采用的标准度量系统（国际单位制 SI）中的直接物理量（基本量）有长度（米，m），质量（千克，kg），时间（秒，s），

电流（安，A），温度（开，K），发光强度（坎，cd），物质的量（摩尔，mol），其单位称为基本单位。其他的物理量（间接物理量），如速度、加速度等，它们的单位则根据其本身的物理意义，由有关基本单位组合构成，这种单位称为导出单位。例如，$\boldsymbol{v}=\frac{\mathrm{d}\boldsymbol{x}}{\mathrm{d}t}$，速度的单位则由位移 $\boldsymbol{x}$ 的单位（m）除以时间的单位（s）得出，即为ms^{-1}。

量纲分析是在一定物理过程中，寻求某些物理量之间的规律性联系的一种方法。力学中的物理量主要有时间（t）、长度（L）、质量（M），热力学物理量有温度（T）。力学中，一切导出量的量纲都是这些基本量的幂组合，即为 $L^{\alpha}M^{\beta}t^{n}T^{\gamma}$，其中 α，β，γ，n 为量纲指数。量纲理论的基本出发点是在一定物理过程中，表达物理规律的函数关系式或方程式必定是“量纲齐次”的，即式中各项的量纲指数都分别相同。它包括以下两点内容：（1）所有单位制在描述客观物理规律时具有同等的效力；（2）任何表示客观物理规律的数学关系式，经过测量单位制的变换后，其数学形式不变。例如，牛顿第二定律 $\boldsymbol{F}=m\boldsymbol{a}=\frac{\mathrm{d}(m\boldsymbol{v})}{\mathrm{d}t}$，力的单位可以由$[\boldsymbol{F}]=[m][\boldsymbol{a}]=MLt^{-2}$导出，也可由$\frac{[m][\boldsymbol{v}]}{[t]}=\frac{MLt^{-1}}{T}=MLt^{-2}$导出，两者的结果是一致的。

【例 3-5】 通过能量方程 $\rho C_p\frac{\mathrm{d}T}{\mathrm{d}t}=\frac{\mathrm{d}p}{\mathrm{d}t}+\nabla\cdot(k\nabla t)+\varphi$，推导 C_p 和 k 的单位。

等式左侧单位为 $\left[\rho C_p\frac{\mathrm{d}T}{\mathrm{d}t}\right]=\left[\frac{M}{L^3}C_p\frac{K}{T}\right]=[C_p]\frac{MK}{L^3T}$，右侧第一项单位为 $\left[\frac{\mathrm{d}p}{\mathrm{d}t}\right]=\frac{[p]}{t}=\frac{MLt^{-2}L^{-2}}{t}=Mt^{-3}L^{-1}$

这两项的单位要一致，于是有

$$[C_p]=Mt^{-3}L^{-1}\Big/\frac{MK}{L^3t}=L^2t^{-2}T^{-1}$$

同理，右式第二项单位$[\nabla\cdot(k\nabla t)]=[k]TL^{-2}$，于是

$$[k]=Mt^{-3}L^{-1}/TL^{-2}=MLt^{-3}T^{-1}$$

【例 3-6】 已知声速 c 是压强和密度的函数 $c=c(p,\rho)$，试通过量纲齐次理论分析声速的表达式。

因为压强单位$[p]=\frac{MLt^{-2}}{L^2}=ML^{-1}t^{-2}$，密度单位$[\rho]=ML^{-3}$，两者单位不一致，因此声速不能是两者的线性加减，只能是两者的幂乘积有关的形式。定义声速单位

$$[c]=[p]^{\alpha}[\rho]^{\beta}=(ML^{-1}t^{-2})^{\alpha}(ML^{-3})^{\beta}$$

因为声速是声音的速度，它的单位一定是速度的单位，于是有

$$(ML^{-1}t^{-2})^{\alpha}(ML^{-3})^{\beta}=Lt^{-1}$$

因为 L、M、t 是相互独立的量，所以只有等式两边 L、M、t 的幂次都相同，等式才成立，即

$$\begin{cases}\alpha+\beta=0 : M\\ -\alpha-3\beta=1 : L\\ -2\alpha=-1 : t\end{cases}$$

解得

$$\alpha=\frac{1}{2},\quad \beta=-\frac{1}{2}$$

于是，有 $c\sim\sqrt{p/\rho}$，记为 $c=\sqrt{\gamma p/\rho}$。

实际上，根据声速是小扰动在可压缩物质中的传播速度，我们定义其表达式为

$$c=\sqrt{\partial p/\partial \rho}$$

对于理想绝热过程，有

$$\frac{p}{\rho^{\gamma}}=\theta^{\gamma}(\text{常数})$$

于是，由 $c=\sqrt{\dfrac{\partial p}{\partial \rho}}$，得

$$c^2=\frac{\partial p}{\partial \rho}=\frac{\partial(\theta^{\gamma}\rho^{\gamma})}{\partial \rho}=\gamma\theta^{\gamma}\rho^{\gamma-1}=\gamma\frac{p}{\rho}=\gamma Rt$$

即

$$c=\sqrt{\gamma Rt} \tag{3.4-1}$$

3.4.2　Π定理

某一物理过程的基本物理量是 k 个，有 m 个物理量 $Q_1,\cdots,Q_m$，存在着确定的函数关系 $f(Q_1,\cdots,Q_m)=0$，经过任何单位制的变换，上述关系的数学形式都保持不变，即表示 m 个变量关联的函数式一定可以简化为 $m-k$ 个无量纲变量 $\Phi(\Pi_1,\cdots,\Pi_{m-k})=0$，其中 $\Pi_1,\cdots,\Pi_{m-k}$ 是由 $Q_1,\cdots,Q_m$ 构成的 $m-k$ 个独立的无量纲参数，若该物理过程的基本单位有 n 个，则有 $k\leqslant n$，当 $k=n$ 时，问题得到最大程度的简化。

【例 3-7】 运动物体的流动阻力 D 与流动速度 U、长度 L、动力黏度 μ 和流体密度 ρ 有关，试用纲分析法构造该问题的无量纲参数，并说明物理意义。

选取流动阻力 D，流动速度 U、长度 L、动力黏度 μ 和流体密度 ρ，用量纲分析法构造量纲矩阵。

$$\begin{array}{c} \\ L \\ M \\ t \end{array}\begin{array}{c} \begin{array}{ccccc} U & L & \rho & \mu & D \end{array} \\ \begin{pmatrix} 1 & 1 & -3 & -1 & 1 \\ 0 & 0 & 1 & 1 & 1 \\ -1 & 0 & 0 & -1 & -2 \end{pmatrix} \end{array}$$

选取 L、U、ρ 为基本量，设

$$\Pi_1=L^{x_1}U^{x_2}\rho^{x_3}\mu,\quad \Pi_2=L^{x_5}U^{x_6}\rho^{x_4}D$$

于是 Π_1 的量纲为

$$[\Pi_1]=[L]^{x_1}[Lt^{-1}]^{x_2}[L^{-3}M]^{x_3}[L^{-1}Mt^{-1}]=[L]^{x_1+x_2-3x_3-1}\cdot[M]^{x_3+1}\cdot[t]^{-x_2-1}$$

根据 Π_1 是无量纲组合量的要求得到

$$\begin{cases} x_1+x_2-3x_3-1=0 \\ x_3+1=0 \\ -x_2-1=0 \end{cases}$$

可以解得

$$x_1=-1,\quad x_2=-1,\quad x_3=-1$$

所以$\Pi_1=\dfrac{\mu}{UD\rho}$是雷诺数的倒数，表示黏性力和惯性力之比。

同理，解得$\Pi_2=\dfrac{D}{\rho U^2L^2}$，表示阻力系数（阻力与惯性力的相对大小）。

【例 3-8】 有压管道流动的管壁面切应力τ_w，与流动速度U、管径D、动力黏度μ和流体密度ρ有关，试用量纲分析法构造该问题的无量纲参数，并说明物理意义。

选取壁面切应力τ_w，流动速度U、管径D、动力黏度μ和流体密度ρ，用量纲分析法构造量纲矩阵。

$$\begin{array}{c} \\ L \\ M \\ t \end{array}\begin{array}{c}\begin{array}{ccccc} D & U & \rho & \mu & \tau_w \end{array}\\ \begin{pmatrix} 1 & 1 & -3 & -1 & -1 \\ 0 & 0 & 1 & 1 & 1 \\ 0 & -1 & 0 & -1 & -2 \end{pmatrix}\end{array}$$

选取D、U、ρ为基本量，设

$$\Pi_1=D^{x_1}U^{x_2}\rho^{x_3}\mu,\quad \Pi_2=D^{x_5}U^{x_6}\rho^{x_4}\tau_w$$

于是Π_1的量纲

$$[\Pi_1]=[D]^{x_1}[Lt^{-1}]^{x_2}[L^{-3}M]^{x_3}[L^{-1}Mt^{-1}]=[D]^{x_1+x_2-3x_3-1}\cdot[M]^{x_3+1}\cdot[t]^{-x_2-1}$$

根据Π_1是无量纲组合量的要求得到

$$\begin{cases} x_1+x_2-3x_3-1=0 \\ x_3+1=0 \\ -x_2-1=0 \end{cases}$$

可以解得

$$x_1=-1,x_2=-1,x_3=-1$$

所以$\Pi_1=\dfrac{\mu}{UD\rho}$，是雷诺数的倒数，表示黏性力和惯性力之比。

根据Π_2是无量纲组合量的要求得到

$$\begin{cases} x_5+x_6-3x_4-1=0 \\ x_6+1=0 \\ -x_5-2=0 \end{cases}$$

可以解得

$$x_4=0,x_5=-2,x_6=-1$$

类似地求出$\Pi_2=\dfrac{\tau_w}{\rho U^2}$，表示剪切力与惯性力的相对大小。

3.4.3 相似性原理

对于物理量，有几何相似——对应边成比例，即$\dfrac{x_1}{L_1}=\dfrac{x_2}{L_2}$，参见几何学上的相似图形。有

运动相似——对应速度成比例，即$\dfrac{\boldsymbol{v}_1(t_1)}{U_1}=\dfrac{\boldsymbol{v}_2(t_2)}{U_2}$，以及动力相似——对应物理量成比例，即$\dfrac{f_1}{F_1}=\dfrac{f_2}{F_2}$，以上大、小写字母分别表示做比较的物理量。

对于斯托克斯流体，直角坐标系下流体的质量、动量守恒方程为

$$\frac{\partial \rho}{\partial t}+\frac{\partial}{\partial x_i}(\rho u_i)=0 \tag{3.4-2}$$

$$\frac{\partial u_i}{\partial t}+u_j\frac{\partial u_i}{\partial x_j}=-\frac{1}{\rho}\frac{\partial p}{\partial x_i}+\frac{1}{\rho}\frac{\partial}{\partial x_i}\left(-\frac{2}{3}\mu\frac{\partial u_k}{\partial x_k}\right)+\frac{1}{\rho}\frac{\partial}{\partial x_j}\left[\mu\left(\frac{\partial u_i}{\partial x_j}+\frac{\partial u_j}{\partial x_i}\right)\right]+f_i \tag{3.4-3}$$

取特征物理量 L，t_0，ρ_0，p_0，令 $x_i'=\dfrac{x_i}{L}$，$t'=\dfrac{t}{t_0}$，$\rho'=\dfrac{\rho}{\rho_0}$，$u_i'=\dfrac{u_i}{U}$，$p'=\dfrac{p}{\rho_0 p_0}$，$T'=\dfrac{T-T_\infty}{T_w-T_\infty}$，$T_w$、$T_\infty$ 分别为壁面和无穷远处温度。这些都是无量纲量，在重力场中，$\boldsymbol{f}=\boldsymbol{g}$，$\mu$ 与 $\boldsymbol{x}$ 无关。

将无量纲量代入式（3.4-2），得到

$$\frac{\rho_0}{t_0}\frac{\partial \rho'}{\partial t'}+\frac{\rho_0 U}{L}\frac{\partial}{\partial x_i'}(\rho' u_i')=0$$

等式两边除以$\dfrac{\rho_0 U}{L}$，有

$$\frac{L}{Ut_0}\frac{\partial \rho'}{\partial t'}+\frac{\partial}{\partial x_i'}(\rho' u_i')=0 \tag{3.4-4}$$

将无量纲量代入式（3.4-3），得到

$$\frac{U}{t_0}\frac{\partial u_i'}{\partial t'}+\frac{U^2}{L}u_j'\frac{\partial u_i'}{\partial x_j'}=-\frac{\rho_0 U^2}{\rho_0 L}\frac{1}{\rho'}\frac{\partial p'}{\partial x_i'}+\frac{U\mu}{\rho_0 L^2}\left[\frac{1}{\rho'}\frac{\partial}{\partial x_i'}\left(-\frac{2}{3}\frac{\partial u_k'}{\partial x_k'}\right)+\frac{1}{\rho'}\frac{\partial}{\partial x_j'}\left(\frac{\partial u_i'}{\partial x_j'}+\frac{\partial u_j'}{\partial x_i'}\right)\right]+gg_i'$$

等式两边除以$\dfrac{U^2}{L}$，有

$$\frac{L}{Ut_0}\frac{\partial u_i'}{\partial t'}+u_j'\frac{\partial u_i'}{\partial x_j'}=-\frac{p_0}{\rho U^2}\frac{\partial p'}{\partial x_i'}+\frac{\mu}{\rho UL}\left[\frac{1}{\rho'}\frac{\partial}{\partial x_i'}\left(-\frac{2}{3}\frac{\partial u_k'}{\partial x_k'}\right)+\frac{1}{\rho'}\frac{\partial}{\partial x_j'}\left(\frac{\partial u_i'}{\partial x_j'}+\frac{\partial u_j'}{\partial x_i'}\right)\right]+\frac{gL}{U^2}g_i' \tag{3.4-5}$$

定义：

$St=\dfrac{L}{Ut_0}$，施特鲁哈尔（Strouhal）数，它是比较局部惯性力和迁移惯性力的量级大小的参数，是流体以特征速度 U 流过特征长度 L 所需时间（L/U）与特征时间 t_0（如振动周期）之比。如果物体尺度很小，流速和振动周期较大，那么 St 就会很小，非定常效应就可以忽略。

$Re=\dfrac{\rho UL}{\mu}$，雷诺（Reynolds）数，它是表示惯性力和黏性力之比的参数。Re 数很大，反映了流动的惯性效应远大于黏性效应，作为一种近似处理，可以在运动方程中略去黏性项；Re 数很小，反映了流体的黏性效应起主导作用，于是可以略去惯性项。

$Fr=\dfrac{U^2}{gL}$，弗劳德（Froude）数，它是比较迁移惯性力和外力的参数。

$Eu=\dfrac{p_0}{\rho U^2}$，欧拉（Euler）数，它表示压差力与惯性力的相对大小。

将以上物理量代入式（3.4–4）和式（3.4–5）中，将式中各变量的“′”去掉，得到无量纲的连续性、运动和能量方程：

$$St\frac{\partial \rho}{\partial t}+\nabla\cdot(\rho \boldsymbol{v})=0 \tag{3.4-6}$$

$$\rho\left(St\frac{\partial \boldsymbol{v}}{\partial t}+\boldsymbol{v}\cdot\nabla \boldsymbol{v}\right)=-Eu\,\nabla p+\frac{1}{Re}\left[\frac{1}{3}\nabla(\nabla\cdot\boldsymbol{v})+\nabla^2\boldsymbol{v}\right]+\frac{1}{Fr}\boldsymbol{k} \tag{3.4-7}$$

根据相似性原理：假定两个现象服从同一个函数关系，在两现象中所有Π_i都相等，则两个现象相似。

对于流体，忽略体积力，两种流动相似的充分必要条件是

流动控制参数相等：$(St)_1=(St)_2,(Re)_1=(Re)_2,(Eu)_1=(Eu)_2$

流动初始条件相同：$f_1'(x',y',z';t_0')=f_2'(x',y',z';t_0'),\ f:u_i,p,\rho,\cdots$

流动边界条件相同：$f_1'|_{\Sigma'}=f_2'|_{\Sigma'},\ f:u_i,p,\rho,\cdots$

【例 3–9】 为确定在深水航行的潜艇所受的阻力，采用 1/20 缩尺的模型在水洞中进行实验。若潜艇速度为 $U_p=2.572\text{m/s}$，海水密度为 $\rho_p=1010\text{kg/m}^3$，运动黏性系数为 $\nu_p=1.30\times10^{-6}\text{m}^2/\text{s}$，水洞中水密度为 $\rho_p=988\text{kg/m}^3$，运动黏性系数为 $\nu_m=0.556\times10^{-6}\text{m}^2/\text{s}$。根据无量纲参数 $Re=\dfrac{\rho UL}{\mu}$确定实验中潜艇的速度，并分析潜艇与模型的阻力比。

根据相似性原理，实验设计要满足与实际情况雷诺数相同，即 $Re_R=Re_M$。

其中

$$Re_R=\frac{2.572\times L_p}{1.30\times10^{-6}}=1.978\times10^6L_p$$

$$Re_M=\frac{U_mL_m}{\nu_m}=\frac{U_m\dfrac{1}{20}L_p}{0.556\times10^{-6}}$$

根据 $Re_R=Re_M$，解得

$$U_m=22.0\text{m/s}$$

根据Π定理，以长度 L、密度 ρ、速度 U 为基本单位，于是阻力 $D=f(L,U,\rho)$，阻力的量纲为 MLt^{-2}，于是 $\Pi=L^{x_1}U^{x_2}\rho^{x_3}D=L^{x_1}(Lt^{-1})^{x_2}(ML^{-3})^{x_3}(MLt^{-2})=L^{x_1+x_2-3x_3+1}M^{x_3+1}t^{-x_2-2}$。因为Π的量纲为0，于是解方程

$$\begin{cases}x_1+x_2-3x_3+1=0\\x_3+1=0\\x_2+2=0\end{cases}$$

得

$$\begin{cases}x_1=-2\\x_3=-1\\x_2=-2\end{cases}$$

即

$$\Pi=\frac{D}{\rho U^2L^2}$$

显然，潜艇和模型受到的阻力满足

$$\frac{D_R}{\rho_R U_R^2 L_R^2}=\frac{D_M}{\rho_M U_M^2 L_M^2}$$

于是，潜艇与模型的阻力比

$$D_R:D_M=\frac{1010\times 2.572^2}{988\times 22^2}20^2=5.59$$

课后习题

3.1 推导柱坐标系下微分形式连续性方程和运动方程的表达式。

3.2 推导球坐标系下微分形式连续性方程和运动方程的表达式。

3.3 如图所示，流体在弯曲的变截面细管中流动，写出它的连续性方程。

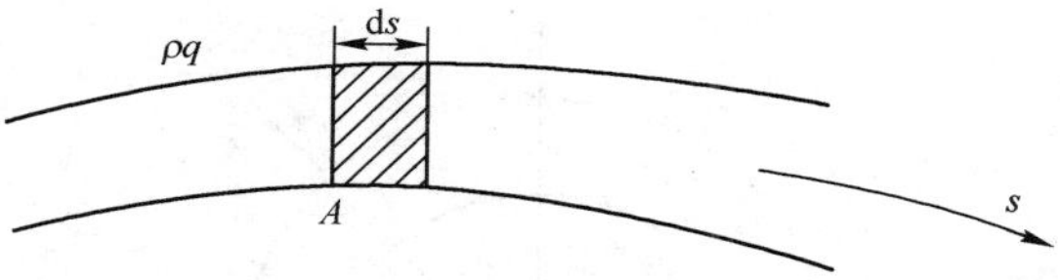

习题3.3示意图

3.4 如图所示，一等截面的细直管中，有一段长为 $2l$ 的无黏性等密度流体，流体方向始终指向一点，大小与各质点到该点的距离成正比的力的作用，求此流体运动规律及每一质点的压强。设流体与空气接触处为大气压 p_0。

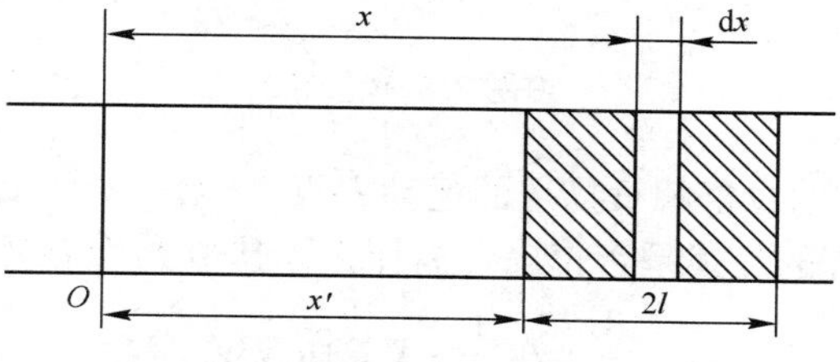

习题3.4示意图

3.5 如图所示，一等厚度方形平板，它的上边可沿水平轴转动，它的边长 $L=0.4\text{m}$，重量 $W=100\text{N}$，一直径 $d=0.02\text{m}$ 的水射流水平地冲击在此平板上，冲击点位于上缘下方 0.2m 处，这样，当平板垂直时正好冲击在平板的中心点时，射流速度 $v_1=15\text{m/s}$，试求：

(1) 为了保持平板垂直，下缘处应加的力 R_x 为多大？

(2) 如果允许平板自由摆动，在射流作用下平板会偏离垂直线的角 θ 为多大？

两种情况均假定射流冲击平板后仍沿平板流动。

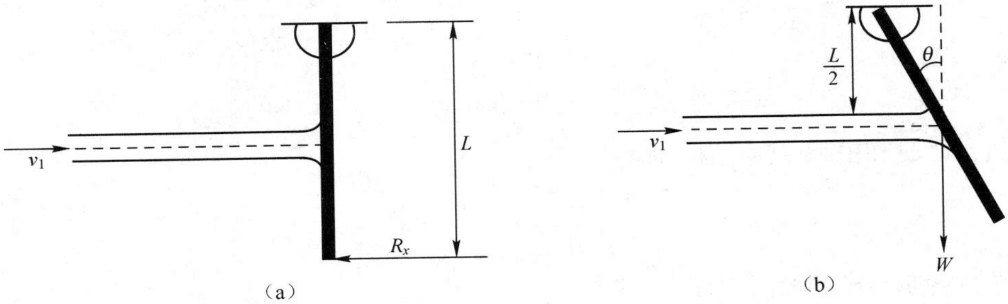

习题 3.5 示意图

3.6 变深度矩形截面河道的水面上有波动运动，求此波动应满足的连续性方程。

设某静止处水面深度为 $H(x)$，自由表面离静止表面距离为 $\eta(x,t)$，河道截面的水流速度为 $u(x,t)$，河宽 b 不变，水体密度为 ρ。

3.7 流体有自由面的三维波动，底面为平面且流体等深，波动幅度小，求连续性方程。

3.8 如图所示，无限长环状液体在半径为 a 和 b 的柱体间，液柱面 a 上有常压强 π 作用。证明，若内柱 b 突然破灭，则液体内半径 r 处的压强立即变为 $\pi\dfrac{\ln r-\ln b}{\ln a-\ln b}$。

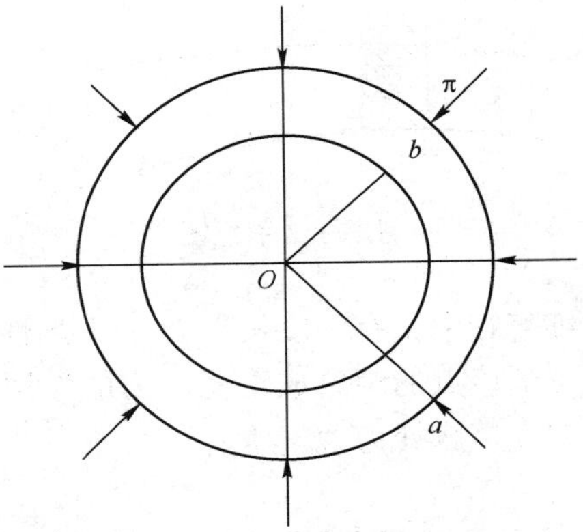

习题 3.8 示意图

3.9 试推导无黏性流体的拉格朗日描述的运动方程。

3.10 以下关于 N-S 方程的叙述是否正确？为什么？其中 $\boldsymbol{P}$ 为应力张量。

$$\frac{\mathrm{d}\boldsymbol{v}}{\mathrm{d}t}=\boldsymbol{f}-\frac{1}{\rho}\cdot\nabla\boldsymbol{P}+\mu\nabla^2\boldsymbol{v}$$

3.11 当压强增量为 50000Pa 时，某种流体的密度增加了 0.02%。试求该流体的体积弹性模量。

3.12 空气在压强 $p=10^5$Pa、温度 $T=20$℃时，分别求其等温压缩系数和热膨胀系数。($p=\rho RT$)

3.13 设两同轴圆管间的环状流动的速度分布为：$v_\theta=\dfrac{1}{r_2^2-r_1^2}\left[r(\omega_2 r_2^2-\omega_1 r_1^2)-\dfrac{r_2^2 r_1^2}{r}(\omega_2-\omega_1)\right]$，其中 r_1、r_2 及 ω_1、ω_2 分别是内外圆柱半径及内外圆柱的旋转角速度，θ 为柱坐标极角，对于斯托克斯流体 $\boldsymbol{P}=\left[-p+\left(\lambda+\dfrac{2}{3}\mu\right)\nabla\cdot\boldsymbol{v}\right]\boldsymbol{I}+\mu\left[\boldsymbol{v}\nabla+\nabla\boldsymbol{v}-\dfrac{2}{3}(\nabla\cdot\boldsymbol{v})\boldsymbol{I}\right]$，求作用于

柱面上的切应力。

3.14　设绕圆球运动的速度分布为

$$v_R(R,\theta)=v\cos\theta\left(1-\frac{3a}{2R}+\frac{1}{2}\frac{a^3}{R^3}\right),$$

$$v_\theta(R,\theta)=-v\sin\theta\left(1-\frac{3a}{2R}-\frac{1}{4}\frac{a^3}{R^3}\right),$$

$$p(R,\theta)=-\frac{3}{2}\mu v\cos\theta\frac{a}{R^2}+p_0$$

其中 v，p_0 为常数，a 为球半径，R,θ 为球坐标，对于斯托克斯流体，求圆球上所受的应力。

3.15　应用Π定理分析可压缩黏性流体在重力场中的流动。

习题参考答案

3.1

解：

$$\frac{\partial\rho}{\partial t}+\frac{1}{r}\left[\frac{\partial(\rho v_r r)}{\partial r}+\frac{\partial(\rho v_\theta)}{\partial\theta}+\frac{\partial(\rho v_z r)}{\partial z}\right]=0$$

$$\rho\left[\frac{\mathrm{d}v_r}{\mathrm{d}t}-\frac{v_\theta^2}{r}\right]=\rho f_r+\frac{1}{r}\left[\frac{\partial(rp_{rr})}{\partial r}+\frac{\partial(p_{r\theta})}{\partial\theta}+\frac{\partial(p_{rz})}{\partial z}-p_{\theta\theta}\right]$$

$$\rho\left[\frac{\mathrm{d}v_\theta}{\mathrm{d}t}+\frac{v_r v_\theta}{r}\right]=\rho f_r+\frac{1}{r}\left[\frac{\partial(rp_{r\theta})}{\partial r}+\frac{\partial(p_{\theta\theta})}{\partial\theta}+\frac{\partial(rp_{\theta z})}{\partial z}+p_{r\theta}\right]$$

$$\rho\frac{\mathrm{d}v_z}{\mathrm{d}t}=\rho f_z+\frac{1}{r}\left[\frac{\partial(rp_{rz})}{\partial r}+\frac{\partial(p_{\theta z})}{\partial\theta}+\frac{\partial(rp_{zz})}{\partial z}\right]$$

3.2

解：

$$\frac{\partial\rho}{\partial t}+\frac{1}{R^2\sin\theta}\left[\frac{\partial(\rho v_R R^2\sin\theta)}{\partial R}+\frac{\partial(\rho v_\theta R\sin\theta)}{\partial\theta}+\frac{\partial(\rho v_z R)}{\partial\varphi}\right]=0$$

$$\rho\left[\frac{\mathrm{d}v_R}{\mathrm{d}t}-\frac{v_\theta^2+v_\varphi^2}{r}\right]=\rho f_R+\frac{1}{R^2\sin\theta}\left[\frac{\partial(R^2\sin\theta p_{RR})}{\partial R}+\frac{\partial(R\sin\theta p_{R\theta})}{\partial\theta}+\frac{\partial(Rp_{R\varphi})}{\partial\varphi}-R\sin\theta(p_{\theta\theta}+p_{\varphi\varphi})\right]$$

$$\rho\left[\frac{\mathrm{d}v_\theta}{\mathrm{d}t}+\frac{v_R v_\theta-v_\varphi^2\cot\theta}{R}\right]=\rho f_\theta+\frac{1}{R^2\sin\theta}\left[\frac{\partial(R^2\sin\theta p_{r\theta})}{\partial R}+\frac{\partial(R\sin\theta p_{\theta\theta})}{\partial\theta}+\frac{\partial p_{\theta\varphi}}{\partial\varphi}+R\sin\theta p_{R\theta}-R\cos\theta p_{\varphi\varphi}\right]$$

$$\rho\left(\frac{\mathrm{d}v_\varphi}{\mathrm{d}t}+\frac{v_R v_\varphi}{R}-\frac{v_\theta v_\varphi\cot\theta}{R}\right)=\rho f_\varphi+\frac{1}{R^2\sin\theta}\left[\frac{\partial(p_{\varphi R}R^2\sin\theta)}{\partial R}+\frac{\partial(p_{\theta\varphi}R\sin\theta)}{\partial\theta}+\frac{\partial(p_{\varphi\varphi}R)}{\partial\varphi}+p_{R\varphi}R\sin\theta+p_{\theta\varphi}R\cos\theta\right]$$

3.3

解：

设管截面上物理量均匀（若不均匀，则取截面平均值）。截面位置用管轴坐标 s 来表示，截面积用 A 表示，则 A 是 s 的函数 $A=A(s)$，沿轴线方向的管流速用 q 表示，它是 s 及 t 的函数：$q=q(s,t)$，密度用ρ表示，它也是s及t的函数：$\rho=\rho(s,t)$。因管微元控制面由侧面及两底面组成，经侧面无流体通过，所以只需考察截面流量。

s处截面为

$$\int_s f\boldsymbol{v}\cdot\boldsymbol{n}\mathrm{d}s=-\rho qA$$

$s+\mathrm{d}s$处截面为

$$\int_{s+\mathrm{d}s} f\boldsymbol{v}\cdot\boldsymbol{n}\mathrm{d}s=\rho qA+\frac{\partial}{\partial s}(\rho qA)\mathrm{d}s$$

单位时间控制体内质量变化为

$$\frac{\partial}{\partial t}(\rho A\mathrm{d}s)$$

代入连续性方程，得

$$\frac{\partial}{\partial t}(\rho A\mathrm{d}s)-\rho qA+\left[\rho qA+\frac{\partial}{\partial s}(\rho qA)\mathrm{d}s\right]=0$$

即

$$\frac{\partial}{\partial t}(\rho A)+\frac{\partial}{\partial s}(\rho qA)=0$$

因为$\dfrac{\partial A}{\partial t}=0$，所以有

$$A\frac{\partial\rho}{\partial t}+\frac{\partial}{\partial s}(\rho qA)=0$$

3.4

解：

对无黏流体，机械能方程为

$$\rho\frac{\mathrm{d}}{\mathrm{d}t}\left(\frac{\boldsymbol{v}^2}{2}\right)=\boldsymbol{v}\cdot\rho\boldsymbol{f}-\boldsymbol{v}\cdot\nabla p$$

因为速度只有u分量，且满足连续性方程，因此有

$$\frac{\partial u}{\partial x}=0\Rightarrow u=u(t)$$

外力$f=-kx$，所以

$$\rho\frac{\mathrm{d}}{\mathrm{d}t}\left(\frac{u^2}{2}\right)=-kx\rho u-u\frac{\partial p}{\partial x}\qquad\text{（式 3.4-1）}$$

对x从x'到$x'+2l$进行积分，得

$$\rho\frac{\mathrm{d}}{\mathrm{d}t}\left(\frac{u^2}{2}\right)2l=-k\rho u\left[\frac{1}{2}(x'+2l)^2-\frac{1}{2}x'^2\right]-u(p|_{x=x'+2l}-p|_{x=x'})$$

因为$p|_{x=x'+2l}=p|_{x=x'}=p_0$，所以

$$\frac{\mathrm{d}}{\mathrm{d}t}\left(\frac{u^2}{2}\right)=-ku(x'+l)\qquad\text{（式 3.4-2）}$$

即

$$u\frac{\mathrm{d}u}{\mathrm{d}t}=-ku(x'+l)$$

$$\frac{\mathrm{d}u}{\mathrm{d}t}=-k(x'+l)$$

由于 $u=\frac{dx'}{dt}$，有

$$\frac{d^2x'}{dt^2}+k(x'+l)=0$$

解得

$$x'+l=A\sin(\sqrt{k}t+\theta)$$

对（式3.4-1）由 x' 积分到 x，得

$$\rho\frac{d}{dt}\left(\frac{u^2}{2}\right)(x-x')=-k\rho u\left[\frac{1}{2}x^2-\frac{1}{2}x'^2\right]-u(p|_{x=x}-p|_{x=x'})$$

将（式3.4-2）$\frac{du}{dt}=-k(x'+l)$ 代入得

$$-k\rho u(x'+l)(x-x')=-\frac{1}{2}k\rho u(x'+x)(x-x')-up+up_0$$

整理得

$$p=p_0+k\rho(x-x')(x'+l)-\frac{1}{2}k\rho(x'+x)(x-x')$$

即

$$p=p_0+\frac{1}{2}k\rho(x-x')(x'+2l-x)$$

3.5

解：

（1）由动量矩定理：

$$\int_s \boldsymbol{r}_1\times\boldsymbol{v}_j\cdot\rho\boldsymbol{v}_j dA=R_x\cdot r_2$$

等式左边项为射流积分，计算后有

$$\rho v_j^2\cdot\frac{\pi d^2}{4}r_1=R_x\cdot r_2$$

解得

$$R_x=\frac{10^3\times15^2\times0.02^2\pi}{8}=35.3\text{N}$$

方向与射流方向相反，向左。

（2）由动量矩定理，得

$$\int_s \boldsymbol{r}_1\times\boldsymbol{v}_j\cdot\rho\boldsymbol{v}_j dA=\frac{L}{2}\sin\theta W$$

分解来流速度，垂直板的速度分量为 $v_j\cos\theta$，转动轴的力臂长为 $\frac{L}{2}\frac{1}{\cos\theta}$，对射流积分，有

$$\rho Q(v_j\cos\theta)\frac{L}{2\cos\theta}=\rho Qv_jL=\frac{L}{2}\sin\theta W$$

或者不分解来流速度，方向水平，此时的力臂为 $\frac{L}{2}$，对射流积分后，仍是

$$\rho Q v_j \cdot \frac{L}{2}=\frac{L}{2}\sin\theta W$$

解得

$$\sin\theta=0.707$$

即

$$\theta\approx 45°$$

3.6

解：

取一条长为 δx 的控制体，体积 $V=(H(x)+\eta(x,t))\cdot b\cdot \delta x$。

单位时间流入质量为

$$M_{入}=\rho(H+\eta)\cdot b\cdot u$$

单位时间流出质量为

$$M_{出}=\rho(H+\eta)\cdot b\cdot u+\frac{\partial}{\partial x}[\rho(H+\eta)\cdot b\cdot u]\delta x$$

故净流出量为

$$M=M_{出}-M_{入}=\frac{\partial}{\partial x}[\rho(H+\eta)\cdot b\cdot u]\delta x$$

而单位时间内控制体质量减少 $\frac{\partial}{\partial t}[\rho(H+\eta)\cdot b\cdot \delta x]$

由质量守恒的微分形式得

$$M=-\frac{\partial}{\partial t}[\rho(H+\eta)\cdot b\cdot \delta x]=\frac{\partial}{\partial x}[\rho(H+\eta)\cdot b\cdot u]\delta x \quad \frac{\partial H}{\partial t}=0$$

化简得连续性方程得

$$\frac{\partial}{\partial x}[(H+\eta)u]+\frac{\partial \eta}{\partial t}=0$$

3.7

解：

取长为 dx、宽为 dy 的控制体，单位时间 x 方向净流出 $\rho dy\frac{\partial}{\partial x}[(h+\zeta)u]dx$

单位时间 y 方向净流出 $\rho dx\frac{\partial}{\partial y}[(h+\zeta)v]dy$

单位时间控制体质量减少 $-\frac{\partial}{\partial t}[\rho(h+\zeta)]dxdy$

由质量守恒定理得

$$\rho dx\frac{\partial}{\partial y}[(h+\zeta)v]dy+\rho dx\frac{\partial}{\partial y}[(h+\zeta)v]dy=-\frac{\partial}{\partial t}[\rho(h+\zeta)]dxdy$$

故连续性方程为

$$\frac{\partial \zeta}{\partial t}+\frac{\partial}{\partial x}[(h+\zeta)u]+\frac{\partial}{\partial y}[(h+\zeta)v]=0$$

3.8

解：

据题意，应用柱坐标。显而易见，液体只能作径向运动，$v_\theta=0$，$v_z=0$，无质量力作用，密度为常数（流体），这时连续性方程及运动方程为

$$\frac{\partial}{\partial r}(rv_r)=0\Rightarrow rv_r=c_1(t)\Rightarrow v_r=\frac{c_1(t)}{r}$$

$$\rho\left(\frac{\partial v_r}{\partial t}+v_r\frac{\partial v_r}{\partial r}\right)=-\frac{\partial p}{\partial r}\xrightarrow{v_r=\frac{c_1(t)}{r}}\rho\left[\frac{c_1'(t)}{r}+\frac{\partial}{\partial r}\frac{v_r^2}{2}\right]=-\frac{\partial p}{\partial r}$$

对 r 积分，得

$$c_1'(t)\ln r+\frac{1}{2}v_r^2+\frac{p}{\rho}=c(t)$$

当 $t=0$ 时，边界上有

$$\left.\begin{aligned}&r=a\text{ 处},v_r=0,p=\pi\\&r=b\text{ 处},v_r=0,p=0\end{aligned}\right\}\Rightarrow\begin{cases}c_1'(0)\ln a+\dfrac{\pi}{\rho}=c(0)\\c_1'(0)\ln b=c(0)\end{cases}$$

整理得

$$c_1'(0)=\frac{\pi}{\rho(\ln b-\ln a)}$$

进一步得

$$c_1'(0)\ln r+\left.\frac{p}{\rho}\right|_{t=0}=c(0)\Rightarrow p\,|_{t=0}=\pi\frac{\ln r-\ln b}{\ln a-\ln b}$$

3.9

解：

$$\rho\frac{\mathrm{d}u}{\mathrm{d}t}=\rho F_{bx}-\frac{\partial p}{\partial x}\Rightarrow\frac{\partial p}{\partial x}=\rho\left(F_{bx}-\frac{\partial^2x}{\partial t^2}\right)$$

$$\rho\frac{\mathrm{d}v}{\mathrm{d}t}=\rho F_{by}-\frac{\partial p}{\partial y}$$

$$\rho\frac{\mathrm{d}w}{\mathrm{d}t}=\rho F_{bz}-\frac{\partial p}{\partial z}$$

$$\frac{\partial p}{\partial a}=\frac{\partial p}{\partial x}\frac{\partial x}{\partial a}+\frac{\partial p}{\partial y}\frac{\partial y}{\partial a}+\frac{\partial p}{\partial z}\frac{\partial z}{\partial a}=\rho\left(F_{bx}-\frac{\partial^2x}{\partial t^2}\right)\frac{\partial x}{\partial a}+\rho\left(F_{by}-\frac{\partial^2y}{\partial t^2}\right)\frac{\partial y}{\partial a}+\rho\left(F_{bz}-\frac{\partial^2z}{\partial t^2}\right)\frac{\partial z}{\partial a}$$

$$\left(F_{bx}-\frac{\partial^2x}{\partial t^2}\right)\frac{\partial x}{\partial a}+\left(F_{by}-\frac{\partial^2y}{\partial t^2}\right)\frac{\partial y}{\partial a}+\left(F_{bz}-\frac{\partial^2z}{\partial t^2}\right)\frac{\partial z}{\partial a}=\frac{1}{\rho}\frac{\partial p}{\partial a}$$

$$\left(F_{bx}-\frac{\partial^2x}{\partial t^2}\right)\frac{\partial x}{\partial b}+\left(F_{by}-\frac{\partial^2y}{\partial t^2}\right)\frac{\partial y}{\partial b}+\left(F_{bz}-\frac{\partial^2z}{\partial t^2}\right)\frac{\partial z}{\partial b}=\frac{1}{\rho}\frac{\partial p}{\partial b}$$

$$\left(F_{bx}-\frac{\partial^2x}{\partial t^2}\right)\frac{\partial x}{\partial c}+\left(F_{by}-\frac{\partial^2y}{\partial t^2}\right)\frac{\partial y}{\partial c}+\left(F_{bz}-\frac{\partial^2z}{\partial t^2}\right)\frac{\partial z}{\partial c}=\frac{1}{\rho}\frac{\partial p}{\partial c}$$

3.10

解：

错误。$\frac{1}{\rho}\cdot\nabla \boldsymbol{P}$ 这一项不能用点积符号，$\boldsymbol{P}$ 是二阶张量，$\nabla \boldsymbol{P}$ 是三阶张量，而其他项都是一阶张量。

3.11

解：

$$\Delta p=5\times104\text{Pa},\quad \frac{\Delta\rho}{\rho}=0.02\%$$

所以

$$E=\frac{1}{\gamma_T}=\rho\left(\frac{\partial p}{\partial \rho}\right)_T=\frac{\Delta p}{\frac{\Delta\rho}{\rho}}=2.5\times10^{8}\text{Pa}$$

3.12

解：

$$p=10^5\text{Pa},\ T=293\text{K},\ p=\rho RT$$

$$\gamma_T=\frac{1}{\rho}\left(\frac{\partial \rho}{\partial p}\right)_T=\frac{1}{\rho RT}=\frac{1}{p}=1\times10^{5}\text{Pa}^{-1}$$

$$\beta=-\frac{1}{\rho}\left(\frac{\partial \rho}{\partial \text{T}}\right)p=\frac{P}{\rho RT^2}=\frac{1}{T}=3.41\times10^{-3}\text{K}^{-1}$$

3.13

解：

$$\boldsymbol{P}=\left[-p+\left(\lambda+\frac{2}{3}\mu\right)\nabla\cdot\boldsymbol{v}\right]\mathbf{I}+2\mu\left(\mathbf{S}-\frac{1}{3}\nabla\cdot\boldsymbol{v}\mathbf{I}\right),\qquad \boldsymbol{v}\nabla=\begin{bmatrix}\frac{\partial v_r}{\partial r} & \frac{1}{r}\frac{\partial v_r}{\partial \theta}-\frac{v_\theta}{r} & \frac{\partial v_r}{\partial z}\\ \frac{\partial v_\theta}{\partial r} & \frac{1}{r}\frac{\partial v_\theta}{\partial \theta}+\frac{v_r}{r} & \frac{\partial v_\theta}{\partial z}\\ \frac{\partial v_z}{\partial r} & \frac{1}{r}\frac{\partial v_z}{\partial \theta} & \frac{\partial v_z}{\partial z}\end{bmatrix}=(\nabla\boldsymbol{v})^{\text{T}}$$

柱面上有

$$p_{r\theta}=\mu\left(\frac{\partial v_\theta}{\partial r}+\frac{1}{r}\frac{\partial v_r}{\partial \theta}-\frac{v_\theta}{r}\right)=\frac{2\mu r_2^2r_1^2(\omega_2-\omega_1)}{r^2(r_2^2-r_1^2)}$$

$$p_{r\theta}\big|_{r=r_1}=\frac{2\mu r_2^2(\omega_2-\omega_1)}{r_2^2-r_1^2},\quad p_{r\theta}\big|_{r=r_2}=\frac{2\mu r_1^2(\omega_2-\omega_1)}{r_2^2-r_1^2}$$

3.14

解：

$$\boldsymbol{v}\nabla=(\nabla\boldsymbol{v})^{\text{T}}=\begin{bmatrix}\frac{\partial v_R}{\partial R} & \frac{\partial v_R}{R\partial \theta}-\frac{v\theta}{R} & \frac{\partial v_R}{R\sin\theta\,\partial\varphi}-\frac{v_\varphi}{R}\\ \frac{\partial v_\theta}{\partial R} & \frac{\partial v_\theta}{R\partial \theta}+\frac{v_R}{R} & \frac{\partial v_\theta}{R\sin\theta\,\partial\varphi}-\frac{v_\varphi}{R\tan\theta}\\ \frac{\partial v_\varphi}{\partial R} & \frac{\partial v_\varphi}{R\partial \theta} & \frac{\partial v_\varphi}{R\sin\theta\,\partial\varphi}+\frac{v_R}{R}+\frac{v_\theta}{R\tan\theta}\end{bmatrix}$$

$$p_{RR}=-p+2\mu\frac{\partial v_R}{\partial R}=\frac{3}{2}\mu v\cos\theta\frac{a}{R^2}-p_0+2\mu v\cos\theta\left(\frac{3a}{2R^2}-\frac{3a^3}{2R^4}\right)$$

$$p_{RR}\big|_{R=a}=\frac{3}{2a}\mu v\cos\theta-p_0$$

$$p_{R\theta}=\mu\left(\frac{\partial v_\theta}{\partial R}+\frac{1}{R}\frac{\partial v_R}{\partial\theta}-\frac{v_\theta}{R}\right)$$

$$p_{R\theta}\big|_{R=a}=-\frac{3\mu v}{2a}\sin\theta$$

$$p_{R\varphi}\big|_{R=a}=0$$

3.15

解：

可压缩黏性流体在重力场中流动时的物理量有：特征长度 L、特征速度 U、密度 ρ、动力黏度 μ、热传导系数 κ、体积力 g、特征压力 p、等压比热 C_p、特征温度 T，即 $m=9$。选取 $LMtT$ 系统，即以长度 L、质量 M、时间 t 以及温度 T 为基本单位，即 $k=4$。

量纲矩阵 $\widetilde{A}$ 是

$$\begin{matrix} & L & U & \rho & \mu & \kappa & g & p & C_p & T \\ L & 1 & 1 & -3 & -1 & 1 & 1 & -1 & 2 & 0 \\ M & 0 & 0 & 1 & 1 & 1 & 0 & 1 & 0 & 0 \\ t & 0 & -1 & 0 & -1 & -3 & -2 & -2 & -2 & 0 \\ T & 0 & 0 & 0 & 0 & -1 & 0 & 0 & -1 & 1 \end{matrix}$$

上面所列出的 $\widetilde{A}$ 阵的秩显然为 4，因此独立的无量纲量 Π_i 为 9−4=5 个。

选取 L、U、ρ 和 κ 为基本量，设

$$\Pi_1=L^{x_1}U^{x_2}\rho^{x_3}\kappa^{x_4}\mu$$

$$\Pi_2=L^{x_5}U^{x_6}\rho^{x_7}\kappa^{x_8}g$$

$$\Pi_3=L^{x_9}U^{x_{10}}\rho^{x_{11}}\kappa^{x_{12}}p$$

$$\Pi_4=L^{x_{13}}U^{x_{14}}\rho^{x_{15}}\kappa^{x_{16}}C_p$$

$$\Pi_5=L^{x_{17}}U^{x_{18}}\rho^{x_{19}}\kappa^{x_{20}}T$$

于是

$$\begin{aligned}[\Pi_1]&=[L]^{x_1}[Lt^{-1}]^{x_2}[L^{-3}M]^{x_3}[LMt^{-3}T^{-1}]^{x_4}[L^{-1}Mt^{-1}]\\&=[L]^{x_1+x_2-3x_3+x_4-1}\cdot[M]^{x_3+x_4+1}\cdot[t]^{-x_2-3x_4-1}\cdot[T^{-x_4}]\end{aligned}$$

根据 Π_1 是无量纲组合量的要求得到

$$\begin{cases}x_1+x_2-3x_3+x_4-1=0\\x_3+x_4+1=0\\-x_2-3x_4-1=0\\-x_4=0\end{cases}$$

可以解得

$$x_1=-1,\quad x_2=-1,\quad x_3=-1,\quad x_4=0$$

所以$\Pi_1=\dfrac{\mu}{UL\rho}$，类似地求出

$$\begin{cases}\Pi_2=\dfrac{Lg}{U^2}, & \Pi_3=\dfrac{p}{\rho U^2}\\ \Pi_4=\dfrac{LU\rho C_p}{\kappa}, & \Pi_5=\dfrac{\kappa T}{LU^3\rho}\end{cases}$$

进一步整理，得

$$Re=\frac{1}{\Pi_1}=\frac{UL\rho}{\mu}$$

$$Fr=\frac{1}{\Pi_2}=\frac{U^2}{Lg}$$

$$M^2=\frac{1}{\gamma\Pi_3}=\frac{\rho U^2}{\gamma p}=\frac{\rho U^2}{\gamma\rho RT}=\frac{U^2}{\gamma RT}=\frac{U^2}{c^2}$$

其中 M 为马赫数，是表征流体可压缩程度的无量纲参数。

第 4 章　流体模型及应用实例

正如第 3 章所介绍的，研究大量的微观粒子的运动非常复杂，因此采用连续介质模型来描述流体的宏观运动。同样，自然界中流体的宏观运动也非常复杂，如应力应变关系是应变和应变时间的函数，影响流体运动的既有惯性效应，又有黏性效应，还有非定常和涡旋的影响，要精确分析所有方面非常困难，甚至不可能实现。因此，在解决实际问题时，仿照第 3 章的方法，在研究中根据具体问题的特点，抓住问题的主要方面，忽略次要方面，做出一定的假设，建立简化的数学模型。这样的模型既要满足物理规律，又要易于求解，并且解要能够描述现象的主要特征，本章就是对此进行介绍。

4.1　流体静力学

我们很早就对流体静力学有所了解，本节将应用第 3 章的基本方程和微积分知识对均质物质作用于壁面的压强合力进行分析。对于运动方程式（3.2-6），当流体静止时，有

$$\rho \boldsymbol{f} + \nabla \cdot \boldsymbol{P} = 0$$

流体静止时，应力张量为

$$\boldsymbol{P} = -p\boldsymbol{I}$$

显然，有

$$\nabla p = \rho \boldsymbol{f} \tag{4.1-1}$$

4.1.1　均质物质作用于平壁上的压强合力

如图 4.1-1 所示，设平壁与水平面夹角为 θ，分析作用于平壁上的压强合力。

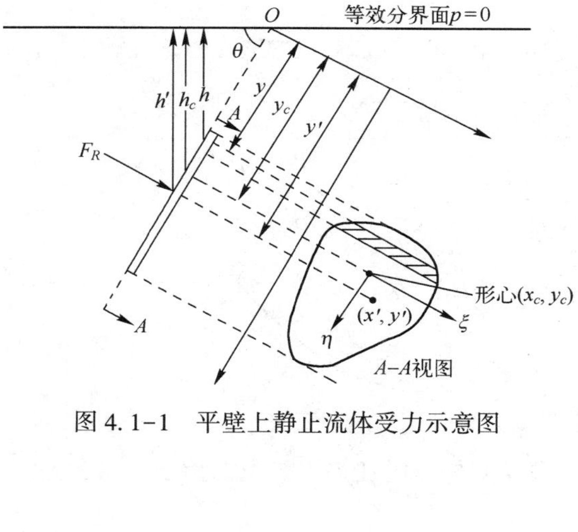

图 4.1-1　平壁上静止流体受力示意图

建立如图所示的平面坐标系，在重力场中，有

$$\frac{\partial p}{\partial h}=\rho g$$

即

$$p=\rho gh$$

则平壁上任一点的压强应为 $\rho gh=\rho gy\sin\theta$，于是

$$F_R=\int p\mathrm{d}s=\rho g\sin\theta\int y\mathrm{d}s$$

定义 $\int y\mathrm{d}s=y_cS$，这里$(x_c,\ y_c)$是壁面的形心坐标，S 是壁面的面积。有

$$F_R=\rho gy_c\sin\theta S=\rho gh_cS \tag{4.1-2}$$

假定合力 F_R 的作用线通过(x',y')，建立局部坐标系，把通过(x_c,y_c)平行于 x、y 两个轴的坐标轴分别记作 ξ，η，那么 F_R 对于 ξ 轴和 η 轴的力矩应分别等于分布压强所引起的相应力矩，即

$$F_R(y'-y_c)=\int p\eta\mathrm{d}s=\rho g\sin\theta\int y\eta\mathrm{d}s=\rho g\sin\theta\int(y_c+\eta)\eta\mathrm{d}s=\rho g\sin\theta\int\eta^2\mathrm{d}s$$

$$F_R(x'-x_c)=\int p\xi\mathrm{d}s=\rho g\sin\theta\int y\xi\mathrm{d}s=\rho g\sin\theta\int(y_c+\eta)\xi\mathrm{d}s=\rho g\sin\theta\int\xi\eta\mathrm{d}s$$

于是

$$y'-y_c=\frac{I_{\xi\xi}}{y_cS},\quad x'-x_c=\frac{I_{\xi\eta}}{y_cS} \tag{4.1-3}$$

其中，$I_{\xi\xi}=\int\eta^2\mathrm{d}s$，$I_{\xi\eta}=\int\xi\eta\mathrm{d}s$。

4.1.2 均质物质作用于曲壁上的压强合力

如图 4.1-2 所示，由于力平衡，曲壁面所受物质压强合力的 x 分量，恰好等于此曲壁面在 yz 平面上的投影 s_x 上所受的物质压强合力即

$$F_x=-\int_{s_x}p\mathrm{d}s_x,F_y=-\int_{s_y}p\mathrm{d}s_y \tag{4.1-4}$$

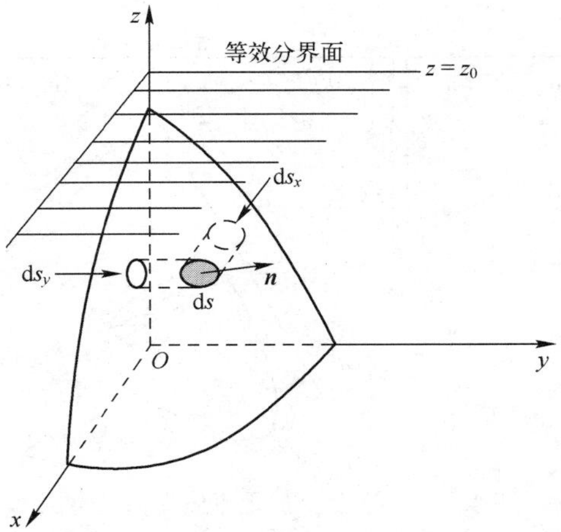

图 4.1-2　曲壁上静止流体受力水平分量示意图

如图 4.1-3 所示，由于力平衡，曲壁面 s 所受物质压强合力的竖直分量 F_z 的大小，等于该曲面以上直到等效分界面之间的体积（称为压力体）都充满该物质时的重量，即

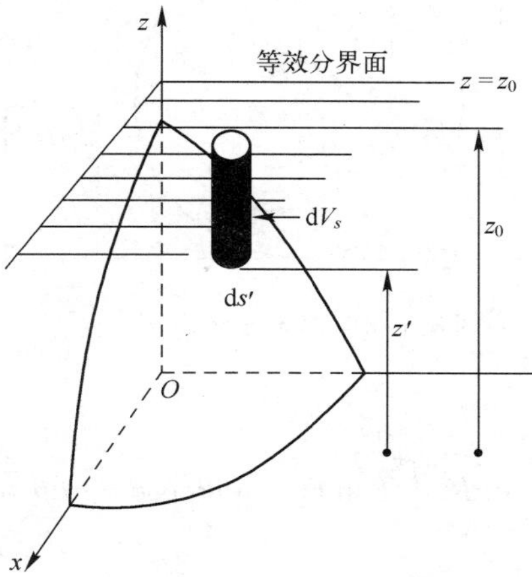

图 4.1-3　曲壁上静止物体受力竖直分量示意图

$$\mathrm{d}F_z=-\rho g(z_0-z_s)\mathrm{d}s_z$$

$$F_z=\int \mathrm{d}F_z=-\rho g\int(z_0-z_s)\mathrm{d}s_z=-\rho g V_s$$

设竖直方向的物质压强合力的作用线通过(x', y')，有

$$F_z x'=\int -px\mathrm{d}s_z=-\rho g\int x(z_0-z_s)\mathrm{d}s_z=-\rho g\int x\mathrm{d}V_s$$

于是

$$x'=\frac{-\rho g\int x\mathrm{d}V_s}{F_z}=\frac{-\rho g\int x\mathrm{d}V_s}{-\rho g V_s}=\frac{\int x\mathrm{d}V_s}{V_s} \tag{4.1-5}$$

同理，

$$y'=\frac{\int y\mathrm{d}V_s}{V_s}$$

显然，(x',y')是该曲面以上压力体的几何中心，即(x_c, y_c)。静止均质物质中曲壁面所受竖直方向的物质压强合力的作用线通过该曲面以上压力体的几何中心。

【例 4-1】 如图 4.1-4 所示，图示的圆柱形堰，直径为 $2R$，长为 $L=1$。试求两侧静止物质作用于堰上的合力大小、方向及作用线。

应用以前的静力学知识，对左侧面微元进行受力分析

$$\mathrm{d}F=\rho g(R-R\cos\theta)\cdot R\mathrm{d}\theta\cdot(\sin\theta\boldsymbol{i}-\cos\theta\boldsymbol{j})$$

$$\mathrm{d}F_x=\rho g(R-R\cos\theta)\sin\theta\cdot R\mathrm{d}\theta$$

$$\mathrm{d}F_y=-\rho g(R-R\cos\theta)\cos\theta\cdot R\mathrm{d}\theta$$

$$\mathrm{d}L_y=\mathrm{d}F_y\cdot R\sin\theta$$

$$\mathrm{d}L_x=\mathrm{d}F_x\cdot R(1+\cos\theta)$$

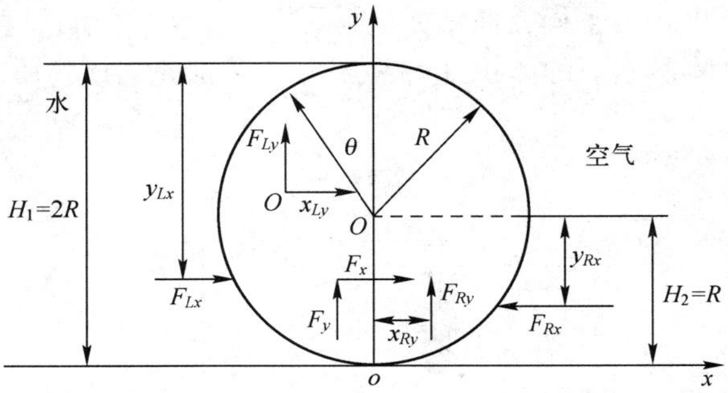

图 4.1-4　例 4-1 示意图

于是，F_{Lx}合力为

$$F_{Lx} = \int_0^{\pi} \mathrm{d}F_x = \rho g R^2 \int_0^{\pi} (\sin\theta - \sin\theta\cos\theta) \cdot \mathrm{d}\theta = 2\rho g R^2$$

对原点的力矩为

$$F_{Lx} \cdot y_{Lx} = \int_0^{\pi} \mathrm{d}F_x \cdot R(1 + \cos\theta) = \rho g R^3 \int_0^{\pi} (1 - \cos^2\theta) \cdot \sin\theta \mathrm{d}\theta = \frac{4\rho g R^3}{3}$$

解得

$$y_{Lx} = \frac{4R}{3}$$

根据刚学的曲面壁静力学知识，左、右侧面的 x 方向合力分别为

$$F_{Lx} = \int p \mathrm{d}s_x = \int_0^{2R} \rho g(2R - y)\mathrm{d}y = 2\rho g R^2$$

$$F_{Rx} = \int_0^{R} \rho g(R - y)\mathrm{d}y = \frac{1}{2}\rho g R^2$$

合力作用线方程为

$$|y_{Lx} - R| = \frac{\int_{-R}^{R} \eta^2 \mathrm{d}\eta}{RS_x} = \frac{\left.\frac{\eta^3}{3}\right|_{-R}^{R}}{2R^2} = \frac{R}{3}$$

解为

$$y_{Lx} = \frac{4R}{3}$$

说明合力的作用线低于形心。

同理，

$$y_{Rx} = \frac{R}{3}$$

左、右侧面的 y 方向合力分别为

$$F_{Ly} = \rho g V_s = \rho g\left(\frac{\pi}{2}R^2\right)$$

$$F_{Ry} = \rho g\left(\frac{\pi}{4}R^2\right)$$

合力作用线方程为

$$x_{Ly}=\frac{-\int x\mathrm{d}S}{S}=\frac{-\int_0^R x2\sqrt{R^2-x^2}\,\mathrm{d}x}{\pi R^2/2}=-\frac{4R}{3\pi}$$

$$x_{Ry}=\frac{4R}{3\pi}$$

4.1.3　非惯性系中均质流体的相对平衡

第 3 章的基本方程是在惯性坐标系下推导的，如果在非惯性系中研究，则要分析相对运动的方程。定义 $\boldsymbol{x}_0$ 为坐标系的位移，$\boldsymbol{x}_r$ 为相对坐标系的位移，于是绝对位移 $\boldsymbol{x}=\boldsymbol{x}_0+\boldsymbol{x}_r$。取固连在非惯性系上的坐标系 $\{O,\boldsymbol{e}_1,\boldsymbol{e}_2,\boldsymbol{e}_3\}$，绝对位移为 $\boldsymbol{x}=\boldsymbol{x}_0+\boldsymbol{x}_r=\boldsymbol{x}_0+x_i\boldsymbol{e}_i$，于是绝对速度为

$$\boldsymbol{v}=\frac{\mathrm{d}\boldsymbol{x}}{\mathrm{d}t}=\frac{\mathrm{d}\boldsymbol{x}_0}{\mathrm{d}t}+\frac{\mathrm{d}\boldsymbol{x}_r}{\mathrm{d}t}=\boldsymbol{v}_0+\frac{\mathrm{d}(x_i\boldsymbol{e}_i)}{\mathrm{d}t}=\boldsymbol{v}_0+\frac{\mathrm{d}x_i}{\mathrm{d}t}\boldsymbol{e}_i+x_i\frac{\mathrm{d}\boldsymbol{e}_i}{\mathrm{d}t}=\boldsymbol{v}_0+v_i\boldsymbol{e}_i+x_i\frac{\mathrm{d}\boldsymbol{e}_i}{\mathrm{d}t}$$

其中 $\boldsymbol{v}_0$ 为坐标架平移速度，$\boldsymbol{v}_r=v_i\boldsymbol{e}_i$ 为相对速度，坐标架转动时，设 $\{O,\boldsymbol{e}_1,\boldsymbol{e}_2,\boldsymbol{e}_3\}$ 相对于以 O 点为原点的直角坐标系 $\{O,\boldsymbol{i},\boldsymbol{j},\boldsymbol{k}\}$ 存在 $\boldsymbol{e}_3$ 方向的转动，则有坐标变换（例 1-4）：

$$\boldsymbol{e}=[\boldsymbol{e}_1\quad\boldsymbol{e}_2\quad\boldsymbol{e}_3]=[\boldsymbol{i}\quad\boldsymbol{j}\quad\boldsymbol{k}]\begin{bmatrix}\cos\theta & -\sin\theta & 0\\ \sin\theta & \cos\theta & 0\\ 0 & 0 & 1\end{bmatrix}=\boldsymbol{i}\cdot\boldsymbol{Q}$$

其中 θ 为坐标架转过的角度，$\boldsymbol{Q}$ 为正交矩阵，并且有 $\boldsymbol{i}=\boldsymbol{e}\cdot\boldsymbol{Q}^{-1}=\boldsymbol{e}\cdot\boldsymbol{Q}^{\mathrm{T}}$。

于是

$$\frac{\mathrm{d}\boldsymbol{e}}{\mathrm{d}t}=\boldsymbol{i}\cdot\frac{\mathrm{d}\boldsymbol{Q}}{\mathrm{d}t}=\boldsymbol{e}\cdot\boldsymbol{Q}^{\mathrm{T}}\cdot\frac{\mathrm{d}\boldsymbol{Q}}{\mathrm{d}t}$$

$$\boldsymbol{Q}^{\mathrm{T}}\cdot\frac{\mathrm{d}\boldsymbol{Q}}{\mathrm{d}t}=\begin{bmatrix}\cos\theta & \sin\theta & 0\\ -\sin\theta & \cos\theta & 0\\ 0 & 0 & 1\end{bmatrix}\cdot\begin{bmatrix}-\frac{\mathrm{d}\theta}{\mathrm{d}t}\sin\theta & -\frac{\mathrm{d}\theta}{\mathrm{d}t}\cos\theta & 0\\ \frac{\mathrm{d}\theta}{\mathrm{d}t}\cos\theta & -\frac{\mathrm{d}\theta}{\mathrm{d}t}\sin\theta & 0\\ 0 & 0 & 0\end{bmatrix}=\begin{bmatrix}0 & -\frac{\mathrm{d}\theta}{\mathrm{d}t} & 0\\ \frac{\mathrm{d}\theta}{\mathrm{d}t} & 0 & 0\\ 0 & 0 & 0\end{bmatrix}$$

记角速度 $\boldsymbol{\omega}=\frac{\mathrm{d}\theta}{\mathrm{d}t}\boldsymbol{e}_3$，有 $[\mathrm{d}\boldsymbol{e}_1\quad\mathrm{d}\boldsymbol{e}_2\quad\mathrm{d}\boldsymbol{e}_3]=\left[\frac{\mathrm{d}\theta}{\mathrm{d}t}\boldsymbol{e}_2\quad-\frac{\mathrm{d}\theta}{\mathrm{d}t}\boldsymbol{e}_1\quad 0\right]$，于是

$$x_i\frac{\mathrm{d}\boldsymbol{e}_i}{\mathrm{d}t}=x_1\frac{\mathrm{d}\theta}{\mathrm{d}t}\boldsymbol{e}_2-x_2\frac{\mathrm{d}\theta}{\mathrm{d}t}\boldsymbol{e}_1=\frac{\mathrm{d}\theta}{\mathrm{d}t}\boldsymbol{e}_3\times(x_1\boldsymbol{e}_1+x_2\boldsymbol{e}_2+x_3\boldsymbol{e}_3)=\boldsymbol{\omega}\times\boldsymbol{x}_r$$

整理得

$$\boldsymbol{v}=\frac{\mathrm{d}\boldsymbol{x}}{\mathrm{d}t}=\frac{\mathrm{d}\boldsymbol{x}_0}{\mathrm{d}t}+\frac{\mathrm{d}\boldsymbol{x}_r}{\mathrm{d}t}=\boldsymbol{v}_0+\boldsymbol{\omega}\times\boldsymbol{x}_r+\boldsymbol{v}_r\tag{4.1-6}$$

同理可证，如果存在三个方向的旋转（$\boldsymbol{e}_1,\boldsymbol{e}_2,\boldsymbol{e}_3$ 方向的转角分别为 ϕ,ψ,θ），则有

$$\boldsymbol{Q}^{\mathrm{T}}\cdot\frac{\mathrm{d}\boldsymbol{Q}}{\mathrm{d}t}=\begin{bmatrix}0 & -\frac{\mathrm{d}\theta}{\mathrm{d}t} & \frac{\mathrm{d}\psi}{\mathrm{d}t}\\ \frac{\mathrm{d}\theta}{\mathrm{d}t} & 0 & -\frac{\mathrm{d}\phi}{\mathrm{d}t}\\ \frac{\mathrm{d}\psi}{\mathrm{d}t} & \frac{\mathrm{d}\phi}{\mathrm{d}t} & 0\end{bmatrix}=\begin{bmatrix}0 & -\omega_3 & \omega_2\\ \omega_3 & 0 & -\omega_1\\ -\omega_2 & \omega_1 & 0\end{bmatrix}$$

角速度 $\boldsymbol{\omega}=\frac{\mathrm{d}\phi}{\mathrm{d}t}\boldsymbol{e}_1+\frac{\mathrm{d}\psi}{\mathrm{d}t}\boldsymbol{e}_2+\frac{\mathrm{d}\theta}{\mathrm{d}t}\boldsymbol{e}_3=\omega_1\boldsymbol{e}_1+\omega_2\boldsymbol{e}_2+\omega_3\boldsymbol{e}_3$，则有

$$x_i\frac{\mathrm{d}\boldsymbol{e}_i}{\mathrm{d}t}=\frac{\mathrm{d}\phi}{\mathrm{d}t}\boldsymbol{e}_1\times(x_1\boldsymbol{e}_1+x_2\boldsymbol{e}_2+x_3\boldsymbol{e}_3)+\frac{\mathrm{d}\psi}{\mathrm{d}t}\boldsymbol{e}_2\times(x_1\boldsymbol{e}_1+x_2\boldsymbol{e}_2+x_3\boldsymbol{e}_3)+\frac{\mathrm{d}\theta}{\mathrm{d}t}\boldsymbol{e}_3\times(x_1\boldsymbol{e}_1+x_2\boldsymbol{e}_2+x_3\boldsymbol{e}_3)=\boldsymbol{\omega}\times\boldsymbol{x}_r$$

定义牵连速度 $\boldsymbol{v}_e=\boldsymbol{v}_0+\boldsymbol{\omega}\times\boldsymbol{x}_r$。于是 $\boldsymbol{v}=\boldsymbol{v}_e+\boldsymbol{v}_r$，$\boldsymbol{v}_r$ 为相对速度。于是，绝对加速度

$$\begin{aligned}\boldsymbol{a}=\frac{\mathrm{d}\boldsymbol{v}}{\mathrm{d}t}&=\frac{\mathrm{d}\boldsymbol{v}_0}{\mathrm{d}t}+\frac{\mathrm{d}\boldsymbol{\omega}\times\boldsymbol{x}_r}{\mathrm{d}t}+\frac{\mathrm{d}\boldsymbol{v}_r}{\mathrm{d}t}=\frac{\mathrm{d}\boldsymbol{v}_0}{\mathrm{d}t}+\frac{\mathrm{d}\boldsymbol{\omega}}{\mathrm{d}t}\times\boldsymbol{x}_r+\boldsymbol{\omega}\times(\boldsymbol{\omega}\times\boldsymbol{x}_r+\boldsymbol{v}_r)+\frac{\mathrm{d}(v_i\boldsymbol{e}_i)}{\mathrm{d}t}\\&=\frac{\mathrm{d}\boldsymbol{v}_0}{\mathrm{d}t}+\frac{\mathrm{d}\boldsymbol{\omega}}{\mathrm{d}t}\times\boldsymbol{x}_r+\boldsymbol{\omega}\times\boldsymbol{\omega}\times\boldsymbol{x}_r+\boldsymbol{\omega}\times\boldsymbol{v}_r+\frac{\mathrm{d}v_i}{\mathrm{d}t}\boldsymbol{e}_i+\boldsymbol{\omega}\times\boldsymbol{v}_r\\&=\frac{\mathrm{d}\boldsymbol{v}_0}{\mathrm{d}t}+\frac{\mathrm{d}\boldsymbol{\omega}}{\mathrm{d}t}\times\boldsymbol{x}_r+\boldsymbol{\omega}\times(\boldsymbol{\omega}\times\boldsymbol{x}_r)+2\boldsymbol{\omega}\times\boldsymbol{v}_r+\frac{\mathrm{d}v_i}{\mathrm{d}t}\boldsymbol{e}_i\end{aligned}$$

定义相对加速度 $\boldsymbol{a}_r=\frac{\tilde{\mathrm{d}}\boldsymbol{v}_r}{\mathrm{d}t}=\frac{\mathrm{d}v_i}{\mathrm{d}t}\boldsymbol{e}_i$，牵连加速度 $\boldsymbol{a}_e=\frac{\mathrm{d}\boldsymbol{v}_0}{\mathrm{d}t}+\frac{\mathrm{d}\boldsymbol{\omega}}{\mathrm{d}t}\times\boldsymbol{x}_r+\boldsymbol{\omega}\times(\boldsymbol{\omega}\times\boldsymbol{x}_r)$，科氏加速度 $\boldsymbol{a}_c=2\boldsymbol{\Omega}\times\boldsymbol{v}_r$，则绝对加速度为

$$\boldsymbol{a}=\frac{\mathrm{d}\boldsymbol{v}}{\mathrm{d}t}=\boldsymbol{a}_e+\boldsymbol{a}_c+\boldsymbol{a}_r \tag{4.1-7}$$

将式（4.1-7）代入式（3.2-7），并考虑到应变率张量 $\boldsymbol{D}$ 是由流体变形引起的，和速度惯性项无关，也考虑到非惯性坐标系是刚体运动，因此 $\boldsymbol{v}_0=\boldsymbol{v}_0(t)$，$\boldsymbol{\omega}=\boldsymbol{\omega}(t)$ 在整个空间是均匀的，非惯性系相对于惯性系引入惯性力，惯性力是体积力，不影响应力张量 $\boldsymbol{P}$，于是

$$\rho\frac{\tilde{\mathrm{d}}}{\mathrm{d}t}\boldsymbol{v}_r=\rho\boldsymbol{f}-\nabla p+\mu\left[\frac{1}{3}\nabla(\nabla\cdot\boldsymbol{v}_r)+\nabla^2\boldsymbol{v}_r\right]-\rho\left[\frac{\mathrm{d}\boldsymbol{v}_0}{\mathrm{d}t}+\frac{\mathrm{d}\boldsymbol{\omega}}{\mathrm{d}t}\times\boldsymbol{x}_r+\boldsymbol{\omega}\times(\boldsymbol{\omega}\times\boldsymbol{x}_r)+2\boldsymbol{\omega}\times\boldsymbol{v}_r\right] \tag{4.1-8}$$

根据式（4.1-8），显然，地球旋转对相对于地球运动的物体产生了科氏力（由科氏加速度引起的），这种效应也称科氏效应。科氏力对地球的大气圈、水圈物质的运动有明显的作用，对一些时间较长的运动过程影响尤为明显，科氏效应在大气和海洋环流、弹道和卫星发射回收、信风及河流等问题的分析中有广泛的应用，本书将在第 5 章分析科氏效应对大气、海洋运动的影响。

如果流体相对于非惯性系静止（$\boldsymbol{v}_r=0$），有

$$\rho\boldsymbol{f}-\nabla p-\rho\left[\frac{\mathrm{d}\boldsymbol{v}_0}{\mathrm{d}t}+\frac{\mathrm{d}\boldsymbol{\omega}}{\mathrm{d}t}\times\boldsymbol{x}_r+\boldsymbol{\omega}\times(\boldsymbol{\omega}\times\boldsymbol{x}_r)\right]=0 \tag{4.1-9}$$

【例 4-2】 如图 4.1-5 所示，有一个水平放置的装满水的圆柱容器，沿着中心轴以角速度 $\boldsymbol{\Omega}$ 旋转，求等压面的方程。

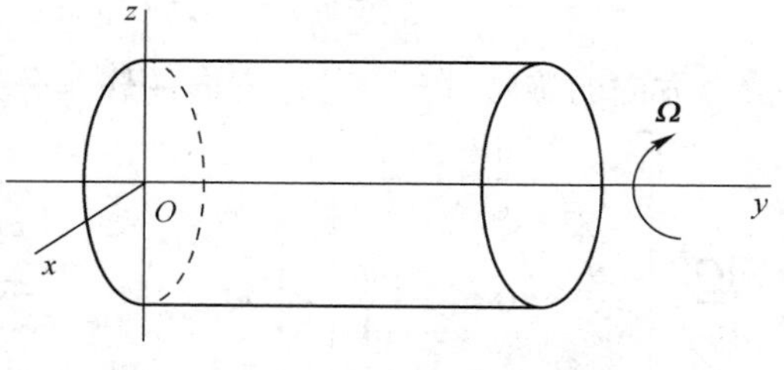

图 4.1-5 例 4-2 示意图

解：建立如图所示的 $O-xyz$ 坐标系，令 y 轴为旋转轴，$\boldsymbol{g}=-g\boldsymbol{k}$。

旋转时流体相对容器静止（相对以角速度 $\boldsymbol{\Omega}$ 绕 y 轴旋转的非惯性坐标系静止），因此

$$\boldsymbol{a}=\boldsymbol{a}_e=\frac{\mathrm{d}\boldsymbol{v}_0}{\mathrm{d}t}+\frac{\mathrm{d}\boldsymbol{\Omega}}{\mathrm{d}t}\times\boldsymbol{r}+\boldsymbol{\Omega}\times(\boldsymbol{\Omega}\times\boldsymbol{r})=-\Omega^2x\boldsymbol{i}-\Omega^2z\boldsymbol{k}$$

由

$$\rho\boldsymbol{F}_b-\nabla p-\rho\boldsymbol{a}_e=0$$

得

$$\nabla p=\rho(\boldsymbol{F}_b-\boldsymbol{a}_e)=\rho[\Omega^2x\boldsymbol{i}+(\Omega^2z-g)\boldsymbol{k}]$$

于是

$$p=\int dp=\int\nabla p\cdot d\boldsymbol{r}=\int\rho[\Omega^2x\mathrm{d}x+(\Omega^2z-g)\mathrm{d}z]=\rho\frac{1}{2}\Omega^2x^2+\frac{1}{2}\Omega^2z^2-gz=C$$

即

$$x^2+z^2-\frac{2g}{\Omega^2}z=C_1$$

化简得

$$x^2+\left(z-\frac{g}{\Omega^2}\right)^2=C_1+\frac{g^2}{\Omega^4}$$

在空气污染应急响应中，有人提出给环境中的树木、建筑除尘喷水，可以降低 PM2. 5 的测量值。PM2. 5 是指环境空气中空气动力学当量直径小于或等于 2. 5μm 的颗粒物，它能较长时间悬浮于空气中，以上方法设想向空气中的尘埃喷水，借助水的重力可以使微粒降落下来。而根据式（4. 1-9），颗粒受到的重力是和体积成正比的，而受到的面力是和面积成正比的，若要降落地面，需要重力大于面力。微粒的体积越小，这个条件越难满足，实际上靠喷水是无法将空气中的 PM2. 5 降下来的。一般来说喷水可以减轻 10μm 及以上的颗粒的污染，要用同样的方法降低空气中 PM2. 5 的浓度，则要喷洒密度远大于水的液体。因此降低空气中 PM2. 5 的最好办法是吹风，靠空气流动引起的面力将 PM2. 5 带走。

图 4. 1-6　网曝向监测设备喷水图

4.2 无黏性流动

根据第 3 章的量纲分析，当 Re 数很大时，流体运动过程中的黏性效应远小于惯性效应，因此可以忽略黏性项，这时的运动方程和理想流体（无黏流体）是一样的。实际上在自然界中，真正的无黏流体是不存在的，但当黏性项远小于惯性项时，忽略黏性项将使问题简化，在一定程度上能够得到刻画问题实质的解析解。本节在这种处理下得到的伯努利积分和拉格朗日积分就在现实中有很好的应用，是工程类流体力学的重要内容。当然，在得到问题的具体解后，还需要实验或经验来判断和修正结果。

4.2.1 无黏性定常流动的伯努利积分

无量纲的运动方程式（3.4-7），如果在所研究的问题中，黏性效应不十分显著，通常可以忽略黏性效应。Re 数很大时也可忽略黏性项，于是得到

$$\rho\left(St\frac{\partial \boldsymbol{v}}{\partial t}+\boldsymbol{v}\cdot\nabla\boldsymbol{v}\right)=-\nabla p+\frac{1}{Fr}\boldsymbol{k}$$

恢复真实量纲，有

$$\frac{\partial \boldsymbol{v}}{\partial t}+\boldsymbol{v}\cdot\nabla\boldsymbol{v}=\rho\boldsymbol{f}-\frac{1}{\rho}\nabla p \tag{4.2-1}$$

此为无黏流体的欧拉方程。欧拉方程适用于：平面和空间无旋运动、水波运动等。比如，水波在河中传播时，在较长的距离上仍不衰减；大气在高空中运动时可以长驱直入，常常跨越数千千米。但是，无法解释物体在流体中运动的阻力和管道、渠道等的压力损失。

通过矢量公式$(\boldsymbol{v}\cdot\nabla)\boldsymbol{v}=\nabla\left(\frac{\boldsymbol{v}\cdot\boldsymbol{v}}{2}\right)+\nabla\times\boldsymbol{v}\times\boldsymbol{v}=\nabla\left(\frac{\boldsymbol{v}\cdot\boldsymbol{v}}{2}\right)+\boldsymbol{\omega}\times\boldsymbol{v}$（注：有时用 $\boldsymbol{\omega}$ 表示角速度，这里用来表示旋度，它是角速度的两倍），得到

$$\frac{\partial \boldsymbol{v}}{\partial t}+\nabla\left(\frac{\boldsymbol{v}\cdot\boldsymbol{v}}{2}\right)+\boldsymbol{\omega}\times\boldsymbol{v}=\boldsymbol{f}-\frac{1}{\rho}\nabla p \tag{4.2-2}$$

如果体积力有势，可以定义 $\boldsymbol{f}=-\nabla\Psi$，如果流体正压，则 $\rho=\rho(p)$，根据第 1 章函数梯度式（1.2-11），有

$$\nabla\left[\int\frac{\mathrm{d}p}{\rho(p)}\right]=\frac{\mathrm{d}\left[\int\frac{\mathrm{d}p}{\rho(p)}\right]}{\mathrm{d}p}\nabla p=\frac{\frac{\mathrm{d}p}{\rho(p)}}{\mathrm{d}p}\nabla p=\frac{\nabla p}{\rho(p)}$$

这样，式（4.2-2）表示为

$$\frac{\partial \boldsymbol{v}}{\partial t}+\nabla\left[\frac{\boldsymbol{v}\cdot\boldsymbol{v}}{2}+\int\frac{\mathrm{d}p}{\rho(p)}+\Psi\right]+\boldsymbol{\omega}\times\boldsymbol{v}=0 \tag{4.2-3}$$

对于定常流动$\frac{\partial}{\partial t}=0$，有

$$\nabla\left[\frac{\boldsymbol{v}\cdot\boldsymbol{v}}{2}+\int\frac{\mathrm{d}p}{\rho(p)}+\Psi\right]=-\boldsymbol{\omega}\times\boldsymbol{v}$$

沿流线或涡线 $\boldsymbol{s}$，$\mathrm{d}\boldsymbol{s}\times\boldsymbol{v}=0$ 或 $\mathrm{d}\boldsymbol{s}\times\boldsymbol{\omega}=0$ 成立。于是

$$\left\{\nabla\left[\frac{\boldsymbol{v}\cdot\boldsymbol{v}}{2}+\int\frac{\mathrm{d}p}{\rho(p)}+\Psi\right]\right\}\cdot\mathrm{d}\boldsymbol{s}=-\boldsymbol{\omega}\times\boldsymbol{v}\cdot\mathrm{d}\boldsymbol{s}=0$$

即

$$\frac{\partial}{\partial s}\left[\frac{\boldsymbol{v}\cdot\boldsymbol{v}}{2}+\int\frac{\mathrm{d}p}{\rho(p)}+\Psi\right]=0$$

于是沿流线和涡线成立伯努利方程

$$\frac{\boldsymbol{v}\cdot\boldsymbol{v}}{2}+\int\frac{\mathrm{d}p}{\rho(p)}+\Psi=\mathrm{const}(\text{常数}) \tag{4.2-4}$$

在重力场中 $\Psi=gz$，不可压缩流体 $\int\frac{\mathrm{d}p}{\rho(p)}=\frac{p}{\rho}$，于是成立

$$\frac{\boldsymbol{v}\cdot\boldsymbol{v}}{2g}+\frac{p}{\rho g}+z=\mathrm{const} \tag{4.2-5}$$

在式（4.2-5）中，各项的量纲均为长度。左边第一项代表单位质量流体的动能，或称速度头；第二项为单位质量流体所做的功，或称压强头，第三项为单位质量流体所具有的势能，或称高度头。

对于绝热等熵流动 $\frac{p}{\rho^{\gamma}}=\mathrm{const}$，有

$$\int\frac{\mathrm{d}p}{\rho(p)}=\int\frac{\alpha\gamma\rho^{\gamma-1}\mathrm{d}\rho}{\rho(p)}=\int\alpha\gamma\rho^{\gamma-2}\mathrm{d}\rho=\frac{\alpha\gamma\rho^{\gamma-1}}{\gamma-1}=\frac{\gamma}{\gamma-1}\frac{p}{\rho}$$

于是有

$$\frac{\boldsymbol{v}\cdot\boldsymbol{v}}{2g}+\frac{\gamma}{\gamma-1}\frac{p}{\rho g}+z=\mathrm{const} \tag{4.2-6}$$

虹吸现象：具有自由面的液体，通过一弯管使其绕过周围较高的障碍物（如容器壁、河堤等），然后流至低于自由液面的位置，这种用途的管子称为虹吸管，这类现象称为虹吸现象。

如图 4.2-1 所示，同一 U 形管作为虹吸管从水槽中吸水，水从虹吸管末端流入大气。设虹吸管最高截面 A-A 中心线至水槽中液面的距离为 H，出口端面至水槽中液面的距离为 L。

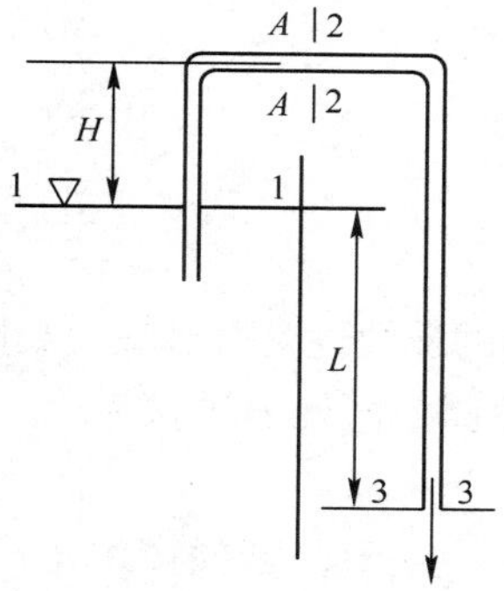

图 4.2-1　虹吸管示意图

假定水槽很大，在虹吸过程中自由水面的下降速度为 0，不计流体的黏性，则流动可用理想不可压缩流体的一元定常流动模型来近似。

选取水槽中自由水面、最高位置截面和出口截面为计算截面，位置高度基准取在水槽中自由水面处，对 1、3 截面列伯努利方程得

$$\frac{p_a}{\rho}+0+0=\frac{p_a}{\rho}-gL+\frac{v_3^2}{2}$$

因此

$$v_3=\sqrt{2gL}$$

对 2、3 截面列伯努利方程，得

$$\frac{p_2}{\rho}+gH+\frac{v_2^2}{2}=\frac{p_a}{\rho}-gL+\frac{v_3^2}{2}$$

对于等截面管道中的不可压缩流动，$v_2=v_3$，有

$$\frac{p_2-p_a}{\rho}=-g(H+L)$$

引起虹吸管内水流流动的能源是虹吸管出口截面与自由液面间存在的位置高度差，水流的动能由重力势能转换而来。理论上，L 越大，流出虹吸管的水流的速度越大；另外，在虹吸管最高截面处压强小于当地物理大气压，其真空度等于$(H+L)$。实际上，H 达到一定数值时，最高截面处的压强已等于水流在该温度下的饱和蒸汽压，水本身将液化产生大量蒸汽泡形成冷“沸腾”现象，这时流动的连续性已被破坏，虹吸管不能正常工作，前述的方程组也不再适用。

【例 4-3】 可以用虹吸管将水从水库引入灌渠（见图 4.2-2）。设虹吸管越过坝顶时最高截面至出口截面的垂直高度 z = 6m，出口截面低于水库中水面距离 L = 3m。若每小时需吸水 100m³，试确定虹吸管的直径 d。假设水温为 20℃，当地物理大气压为 1.0133×10^5Pa，判断虹吸管能否正常吸水。

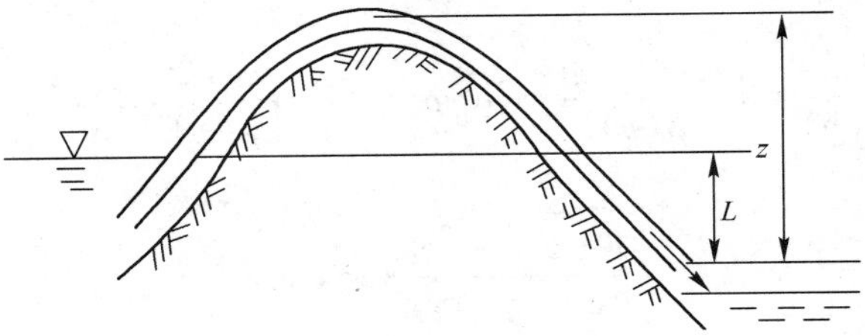

图 4.2-2 虹吸管示意图

流出虹吸管水流的速度为

$$v=\sqrt{2gL}=7.67\text{m/s}$$

因为

$$Q=AV=\frac{\pi}{4}d^2V$$

$$d=\sqrt{\frac{4Q}{\pi V}}=0.0679\text{m}$$

显然，虹吸管最高截面处压强小于当地物理大气压，为了分析流动的连续性是否破坏，虹吸管可否正常工作，查表可知，20℃时水的饱和蒸汽压为 2340Pa，最高截面处压强 p_2 为

$$p_2=p_a-\rho gz=42600\text{Pa}$$

可见最高截面处的压强远大于该温度下的饱和蒸汽压，水流不会在最高截面产生水汽，虹吸管可以正常吸水。

【例 4-4】 文丘里（Verturi）管如图 4.2-3 所示。

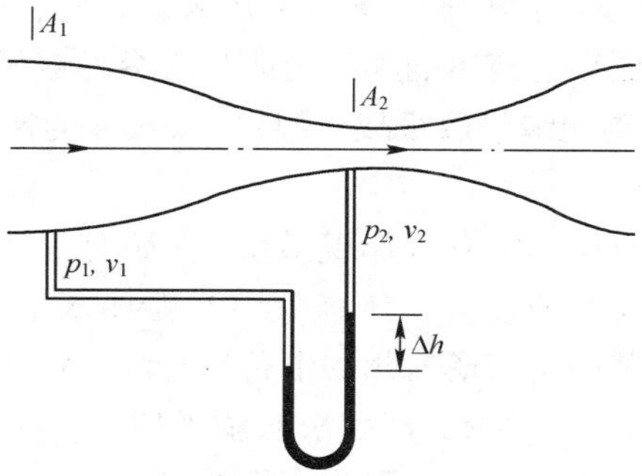

图 4.2-3　文丘里管示意图

对流线 1、2 处流体应用伯努利积分，有

$$p_1+\frac{1}{2}\rho v_1^2=p_2+\frac{1}{2}\rho v_2^2$$

由连续性方程得

$$v_1A_1=v_2A_2$$

于是

$$v_2^2=\frac{2(p_1-p_2)}{\rho\left[1-\left(\frac{A_2}{A_1}\right)^2\right]}$$

其中

$$p_1-p_2=\rho_1 g\Delta h$$

于是

$$Q=v_2A_2=\sqrt{\frac{2\rho_1 g\Delta h}{\rho}\frac{A_1^2A_2^2}{A_1^2-A_2^2}}$$

这种在通过缩小的过流断面时，流体出现流速增大，并伴随流体压力降低的现象称为文丘里现象，这种效应称为文丘里效应，也称文氏效应，是以其发现者意大利物理学家文丘里（Giovanni Battista Venturi）的名字命名的。

2021 年 3 月 23 日，长赐号巨型集装箱船在苏伊士运河搁浅，造成运河堵塞（见图 4.2-4）。

图 4.2-4　长赐号巨型集装箱船在苏伊士运河搁浅

大船在狭窄的水道中前进时，船头的流断面宽，船身的流断面窄，由文丘里效应，船头的流速比船身断面的慢，相应的船头压强比船身的压强大，此时，船如果没沿着河道中心线前进，或者船头开始转向时，更靠近河岸的那一边船身就容易被河岸吸过去，这一现象也被称为岸壁效应。1934 年 1 月，英国纳尔逊级战列舰以 4.6m/s 的速度离开英国朴次茅斯港，因为岸壁效应搁浅。

文丘里现象在航运中的应用不仅有“岸壁效应”，还有“艉坐效应”。大船在浅水中航行时，也会由于船身底部水流的速度高、压强低引起船体入水更深。1992 年 7 月 8 日，伊利莎白女王二号远洋邮轮在美国马塞诸塞州的卡蒂杭克岛（Cuttyhunk Jsland）附近的沙洲上搁浅。美国国家运输安全委员会（NTSB）后来的调查指出，船员们不清楚水底地形，因此低估了船速过高造成的艉坐效应，直接导致了事件的发生。也有轮船利用艉坐效应强行降低“身高”，避免超过最大安全通航高度的操作。2009 年 11 月 1 日，世界第三大游轮、高出水面 72 米的海洋绿洲号为了能通过丹麦的大贝尔特桥，在过桥时加速至 37km/h，成功让大船多入水 30cm，最终以小于最大安全通航高度 4cm 的距离惊险过桥。

【例 4-5】 同样如图 4.2-5 所示，管道先收缩后扩张，当满足一维定常等熵流动时，如果流速较大，设计截面积先缩小后增大的管道可以使流体获得超过音速的速度（拉瓦尔管）。

采用一维定常等熵流动模型，忽略流体的黏性和重力的影响，方程为

$$\rho v\frac{\partial v}{\partial x}=-\frac{\partial p}{\partial x}\Rightarrow\frac{\partial p}{\partial v}=-\rho v$$

根据声速的定义 $c=\sqrt{\dfrac{\partial p}{\partial \rho}}$，有

$$\frac{\partial p}{\partial v}=\frac{c^2\,\partial \rho}{\partial v}=-\rho v\Rightarrow\frac{\partial \rho}{\partial v}=-\frac{\rho v}{c^2}$$

根据连续性方程 $\rho vA=\text{const}$，有

$$vA\frac{\partial \rho}{\partial v}+\rho A+\rho v\frac{\partial A}{\partial v}=0$$

于是

$$\frac{\partial A}{\partial v}=-\frac{1}{\rho v}\left(vA\frac{\partial \rho}{\partial v}+\rho A\right)=-\frac{A}{\rho}\frac{\partial \rho}{\partial v}-\frac{A}{v}=\frac{v^2}{c^2}\frac{A}{v}-\frac{A}{v}=(M^2-1)\frac{A}{v}$$

即

$$\frac{\partial v}{\partial A}=\frac{1}{(M^2-1)}\frac{v}{A}$$

显然，当 $M<1$，即 $v<c$ 时，$\dfrac{\partial v}{\partial A}<0$，要使速度增大，需要使截面积减小；当 $M>1$，即 $v>c$ 时，$\dfrac{\partial v}{\partial A}>0$，要使速度增大，需要使截面积增大，如图 4.2-5 所示。

明渠是具有自由水面的渠道，包括自然明渠和人工明渠。自然明渠是自然形成的，属于河流动力学的范畴，水力学特征比较复杂。人工明渠是人工修建的渠道，形状比较规则，比较易于用流体力学理论进行分析。对于自然形成的明渠，常常需要知道明渠中流量的大小，水利工程师通过在明渠中放置障碍物——堰，让水漫过障碍物来测量流量（见图 4.2-6）。

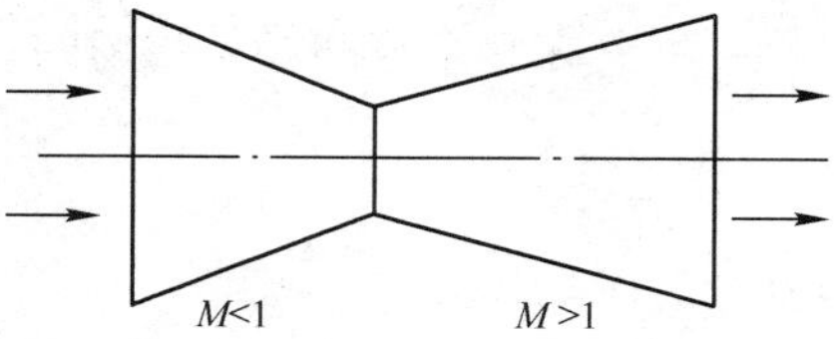

图 4.2-5　拉瓦尔管示意图

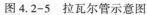

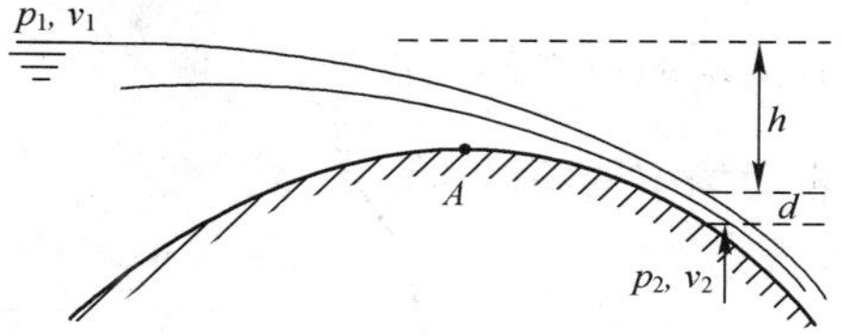

图 4.2-6　溢水堰示意图

【例 4-6】 溢水堰。

对于和大气接触面上的流线，对 1、2 处的流体应用伯努利积分，有

$$\frac{1}{2}v_1^2+\frac{p_1}{\rho}+gz_1=\frac{1}{2}v_2^2+\frac{p_2}{\rho}+gz_2$$

对于无穷远的来流 1 处，$v_1=0$。1、2 处都和大气接触，有 $p_1=p_2=p_0$。令 $z_1-z_2=h$，有 $\frac{1}{2}v_2^2=gh$，设 2 处的水面高度为 d，流量 $Q=v_2d$，于是

$$d+h=\frac{Q}{v_2}+\frac{v_2^2}{2g}$$

显然堰的最高点 A 处对应 $d+h$ 最小值，通过 $\frac{\mathrm{d}(d+h)}{\mathrm{d}v_A}=-\frac{Q}{v_A^2}+\frac{v_A}{g}=0$，得极值点处的速度为

$$v_A=(Qg)^{\frac{1}{3}}$$

于是

$$\frac{Q}{d}=(Qg)^{\frac{1}{3}}\Rightarrow Q=\sqrt{gd^3}$$

d 为堰最高点到水面的距离。此法只是估算水流量，不是一个很精确的结果。

4.2.2　无旋流动拉格朗日积分

对于无旋运动 $\boldsymbol{\omega}=\nabla\times\boldsymbol{v}=0$，可定义 $\boldsymbol{v}=\nabla\varphi$，定义 φ 为速度势。由于

$$\nabla\times\nabla\varphi=\begin{vmatrix}\boldsymbol{i} & \boldsymbol{j} & \boldsymbol{k}\\ \frac{\partial}{\partial x} & \frac{\partial}{\partial y} & \frac{\partial}{\partial z}\\ \frac{\partial\varphi}{\partial x} & \frac{\partial\varphi}{\partial y} & \frac{\partial\varphi}{\partial z}\end{vmatrix}=0$$

所以 $\nabla\times\boldsymbol{v}=0$ 自动满足。

无黏、正压 $\frac{1}{\rho}\nabla p=\nabla\left[\int\frac{\mathrm{d}p}{\rho(p)}\right]$、体积力有势 $\boldsymbol{f}=-\nabla\Psi$ 流体的兰姆（Lamb）方程式 (4.1-2)，如果无旋，定义 $\boldsymbol{v}=\nabla\varphi$，于是有

$$\nabla\left[\frac{\partial\varphi}{\partial t}+\frac{v^2}{2}+\int\frac{\mathrm{d}p}{\rho(p)}+\Psi\right]=0$$

因此

$$\frac{\partial\varphi}{\partial t}+\frac{v^2}{2}+\int\frac{\mathrm{d}p}{\rho(p)}+\Psi=f(t)\tag{4.2-7}$$

此为无旋流动的拉格朗日积分，说明 $\frac{\partial\varphi}{\partial t}+\frac{v^2}{2}+\int\frac{\mathrm{d}p}{\rho(p)}+\Psi$ 在整个空间场是均匀的。

对重力场中的不可压缩流体，有

$$\frac{\partial\varphi}{\partial t}+\frac{v^2}{2}+\frac{p}{\rho}+gz=f(t) \tag{4.2-8}$$

【例 4-7】 若水雷在水下爆炸后的运动图案是中心对称的，各点的流动速度都只有径向分量，试求爆炸后的压力分布。

因为流动只有径向分量 v_r，所以运动无旋，定义 $\boldsymbol{v}=v_r\boldsymbol{e}_r=\nabla\varphi$。

由于运动图案是中心对称的，由连续性方程，有 $4\pi r^2 v_r=c(t)$。

通过 $v_r=\frac{c(t)}{4\pi r^2}=\frac{\partial\varphi}{\partial r}$，两边对 r 积分得

$$\varphi=-\frac{c(t)}{4\pi r}$$

对空间一点到无穷远处用拉格朗日积分，有

$$\frac{\partial(\varphi-\varphi_\infty)}{\partial t}+\frac{v^2-v_\infty^2}{2}+\frac{p-p_\infty}{\rho}=0$$

将 $\varphi=-\frac{c(t)}{4\pi r}$、$v_r=\frac{c(t)}{4\pi r^2}$ 代入，有

$$-\frac{c'(t)}{4\pi r}+\frac{1}{2}\left[\frac{c(t)}{4\pi r^2}\right]^2=\frac{p_\infty-p}{\rho}$$

于是

$$p=p_\infty+\rho\left\{\frac{c'(t)}{4\pi r}-\frac{1}{2}\left[\frac{c(t)}{4\pi r^2}\right]^2\right\}$$

【例 4-8】 如图 4.2-7 所示，一定常明渠流动在某处出现水跃现象，跃前与跃后的速度与水深分别为 v_1, y_1 与 v_2, y_2，实验表明水跃区的范围相当短，约为 y_2 的 6 倍，在这样短的范围内与水的压强相比底面的摩擦力可以忽略不计，同时假定流动为一维均匀流，即各截面上的流动参数是均匀分布的，忽略流体的体积力，压强依照静压分布规律，如果 v_1, y_1 已知，求 y_2 与能量损失。

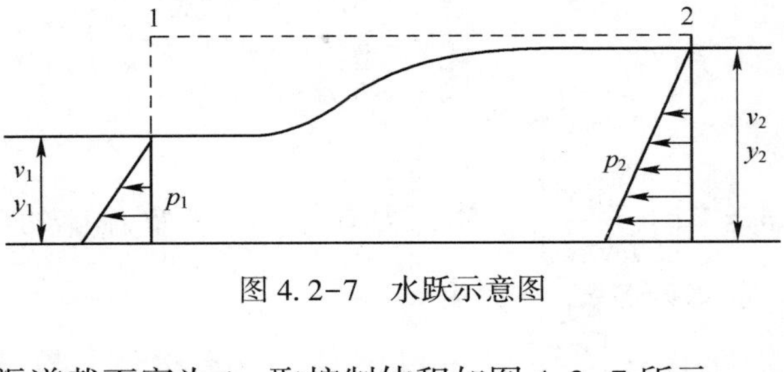

图 4.2-7　水跃示意图

取垂直于板面的渠道截面宽为 1，取控制体积如图 4.2-7 所示。

应用动量定理于截面 1 与 2 有

$$p_1A_1-p_2A_2=Q_m(v_2-v_1) \tag{4.2-9}$$

其中

$$pA = \int \rho g y \mathrm{d}y = \frac{\rho g y^2}{2}（静压规律）\tag{4.2-10}$$

$$Q_m = v_1 y_1 = v_2 y_2（连续性条件）$$

利用静压规律和连续性条件，式（4.2-9）可以改写为

$$\frac{1}{2}\rho g[y_1^2 - y_2^2] = v_1^2 \rho \left[\frac{y_1^2}{y_2} - y_1\right]$$

整理有

$$\frac{y_1^2 - y_2^2}{y_1} = 2\frac{v_1^2}{g y_1}\frac{y_1^2 - y_1 y_2}{y_2} \tag{4.2-11}$$

记 $Fr_1^2 = \frac{v_1^2}{g y_1}$，式（4.2-11）两边同除以 y_1^2，有

$$\frac{y_2}{y_1}\left[1 - \left(\frac{y_2}{y_1}\right)^2\right] = 2Fr_1^2\left(1 - \frac{y_2}{y_1}\right)$$

即

$$\frac{y_2}{y_1}\left(1 + \frac{y_2}{y_1}\right) - 2Fr_1^2 = \left(\frac{y_2}{y_1}\right)^2 + \frac{y_2}{y_1} - 2Fr_1^3 = 0 \tag{4.2-12}$$

求解，可得

$$\frac{y_2}{y_1} = \frac{-1 + \sqrt{1 + 8Fr_1^2}}{2} \tag{4.2-13}$$

应用能量定理来估计水跃的能量损失 h_f，由于液面上方均为大气压 p_a，故液面有

$$\frac{v_1^2}{2g} + y_1 = \frac{v_2^2}{2g} + y_2 + h_f$$

其中 $v_2 = \frac{v_1 y_1}{y_2}$，上式两边同除以 y_1，整理得

$$\frac{h_f}{y_1} = \frac{v_1^2}{2g y_1}\left[1 - \left(\frac{y_1}{y_2}\right)^2\right] + \left[1 - \frac{y_2}{y_1}\right] \tag{4.2-14}$$

注意到 $Fr_1^2 = \frac{v_1^2}{g y_1}$，并且由式（4.2-12），有 $2Fr_1^2 = \left(\frac{y_2}{y_1}\right)^2 + \frac{y_2}{y_1}$。令 $a = \frac{y_2}{y_1}$，于是 $2Fr_1^2 = a^2 + a$，代入式（4.2-14），得

$$\frac{h_f}{y_1} = \frac{1}{4}(a^2 + a)\left(1 - \frac{1}{a^2}\right) + (1 - a) = \frac{(a-1)^3}{4a} = \frac{\left[\frac{y_2}{y_1} - 1\right]^3}{4\frac{y_2}{y_1}} \tag{4.2-15}$$

另外，截面 1 处的比能量（每单位重量流体的能量）为

$$E_1 = \frac{v_1^2}{2g} + y_1 = \frac{y_1}{2}[Fr_1^2 + 2] \tag{4.2-16}$$

将式（4.2-15）和式（4.2-16）相除后，有

$$\frac{h_f}{E_1}=\frac{1}{2}\frac{\left[\frac{y_2}{y_1}-1\right]^3}{\frac{y_2}{y_1}[Fr_1^2+2]}$$

由式（4.2-13），有

$$\frac{h_f}{E_1}=\frac{[\sqrt{1+8Fr_1^2}-3]^3}{8[\sqrt{1+8Fr_1^2}-1][Fr_1^2+2]} \tag{4.2-17}$$

Fr_1 必须大于 1 时才会发生水跃（$Fr_1<1$，h_f 为虚数）。

钱塘江潮就是一种水跃现象。另外在生活中也常见水跃现象，如打开水龙头观察池底的流动，会看到在水柱周围形成一层薄薄的水膜，在边缘处水膜陡然上升，堆积成一个环形的“台阶”。大家都知道水往低处流，然而此处的水却往高处流。500 年前，达·芬奇就对这种现象感到惊讶不已，后世无数科学家也曾对此困惑不解。当高流速的超临界流体进入低流速的亚临界流体中时，流体的速度突然变慢，此时流体的部分动能被紊流消散，部分动能则转换为位能，造成液面明显变高，这样的现象即为水跃。

4.3 测黏流动

如果在所研究的问题中，黏性效应很显著，就不可以忽略黏性，特别是当 *Re* 数很小时，可以忽略惯性项。下面用流体运动的实例来分析黏性对流动的影响。

4.3.1 Poiseuille 流动（曲线流动实例）

如图 4.3-1 所示，分析流体在半径为 R 的等截面无限长直圆管中的定常运动，这种流动称为 Hagen-Poiseuille 流。

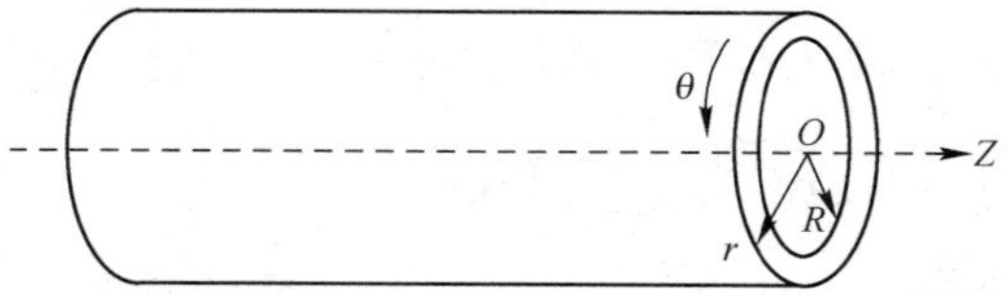

图 4.3-1 圆管轴向的轴对称定常流动

取柱坐标(r,θ,z)，z 轴与管轴重合。根据题意，速度分布为

$$v_r=0,\ v_\theta=0,\ v_z=u(r)$$

显然

$$A_{zr}=\frac{\partial v_z}{\partial r}+\frac{\partial v_r}{\partial z}=\frac{\mathrm{d}u}{\mathrm{d}r}$$

定义剪切率 k 为

$$k=\frac{\mathrm{d}u}{\mathrm{d}r}$$

显然，k 仅是 r 的函数，因而 $\boldsymbol{T}$ 的物理分量也仅是 r 的函数，

$$\boldsymbol{T}=\begin{bmatrix} T_{zz} & T_{zr} & 0 \\ T_{zr} & T_{rr} & 0 \\ 0 & 0 & T_{\theta\theta} \end{bmatrix}$$

由式（3.2-8），有

$$\begin{aligned} &0=-\frac{\partial p}{\partial r}+\frac{1}{r}\frac{\mathrm{d}}{\mathrm{d}r}(rT_{rr})-\frac{1}{r}T_{\theta\theta} \\ &0=-\frac{\partial p}{\partial \theta} \\ &0=-\frac{\partial p}{\partial z}+\frac{1}{r}\frac{\mathrm{d}}{\mathrm{d}r}(rT_{rz}) \end{aligned} \tag{4.3-1}$$

边界条件为

$$u(R)=0,\ r\to 0\text{ 时}, u\text{ 有界}$$

$$\text{在 } r=0 \text{ 时}, T_{ij}\text{连续}$$

由式（4.3-1）的第一式，有

$$\frac{\partial p}{\partial r}=\underbrace{\frac{1}{r}\frac{\mathrm{d}}{\mathrm{d}r}(rT_{rr})-\frac{1}{r}T_{\theta\theta}}_{r\text{的函数,记为}f'(r)}$$

可见，p 为 z 和 r 的相互独立的函数，即

$$p=g(z)+f(r) \tag{4.3-2}$$

将式（4.3-2）代入式（4.3-1）的第三式，有

$$g'(z)=\frac{\partial p}{\partial z}=\underbrace{\frac{1}{r}\frac{\mathrm{d}}{\mathrm{d}r}(rT_{rz})}_{r\text{的函数}}$$

显然，等式左侧是 z 的函数，右侧是 r 的函数，因此，等式左、右两侧必为常数项，令

$$\frac{\partial p}{\partial z}=-c_0(\text{常数})$$

于是

$$p=-c_0z+f(r) \tag{4.3-3}$$

其中 $c_0=-\frac{\partial p}{\partial z}$为压强梯度，它是正的常量；$f(r)$是 r 的函数。因此，可通过式（4.3-1）的第三式得

$$\frac{1}{r}\frac{\mathrm{d}}{\mathrm{d}r}(rT_{rz})=\frac{\partial p}{\partial z}=-c_0 \tag{4.3-4}$$

推导出

$$T_{rz}=-\frac{1}{2}c_0r+\frac{B}{r}$$

再由 T_{ij}有界，得到

$$B=0$$

于是切应力为

$$T_{rz}=\tau(k)=-\frac{1}{2}c_0r$$

可通过积分计算流量：

$$Q=2\pi\int_0^R ru(r)\mathrm{d}r=2\pi\int_0^R u(r)\mathrm{d}\left(\frac{r^2}{2}\right)=2\pi\int_0^R \mathrm{d}\left[u(r)\frac{r^2}{2}\right]-\pi\int_0^R r^2\frac{\mathrm{d}u}{\mathrm{d}r}\mathrm{d}r=-\pi\int_0^R r^2\frac{\mathrm{d}u}{\mathrm{d}r}\mathrm{d}r$$

这里已做分部积分并用了边界条件。

设 τ_w 是管壁处的剪应力，有

$$\tau_w=-\frac{1}{2}c_0R$$

因而 $c_0=-2\tau_w/R$，将 c_0 代入，则

$$\tau(k)=r\tau_w/R=-r\bar{\tau}_w/R$$

其中 $\bar{\tau}_w=-\tau_w$ 是正的，是流体作用于管壁上的剪应力。

换自变量 r 为 τ，流量可写为

$$Q=\frac{\pi R^3}{\bar{\tau}_w^3}\int_0^{-\bar{\tau}_w}\tau^2k(\tau)\mathrm{d}\tau$$

对 $\bar{\tau}_w$ 求导得到

$$\frac{\mathrm{d}Q}{\mathrm{d}\bar{\tau}_w}=-\frac{3\pi R^3}{\bar{\tau}_w^4}\int_0^{-\bar{\tau}_w}\tau^2k(\tau)\mathrm{d}\tau+\frac{\pi R^3}{\bar{\tau}_w^3}\bar{\tau}_w^2k(-\bar{\tau}_w)=-\frac{3Q}{\bar{\tau}_w}+\frac{\pi R^3}{\bar{\tau}_w}k(-\bar{\tau}_w)$$

因而

$$k(-\bar{\tau}_w)=\frac{\bar{\tau}_w}{\pi R^3}\left(\frac{3Q}{\bar{\tau}_w}+\frac{\mathrm{d}Q}{\mathrm{d}\bar{\tau}_w}\right)=\frac{Q}{\pi R^3}\left(3+\frac{Q}{\bar{\tau}_w}\frac{\mathrm{d}Q}{\mathrm{d}\bar{\tau}_w}\right)$$

令 $\lambda=\dfrac{Q}{\pi R^3}$，它是正的，有

$$k(-\bar{\tau}_w)=\lambda\left[3+\frac{\mathrm{d}(\log\lambda)}{\mathrm{d}(\log\bar{\tau}_w)}\right]$$

实验测定流量 Q（因此 λ 确定）和压力梯度 c_0（因此 τ_w 确定）后，剪切率 k 可以确定。知道了剪切率，黏度函数 $\eta(k)$ 则表示为

$$\eta(k)=\tau/k$$

从上面的结果看到，流量 Q 仅由黏度函数所确定，而不受法向应力差影响。但是，若管截面不是圆的，由于第二法向应力差的作用可能引起二次流动。不过通常二次流动较弱，对流量的影响比较小。

4.3.2 牛顿流体的 Poiseuille 流动与达西公式

【例 4-9】 求牛顿流体的 Poiseuille 流动特性（速度分布、流量）。

对于牛顿流体 $\eta(k)=\mathrm{const}$，将 $\tau=\eta\dfrac{\mathrm{d}u}{\mathrm{d}r}$代入式（4.3-4）得

$$\frac{1}{r}\frac{\mathrm{d}}{\mathrm{d}r}(r\tau)=\frac{1}{r}\frac{\mathrm{d}}{\mathrm{d}r}\left(r\eta\frac{\mathrm{d}u}{\mathrm{d}r}\right)=\frac{\partial p}{\partial z}=-c_0$$

于是

$$\frac{\mathrm{d}}{\mathrm{d}r}\left(r\eta\frac{\mathrm{d}u}{\mathrm{d}r}\right)=\frac{\partial p}{\partial z}r$$

积分得

$$\frac{\mathrm{d}u}{\mathrm{d}r}=\frac{r}{2\eta}\frac{\partial p}{\partial z}+C$$

继续积分得

$$u=\frac{r^2}{4\eta}\frac{\partial p}{\partial z}+C\log r+C_1$$

根据边界条件：$r\to 0$ 时，u 有界，可得 $C=0$。再由 $u(R)=0$，可得

$$C_1=-\frac{R^2}{4\eta}\frac{\partial p}{\partial z}$$

于是速度分布为

$$u=\frac{1}{4\eta}\frac{\partial p}{\partial z}(R^2-r^2)$$

于是

$$Q=-\pi\int_0^R r^2\frac{\mathrm{d}u}{\mathrm{d}r}\mathrm{d}r=-\pi\int_0^R r^2\frac{\partial p}{2\eta\,\partial z}r\mathrm{d}r=-\frac{\pi}{8\eta}\frac{\partial p}{\partial z}R^4 \tag{4.3-5}$$

根据式（4.3-5）可知，流量与压强降的一次方、管径的四次方成正比。另外，根据压强梯度和流量，可确定黏度为

$$\eta=-\frac{\pi}{8Q}\frac{\partial p}{\partial z}R^4 \tag{4.3-6}$$

实际上，以上结果只适用于流动速度比较慢、管径比较细的层流运动，即 $Re<2000$ 的黏性效应显著的流动，当 $Re>2000$ 时，惯性效应占优，此时可能出现湍流区，流动不能保持定常状态，对流动的研究就要用到湍流的理论，如将速度分解为时均速度和脉动速度进行分析。湍流的出现或是粗糙管壁会引起圆管流动沿程的能量损失，为了对此进行描述，我们给出伯努利方程的一种推广形式（圆管能量方程）

$$\frac{v_1^2}{2g}+\frac{p_1}{\rho g}+z_1=\frac{v_2^2}{2g}+\frac{p_2}{\rho g}+z_2+h_f \tag{4.3-7}$$

其中 h_f 为水头损失。法国工程师达西和德国的魏思贝奇通过对实验结果的分析给出达西公式

$$h_f=\frac{4\tau_w l}{\rho g d}=\lambda\frac{l}{d}\frac{v^2}{2g} \tag{4.3-8}$$

其中 v 为管内平均速度，λ 为无量纲沿程阻力系数，l 为管长，d 为管径。

达西公式后来被推广应用于计算任何截面形状（d 为截面等效水力直径）、倾斜或水平的光滑或粗糙的管道或渠道内充分发展的层流或湍流的沿程阻力，在工程上有重要的应用价值，也是环境工程中分析流体输运设备的重要理论依据。在管路设计中，可通过将管路中所有部件均化为等效圆管后，整个管路只需按沿程损失进行迭代计算就可以了。

4.4 不可压缩无旋流动

有旋运动和无旋运动是流体运动的两种基本类型，流体的无旋运动虽然在工程上出现得较少，但无旋流动比有旋流动在数学处理上简单得多，因此在流体力学中无旋运动的研究具有重

大的意义，对于工程的某些问题，在特定条件下对黏性较小的流体问题进行无旋处理，4.2 节分析了无黏流体无旋运动的拉格朗日积分，即可以通过定义速度势函数去研究其运动规律，对解决实际问题具有重要价值。本章应用流体的势函数理论来研究简单的波浪运动。

4.4.1 势函数定义及应用

1. 势函数的定义

如果流体无旋，$\boldsymbol{\omega}=\nabla\times\boldsymbol{v}=0$，则可以定义速度的势函数 φ，使

$$\boldsymbol{v}=\nabla\varphi \tag{4.4-1}$$

显然$\nabla\cdot\nabla\varphi=0$，即对于定义势函数的流体，无旋性自动满足。如果流体不可压缩，将式（4.4-1）代入，得

$$\nabla\cdot\boldsymbol{v}=\nabla\cdot\nabla\varphi=\nabla^2\varphi=0 \tag{4.4-2}$$

直角坐标系下有

$$\nabla^2\varphi=\frac{\partial^2\varphi}{\partial x^2}+\frac{\partial^2\varphi}{\partial y^2}+\frac{\partial^2\varphi}{\partial z^2}=0 \tag{4.4-3}$$

如果是平面运动，则

$$\nabla^2\varphi=\frac{\partial^2\varphi}{\partial x^2}+\frac{\partial^2\varphi}{\partial y^2}=0$$

任一固定时刻 t_0，$\mathrm{d}\varphi=\frac{\partial\varphi}{\partial x}\mathrm{d}x+\frac{\partial\varphi}{\partial y}\mathrm{d}y+\frac{\partial\varphi}{\partial z}\mathrm{d}z$，于是

$$\boldsymbol{v}\cdot\mathrm{d}\boldsymbol{l}=\nabla\varphi\cdot\mathrm{d}\boldsymbol{l}=\mathrm{d}\varphi$$

因此

$$\varphi(M)=\int_{M_0}^{M}\mathrm{d}\varphi=\varphi(M_0)+\int_{M_0}^{M}\boldsymbol{v}\cdot\mathrm{d}\boldsymbol{l} \tag{4.4-4}$$

$\mathrm{d}\boldsymbol{l}$ 为积分路径（见图 4.4-1（a）），对于积分路径为封闭曲线，定义速度环量（见图 4.4-1（b））为

$$\Gamma=\oint\boldsymbol{v}\cdot\mathrm{d}\boldsymbol{l} \tag{4.4-5}$$

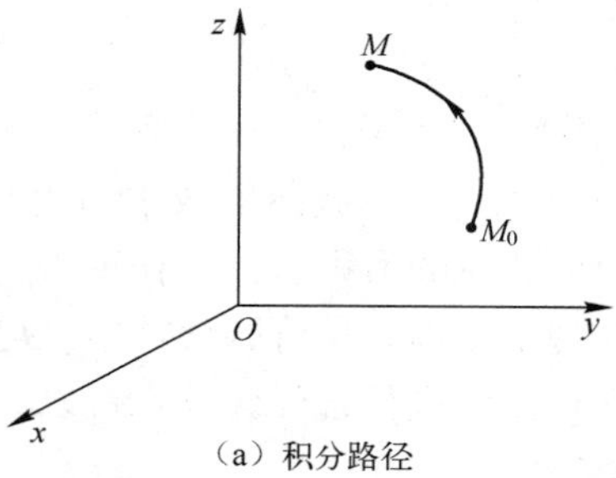

（a）积分路径

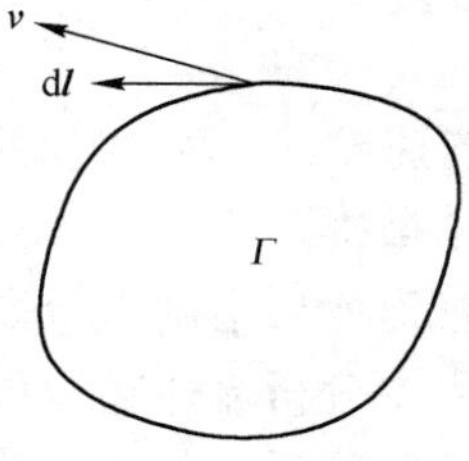

（b）速度环量

图 4.4-1 曲线积分路径图

显然，对应单连通域，因为对任一封闭曲线都可以不出边界地连续收缩到一点，所以 $\Gamma=\oint\boldsymbol{v}\cdot\mathrm{d}\boldsymbol{l}=0$，即积分与路径无关，$\varphi$ 是单值函数。

对多连通域，即 $\oint \boldsymbol{v}\cdot \mathrm{d}\boldsymbol{l}=k\Gamma$，$k$ 是封闭曲线绕存在环量区域的圈数，积分与路径有关，φ 是多值函数。

2. 势函数应用

由式（4.4-1）知，如果流体无旋，则可以定义速度的势函数 φ，$\boldsymbol{v}=\nabla\varphi$；如果流体不可压缩，则有 $\nabla\cdot\boldsymbol{v}=\nabla\cdot\nabla\varphi=\nabla^2\varphi=0$。拉普拉斯方程 $\nabla^2\varphi=0$ 有如下特点。

（1）解可线性叠加。若 φ_1，φ_2，…，φ_n 是方程的解，则 $\varphi=C_1\varphi_1+C_2\varphi_2+\cdots+C_n\varphi_n$ 也是方程的解。

（2）方程不显含时间 t，但同样适用于不可压缩非定常无旋流动。

（3）方程求解需要初始条件：$t=t_0$，$\nabla\varphi=\boldsymbol{v}(\boldsymbol{r})\big|_{t=t_0}$，$p=p_0(\boldsymbol{r})$。

（4）边界条件：在远场，有 $\nabla\varphi=\boldsymbol{v}_\infty$；在自由面上，有 $p=p_0$；在壁面上，有

$$\frac{\partial\varphi}{\partial n}=\boldsymbol{v}\cdot\boldsymbol{n}=\boldsymbol{v}_{\text{wall}}\cdot\boldsymbol{n} \tag{4.4-6}$$

（5）流体的黏性与否，将在压强求解中显示，对速度求解没影响；也可以在边界条件上体现出来，无黏性流体在刚性壁边界上满足的是无渗透与无分离条件，即 $\boldsymbol{v}\cdot\boldsymbol{n}=\boldsymbol{v}_{\text{wall}}\cdot\boldsymbol{n}$，而黏性流体一般采用无滑移边界条件，即 $\boldsymbol{v}=\boldsymbol{v}_{\text{wall}}$。

【例 4-10】 不可压缩流体的均匀来流，绕过一无穷长直圆柱。已知均匀来流速度 V_∞，圆柱半径 a，流体密度 ρ，不计重力、无旋、没有环量。求流场速度，如图 4.4-2 所示。

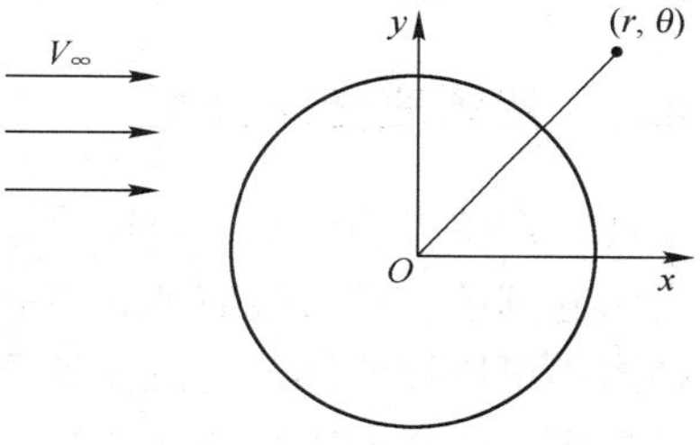

图 4.4-2　柱体绕流

显然，速度满足 $\dfrac{\partial\boldsymbol{v}}{\partial z}=0$，$v_z=0$，此问题为平面问题，取极坐标，有 $\boldsymbol{v}=\boldsymbol{v}(r,\theta)$。无穷远处 $\nabla\times(V_\infty\boldsymbol{i})=0$，由于流体满足不计重力、无旋、不可压缩的条件，所以在整个定义域中 $\nabla\times\boldsymbol{v}=0$，定义 $\boldsymbol{v}=\nabla\varphi(r,\theta)$，由于 $\nabla\cdot\boldsymbol{v}=0$，有

$$\nabla\cdot\nabla\varphi=\frac{\partial^2\varphi}{\partial r^2}+\frac{1}{r^2}\frac{\partial^2\varphi}{\partial\theta^2}+\frac{\partial\varphi}{r\,\partial r}=0 \tag{4.4-7}$$

边界条件为壁面上 $\dfrac{\partial\varphi}{\partial r}=0$，无穷远处 $v_r=\dfrac{\partial\varphi}{\partial r}=V_\infty\cos\theta$，根据这一边界条件，设 $\varphi=R(r)\Theta(\theta)=R(r)\cos\theta$，代入式（4.4-7），得

$$\frac{\partial^2R}{\partial r^2}+\frac{1}{r}\frac{\partial R}{\partial r}-\frac{1}{r^2}R=0 \tag{4.4-8}$$

式（4.4-8）为常微分的欧拉方程，解为

$$R(r)=C_1r+\frac{C_2}{r}$$

边界条件：无穷远处 $\dfrac{\partial R}{\partial r}=V_\infty$，得出 $C_1=V_\infty$；壁面上 $\dfrac{\partial\varphi}{\partial r}=\cos\theta\dfrac{\partial R}{\partial r}=0$，即 $\dfrac{\partial R}{\partial r}=C_1-\dfrac{C_2}{a^2}=0$，得出 $C_2=V_\infty a^2$。

于是

$$\varphi=V_{\infty}\left(r+\frac{a^2}{r}\right)\cos\theta$$

$$v_r=\frac{\partial\varphi}{\partial r}=V_{\infty}\left(1-\frac{a^2}{r^2}\right)\cos\theta$$

$$v_\theta=\frac{\partial\varphi}{r\,\partial\theta}=-V_{\infty}\left(1+\frac{a^2}{r^2}\right)\sin\theta$$

对于无黏流体，可由伯努利方程$\frac{V_{\infty}^2}{2}+\frac{p_{\infty}}{\rho}=\frac{v_\theta^2}{2}+\frac{p_\theta}{\rho}$求得圆柱表面压强为

$$p_\theta=p_{\infty}+\frac{\rho}{2}(V_{\infty}^2-V_\theta^2)=p_{\infty}+\frac{\rho}{2}V_{\infty}^2(1-4\sin^2\theta)$$

于是，合力 $P=\oint -p_\theta\boldsymbol{n}\mathrm{d}l=\oint -\left[p_{\infty}+\frac{\rho}{2}V_{\infty}^2(1-4\sin^2\theta)\right]\boldsymbol{n}\mathrm{d}l$，积分得

$$P=\oint -\left[p_{\infty}+\frac{\rho}{2}V_{\infty}^2(1-4\sin^2\theta)\right](\cos\theta\boldsymbol{i}+\sin\theta\boldsymbol{j})a\mathrm{d}\theta=0$$

说明此时圆柱不受力，这与实际情况不符，这就是有名的达朗伯（d'Alembert）佯谬，是由达朗伯在1752年提出的，产生这一佯谬的原因就是无黏流体假设，使实际上存在的黏性阻力和压差阻力全部被忽略了。

4.4.2 液体表面波分析

波动现象极为常见，如风吹过水面会形成波浪，船行进中水面会产生波，海水的潮汐涨落会引起潮波，还有海底地震引起的海啸，空气和水中的声波的传播。考虑在重力场作用下的理想不可压缩流体，若流体处于静止状态，根据静力学原理，自由面为平面，由于某种外界的作用，流体的表面离开了自己的平衡位置，则由于重力场力图使自由面恢复到原来的位置，流体便产生了运动，这种运动以波的形式在整个自由面上传播，这样我们在自由面上就看到一种以一定速度运动的表面波，称为重力波。

1. 基本方程

分析液体波动时，假设液体是无黏、不可压缩和无旋的，质量力只有重力，可以定义势函数为

$$\boldsymbol{v}=\nabla\varphi$$

满足

$$\frac{\partial\varphi}{\partial t}+\frac{v^2}{2}+\frac{p}{\rho}+gz=f(t) \tag{4.4-9}$$

作变换得

$$\varphi_1=\varphi-\int_0^t f(t)\,\mathrm{d}t$$

显然$\nabla^2\varphi_1=0$，代入式（4.4-9），有

$$\frac{\partial\varphi_1}{\partial t}+\frac{v^2}{2}+\frac{p}{\rho}+gz=0$$

用 φ 表示 φ_1，即波动满足

$$\frac{\partial\varphi}{\partial t}+\frac{v^2}{2}+\frac{p}{\rho}+gz=0 \tag{4.4-10}$$

2. 边界条件

设底部的边界面表达式 $F(x,y,z)=0$，则由 $\frac{\mathrm{d}F}{\mathrm{d}t}=0$，边界条件为

$$u\frac{\partial F}{\partial x}+v\frac{\partial F}{\partial y}+w\frac{\partial F}{\partial z}=0 \tag{4.4-11}$$

底部 $z=-d(x,y)$，底部边界面为 $F=z+d(x,y)=0$，代入式（4.4-11），得

$$u\bigg|_{z=-d}\frac{\partial d}{\partial x}+v\bigg|_{z=-d}\frac{\partial d}{\partial y}+w\bigg|_{z=-d}=0$$

或

$$\frac{\partial\varphi}{\partial z}\bigg|_{z=-d}=w\big|_{z=-d}=-\frac{\partial\varphi}{\partial x}\bigg|_{z=-d}\frac{\partial d}{\partial x}-\frac{\partial\varphi}{\partial y}\bigg|_{z=-d}\frac{\partial d}{\partial y} \tag{4.4-12}$$

设自由面为 $\zeta(x,y,t)$，则 $F=z-\zeta(x,y,t)=0$，由运动学边界条件 $\frac{\mathrm{d}F}{\mathrm{d}t}=0$，有

$$\frac{\partial F}{\partial t}+u\frac{\partial F}{\partial x}+v\frac{\partial F}{\partial y}+w\frac{\partial F}{\partial z}=-\frac{\partial\zeta}{\partial t}-u\bigg|_{z=\zeta}\frac{\partial\zeta}{\partial x}-v\bigg|_{z=\zeta}\frac{\partial\zeta}{\partial y}+w\bigg|_{z=\zeta}=0$$

或

$$\frac{\partial\varphi}{\partial z}\bigg|_{z=\zeta}=w\big|_{z=\zeta}=\frac{\partial\zeta}{\partial t}+\frac{\partial\varphi}{\partial x}\bigg|_{z=\zeta}\frac{\partial\zeta}{\partial x}+\frac{\partial\varphi}{\partial y}\bigg|_{z=\zeta}\frac{\partial\zeta}{\partial y} \tag{4.4-13}$$

不考虑表面张力，则自由表面两侧的压强必须相等，即 $p\big|_{z=\zeta}=p_a$，代入式（4.4-10），有

$$\frac{\partial\varphi}{\partial t}\bigg|_{z=\zeta}+\frac{v^2}{2}\bigg|_{z=\zeta}+\frac{p_a}{\rho}+g\zeta=0 \tag{4.4-14}$$

3. 初始条件

设存在初始扰动 $\zeta(x,y,0)=f_1(x,y)$，此时 $\boldsymbol{v}(t=0)=\boldsymbol{0}$，代入式（4.4-14），有

$$\frac{\partial\varphi}{\partial t}\bigg|_{\substack{z=\zeta\\t=0}}+\frac{p_a}{\rho}\bigg|_{t=0}+g\zeta\big|_{t=0}=0$$

取自由面上 $p_a=0$，于是

$$\zeta(x,y,0)=-\frac{1}{g}\left(\frac{\partial\varphi}{\partial t}\right)_{z=\zeta,t=0}=f_1(x,y) \tag{4.4-15}$$

现在我们分析原来静止的流体受到瞬时压力冲量后所产生的流动，如物体突然冲入水中而产生的运动，对速度势函数给出动力学的解释。

将无黏性不可压流体的欧拉方程关于时间从零到瞬时力作用时间 Δt 积分，有

$$\int_0^{\Delta t}\frac{\partial\boldsymbol{v}}{\partial t}\mathrm{d}t+\int_0^{\Delta t}(\boldsymbol{v}\cdot\nabla)\boldsymbol{v}\mathrm{d}t=\int_0^{\Delta t}F_b\mathrm{d}t-\frac{1}{\rho}\int_0^{\Delta t}\nabla p\mathrm{d}t$$

在开始时刻 $t=0$ 时，流体是静止的，则 $\int_0^{\Delta t}\frac{\partial\boldsymbol{v}}{\partial t}\mathrm{d}t=\boldsymbol{v}$。

式中右端 $\boldsymbol{v}$ 表示瞬时力消失时流体的运动速度。而且由于 Δt 极短，可以认为在 Δt 时间

内流体质点没有离开原先位置。这样方程中$\int_0^{\Delta t}(\boldsymbol{v}\cdot\nabla)\boldsymbol{v}\mathrm{d}t$和$\int_0^{\Delta t}F_b\mathrm{d}t$与$\Delta t$为同一量级，当$\Delta t\to 0$时的极限为零，由此得到

$$\boldsymbol{v}=-\frac{1}{\rho}\int_0^{\Delta t}\nabla p\mathrm{d}t=\nabla\left(-\frac{1}{\rho}\int_0^{\Delta t}p\mathrm{d}t\right)$$

定义瞬时压力冲量为$J=\int_0^{\Delta t}p\mathrm{d}t$，于是

$$\boldsymbol{v}=\nabla\left(-\frac{J}{\rho}\right)$$

这就是说，在时刻Δt，当瞬时力停止作用时，流体开始运动，这样的运动是有势的，存在速度势φ，为

$$\varphi=-\frac{J}{\rho}$$

这就说明了势函数的力学意义。

4. 波动方程的量纲分析

对于波动方程，取波幅A为自由面升高ζ的特征量，波长λ为波动水平方向的长度特征量，波动周期T为时间的特征量，于是，各物理量可表示为

$$\begin{aligned}&\zeta=A\zeta'\\&x,y,z=\lambda(x',y',z')\\&t=Tt'\\&u,v,w=\frac{A}{T}(u',v',w')\\&\varphi=\frac{A\lambda}{T}\varphi'\end{aligned}\tag{4.4-16}$$

其中带上标“′”的量为无量纲量，将式（4.4-16）代入式（4.4-2）、式（4.4-10）、式（4.4-15）和式（4.4-14），有

$$\begin{aligned}&\frac{A\lambda}{T}\nabla^2\varphi'=0,\ -d\leqslant\lambda z'\leqslant A\zeta'\\&\frac{A\lambda}{T^2}\frac{\partial\varphi'}{\partial t'}+\frac{A^2}{T^2}\frac{v'^2}{2}+\frac{p}{\rho}+\lambda gz'=0,\quad -d\leqslant\lambda z'\leqslant A\zeta'\\&\frac{A}{T}w'=\frac{A}{T}\frac{\partial\zeta'}{\partial t'}+\frac{A^2}{T\lambda}\left(u'\frac{\partial\zeta'}{\partial x'}+v'\frac{\partial\zeta'}{\partial y'}\right),\quad \lambda z'=A\zeta'\\&\frac{A\lambda}{T^2}\frac{\partial\varphi'}{\partial t'}+\frac{A^2}{T^2}\frac{v'^2}{2}+\frac{p_a}{\rho}+Ag\zeta'=0,\ \lambda z'=A\zeta'\end{aligned}$$

整理得

$$\nabla^2\varphi'=0,\quad -\frac{d}{\lambda}\leqslant z'\leqslant\frac{A}{\lambda}\zeta'$$

$$\frac{\partial\varphi'}{\partial t'}+\frac{A}{\lambda}\frac{v'^2}{2}+\frac{T^2}{A\lambda\rho}p+\frac{T^2}{A}gz'=0,\quad -\frac{d}{\lambda}\leqslant z'\leqslant\frac{A}{\lambda}\zeta'$$

$$w'=\frac{\partial \zeta'}{\partial t'}+\frac{A}{\lambda}\left(u'\frac{\partial \zeta'}{\partial x'}+v'\frac{\partial \zeta'}{\partial y'}\right),\quad z'=\frac{A}{\lambda}\zeta',$$

$$\frac{\partial \varphi'}{\partial t'}+\frac{A}{\lambda}\frac{v'^2}{2}+\frac{T^2}{A\lambda\rho}p_a+\frac{gT^2}{\lambda}\zeta'=0,\quad z'=\frac{A}{\lambda}\zeta'$$

对于小振幅波，$\frac{A}{\lambda}\ll 1$，略去小量，上式化简为

$$\nabla^2\varphi'=0,\quad -\frac{d}{\lambda}\leqslant z'\leqslant 0$$

$$\frac{\partial \varphi'}{\partial t'}+\frac{T^2}{A\lambda\rho}p+\frac{T^2}{A}gz'=0,\quad -\frac{d}{\lambda}\leqslant z'\leqslant 0$$

$$w'=\frac{\partial \zeta'}{\partial t'},\quad z'=0$$

$$\frac{\partial \varphi'}{\partial t'}+\frac{T^2}{A\lambda\rho}p_a+\frac{gT^2}{\lambda}\zeta'=0,\quad z'=0$$

回到有量纲的形式，方程化简为线性方程：

$$\begin{cases}\nabla^2\varphi=0:[-d(x,y)\leqslant z\leqslant 0]\\ \dfrac{\partial \varphi}{\partial t}+\dfrac{p}{\rho}+gz=0:[-d(x,y)\leqslant z\leqslant 0]\\ z=-d:\dfrac{\partial \varphi}{\partial z}=-\dfrac{\partial d}{\partial x}\dfrac{\partial \varphi}{\partial x}-\dfrac{\partial d}{\partial y}\dfrac{\partial \varphi}{\partial y}\\ z=0:\dfrac{\partial \varphi}{\partial z}=\dfrac{\partial \zeta}{\partial t}\\ \qquad \dfrac{\partial \varphi}{\partial t}+\dfrac{p_a}{\rho}+g\zeta=0\\ t=0:\dfrac{\partial \varphi}{\partial t}\bigg|_{\substack{t=0\\z=0}}=f(x,y),\varphi\bigg|_{\substack{t=0\\z=0}}=g(x,y,\zeta)\end{cases}$$

取 $\varphi+\frac{p_a}{\rho}t=\varphi'$，上式变为

$$\begin{cases}\nabla^2\varphi'=0\\ \dfrac{\partial \varphi'}{\partial t}+\dfrac{p-p_a}{\rho}+gz=0\\ z=-d:\dfrac{\partial \varphi'}{\partial z}=-\dfrac{\partial d}{\partial x}\dfrac{\partial \varphi'}{\partial x}-\dfrac{\partial d}{\partial y}\dfrac{\partial \varphi'}{\partial y}\\ z=0:\dfrac{\partial \varphi'}{\partial z}=\dfrac{\partial \zeta}{\partial t}\\ \qquad \dfrac{\partial \varphi'}{\partial t}+g\zeta=0\end{cases}$$

自由面边界条件合并，有 $z=0:\zeta=-\frac{1}{g}\frac{\partial \varphi'}{\partial t}$，$\frac{\partial \varphi'}{\partial z}=-\frac{1}{g}\frac{\partial^2\varphi'}{\partial t^2}$

仍用 φ 表示 φ'，小振幅波的方程为

$$\begin{cases}\nabla^2\varphi=0\\ \dfrac{\partial\varphi}{\partial t}+\dfrac{p-p_a}{\rho}+gz=0\\ z=-d:\dfrac{\partial\varphi}{\partial z}=-\dfrac{\partial d}{\partial x}\dfrac{\partial\varphi}{\partial x}-\dfrac{\partial d}{\partial y}\dfrac{\partial\varphi}{\partial y}\\ z=0:\dfrac{\partial\varphi}{\partial z}=-\dfrac{1}{g}\dfrac{\partial^2\varphi}{\partial t^2}\end{cases}\tag{4.4-17}$$

4.4.3 进行波分析

设波动是一维的，发生在 Oxz 平面，液体深度为 d，根据式（4.4-17）一维有限等深液体中的波动所满足的控制方程和边界条件为

$$\begin{cases}\nabla^2\varphi=0\\ z=0:\dfrac{\partial\varphi}{\partial z}=-\dfrac{1}{g}\dfrac{\partial^2\varphi}{\partial t^2}\\ \qquad\zeta=-\dfrac{1}{g}\dfrac{\partial\varphi}{\partial t}\\ z=-d:\dfrac{\partial\varphi}{\partial z}=0\\ \dfrac{\partial\varphi}{\partial t}+\dfrac{p-p_0}{\rho}+gz=0\end{cases}\tag{4.4-18}$$

用变量分离法求解，令

$$\varphi=Z(z)\cdot X(x-ct)$$

代入式（4.4-18），有

$$\nabla^2\varphi=Z''(z)\cdot X(x-ct)+Z(z)\cdot X''(x-ct)=0$$

于是可令

$$\frac{X''}{X}=-\frac{Z''}{Z}=-k^2$$（注：这样定义是由平面小振幅波的特点决定的）

即

$$Z''-k^2Z=0\tag{4.4-19}$$

$$X''+k^2X=0\tag{4.4-20}$$

式（4.4-19）的解为

$$Z(z)=A_1\mathrm{e}^{kz}+A_2\mathrm{e}^{-kz}$$

式（4.4-20）的解为

$$X(x-ct)=B_1\cos k(x-ct)+B_2\sin k(x-ct)=B\sin k[(x-ct)+\beta]$$

其中 $B^2=B_1^2+B_2^2$，$k\beta=\arctan\left(\dfrac{B_1}{B_2}\right)$，于是

$$\varphi=Z(z)\cdot X(x-ct)=(A_1\mathrm{e}^{kz}+A_2\mathrm{e}^{-kz})B\sin k[(x-ct)+\beta]$$

为简单起见，取 $\beta=0$，且取 A_1B 为 A_1，A_2B 为 A_2，则

$$\varphi=(A_1e^{kz}+A_2e^{-kz})\sin k[(x-ct)]$$

由边界条件 $z=-d$: $\dfrac{\partial\varphi}{\partial z}=0$，得 $(A_1ke^{kz}-A_2k^{-kz})\big|_{z=-d}=0$，即 $A_2=A_1\dfrac{e^{-kd}}{e^{kd}}$。于是 $\varphi=A_1\left(e^{kz}+\dfrac{e^{-kd}}{e^{kd}}e^{-kz}\right)\sin k(x-ct)=\dfrac{A_1}{e^{kd}}[e^{k(z+d)}+e^{-k(z+d)}]\sin k(x-ct)$。

令 $A=\dfrac{A_1}{e^{kd}}(e^{kd}+e^{-kd})$，有

$$\varphi=A\frac{\cosh k(z+d)}{\cosh(kd)}\sin k(x-ct)\tag{4.4-21}$$

由边界条件 $z=0$: $\dfrac{\partial\varphi}{\partial z}=-\dfrac{1}{g}\dfrac{\partial^2\varphi}{\partial t^2}$，得

$$Ak\frac{\sinh k(z+d)}{\cosh(kd)}\sin k(x-ct)=Ak^2c^2\frac{\cosh k(z+d)}{g\cosh(kd)}\sin k(x-ct)$$

于是 $k\tanh(kd)=\dfrac{k^2c^2}{g}$，即

$$c^2=\frac{g}{k}\tanh(kd)\tag{4.4-22}$$

显然，对于深水波有

$$c^2=\frac{g}{k}\tanh(kd)=\frac{g}{k}\frac{e^{kd}-e^{-kd}}{e^{kd}+e^{-kd}}\approx\frac{g}{k}\frac{e^{kd}}{e^{kd}}=\frac{g}{k}\tag{4.4-23}$$

对于浅水波有

$$c^2=\frac{g}{k}\tanh(kd)\approx\frac{g}{k}\frac{2kd}{2}=gd\tag{4.4-24}$$

自由面形状

$$\zeta=-\frac{1}{g}\frac{\partial\varphi}{\partial t}\bigg|_{z=0}=\frac{Akc}{g}\frac{\cosh k(z+d)}{\cosh(kd)}\cos k(x-ct)=\frac{Akc}{g}\cos k(x-ct)=A_0\cos k(x-ct)\tag{4.4-25}$$

上式表明，自由面形状为一余弦曲线，振幅为 $A_0\left(A_0=\dfrac{Akc}{g}\right)$，$A_0$ 或 A 将由初始条件决定。ζ 随 x 及 t 均作周期性变化。显然波面的形状与水深无关，即由波面形状无法判断水深。固定时间 t，使相位 $\theta=k(x-ct)$ 变化 2π 后 ζ 的值将相同，此对应一个波的距离称为波长 λ，即

$$\theta_2-\theta_1=k(x_2-ct)-k(x_1-ct)=k(x_2-x_1)=2\pi$$

定义

$$\lambda=x_2-x_1=\frac{2\pi}{k}\tag{4.4-26}$$

由此，k 表示 2π 个单位长度内所包含波的个数，称波数［见图 4.4-3（a）］。曲线上最高处称波峰，最低处称波谷。

同样，固定 x，使相位 $\theta=k(x-ct)$ 变化 2π 后 ζ 的值将相同，对应的时间间隔称周期 T，即

$$\theta_2-\theta_1=k(x-ct_2)-k(x-ct_1)=kc(t_2-t_1)=2\pi$$

定义

$$T=t_2-t_1=\frac{2\pi}{kc}=\frac{2\pi}{\omega} \tag{4.4-27}$$

这里 $\omega=kc$ 表示 2π 个单位时间内波面振动的次数，称圆频率（见图 4.4-3（b）），顺便指出，$f=\dfrac{\omega}{2\pi}$表示单位时间内振动的次数，称频率。

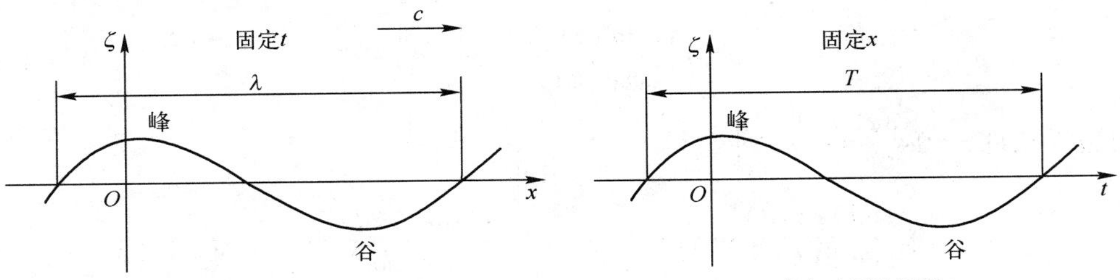

（a）表面波波长　　（b）表面波周期

图 4.4-3　波长和周期

另外，若视某一 ζ 值（或相位角）不变，则此 ζ 将沿 x 轴移动，其移动速度由 $x-ct=$ const 而得到，由此有

$$\frac{\mathrm{d}x}{\mathrm{d}t}=c \tag{4.4-28}$$

这表明，整个波面（任意 ζ）将以速度 c 向右推进，故称 c 为波速（或相速度），与此相应的波称为进行波，波速 c 随 k 而变，小 k（或大 λ）的波速 c 较大，即长波传播速度较快，而短波则传播较慢。这种波的传播速度与波长有关的现象称为波的频散或色散，这是波动的一个重要现象。式（4.4-22）表明 c 与水深 d 有关，浅水波的波速最小，深水波波速最大。地震海啸就是一种极长的波，衰减得极慢，在阿拉斯加沿海海底地震产生的海啸，可以传播到数千公里外的夏威夷海滩，这也说明深水长波的传播速度快，因此危害也大。

4.5　平面不可压缩流动

在工作实践中常会碰到这样的物体，它在一个方向的尺度比另外两个方向的尺度大得多，所以可以近似看成横截面形状不变的柱体，把尺度大的方向定义为 z 方向，流动只在与 Oxy 平面平行的平面内进行，在与这种平面垂直（即与 Oz 轴平行）的直线上，所有的物理量保持不变，即它对 z 的偏导数为 0。于是，平面运动的数学定义是 $v_z=0$，$\dfrac{\partial}{\partial z}=0$。如果流体不可压缩，则$\nabla\cdot\boldsymbol{v}=\dfrac{\partial u}{\partial x}+\dfrac{\partial v}{\partial y}=0$。

4.5.1　直角坐标系中不可压缩流体平面流动的流函数

定义流函数为

$$u=\frac{\partial\psi}{\partial y},\quad v=-\frac{\partial\psi}{\partial x} \tag{4.5-1}$$

显然有

$$\nabla \cdot \boldsymbol{v}=\frac{\partial u}{\partial x}+\frac{\partial v}{\partial y}=\frac{\partial}{\partial x}\frac{\partial \psi}{\partial y}-\frac{\partial}{\partial y}\frac{\partial \psi}{\partial x}=0$$

即对流函数式（4.5-1），不可压缩性自动满足。

流函数性质

1. 定义 $\psi(M)=C$ 是流线，它的切线方向和速度矢量方向重合

$0=\mathrm{d}\psi=\frac{\partial \psi}{\partial x}\mathrm{d}x+\frac{\partial \psi}{\partial y}\mathrm{d}y=-v\mathrm{d}x+u\mathrm{d}y$，于是流线上的线元 $\mathrm{d}\boldsymbol{r}=\mathrm{d}x\boldsymbol{i}+\mathrm{d}y\boldsymbol{j}$ 满足

$$\frac{\mathrm{d}x}{\mathrm{d}y}=\frac{u}{v}$$

即线元的切线方向和速度矢量方向重合。因此，定常流中，任何一条流线都可以看作是固体的壁面，我们也可以定义固壁为 0 流线。

2. 通过曲线 M_0M 的流量等于两点上的流函数之差

证明：如图 4.5-1 所示，有

$$\begin{aligned}\psi(M)&=\psi(M_0)+\int_{M_0}^{M}\mathrm{d}\psi\\&=\psi(M_0)+\int_{M_0}^{M}\frac{\partial \psi}{\partial x}\mathrm{d}x+\frac{\partial \psi}{\partial y}\mathrm{d}y=\psi(M_0)+\int_{M_0}^{M}-v\mathrm{d}x+u\mathrm{d}y\end{aligned}$$

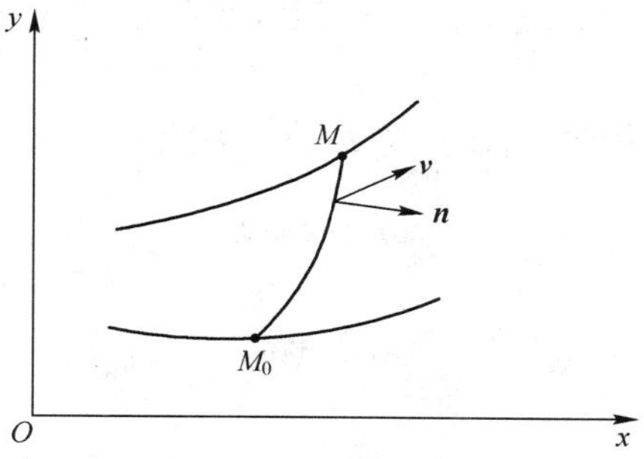

图 4.5-1　流函数与速度

由于

$$\begin{cases}\mathrm{d}x=-\mathrm{d}s\cdot\sin(\boldsymbol{n},\boldsymbol{i})=-\mathrm{d}s\cdot n_y\\\mathrm{d}y=\mathrm{d}s\cdot\cos(\boldsymbol{n},\boldsymbol{i})=\mathrm{d}s\cdot n_x\end{cases}$$

有

$$\psi(M)-\psi(M_0)=\int_{M_0}^{M}v\sin(\boldsymbol{n},\boldsymbol{i})\mathrm{d}s+u\cos(\boldsymbol{n},\boldsymbol{i})\mathrm{d}s=\int_{M_0}^{M}\boldsymbol{v}\cdot\boldsymbol{n}\mathrm{d}s=\mathrm{d}Q \qquad (4.5\text{-}2)$$

单连通区域，流函数沿封闭曲线积分为零，多连通区域，内边界总流量为 Q_0。$\oint_{L_0}\boldsymbol{v}\cdot\boldsymbol{n}\mathrm{d}l=Q_0\neq 0$，并且所讨论的流场内不存在其他的流体源或汇，那么根据体积流量守恒原理，包围内边界的任一封闭曲线 L 的流量也必然是 Q_0，在这种情况下，流函数就将是多值的。如果

封闭曲线绕 n 周内边界 L_0，那么

$$\psi_P - \psi_{P_0} = nQ_0 + \int_{P_0}^{P} \boldsymbol{v} \cdot \boldsymbol{n} \mathrm{d}l \tag{4.5-3}$$

这显然说明 ψ 是多值的，它们之间相差 Q_0 的整数倍。然而尽管流函数可能是多值的，根据定义，流场中速度总是单值的。

3. 流函数 ψ 的值是速度的矢量势 B 的模

根据不可压缩流体的连续性方程可以定义速度矢量势 $\boldsymbol{B}$，使得

$$\boldsymbol{v} = \nabla\times\boldsymbol{B}$$

由于

$$\boldsymbol{v} = u\boldsymbol{i}+v\boldsymbol{j} = \frac{\partial\psi}{\partial y}\boldsymbol{i} - \frac{\partial\psi}{\partial x}\boldsymbol{j} = \left(\frac{\partial\psi}{\partial y}\boldsymbol{j} + \frac{\partial\psi}{\partial x}\boldsymbol{i}\right)\times\boldsymbol{k} = \nabla\psi\times\boldsymbol{k} = \nabla\times(\psi\boldsymbol{k})$$

比较这两个式子就得出

$$\boldsymbol{v} = \nabla\times\boldsymbol{B} = \nabla\times(\psi\boldsymbol{k}) \tag{4.5-4}$$

显然，可定义 $\boldsymbol{B}=\psi\boldsymbol{k}$。

4. ψ-ω 方程

由于$\nabla\times(\boldsymbol{a}\times\boldsymbol{b}) = (\boldsymbol{b}\cdot\nabla)\boldsymbol{a} - (\boldsymbol{a}\cdot\nabla)\boldsymbol{b} + (\nabla\cdot\boldsymbol{b})\boldsymbol{a} - (\nabla\cdot\boldsymbol{a})\boldsymbol{b}$，对于平面流动，流体涡量 $\boldsymbol{\omega}$ 只有 z 轴方向分量，记为 $\boldsymbol{\omega}=\omega\boldsymbol{k}$，又可根据式（4.5-4），涡量表示为

$$\begin{aligned}\boldsymbol{\omega} &= \nabla\times\boldsymbol{v} = \nabla\times\nabla\times(\psi\boldsymbol{k}) = \nabla\times(\nabla\psi\times\boldsymbol{k}) \\ &= (\boldsymbol{k}\cdot\nabla)\nabla\psi - (\nabla\cdot\nabla\psi)\boldsymbol{k} = \frac{\partial}{\partial z}\nabla\psi - \nabla^2\psi\boldsymbol{k}\end{aligned}$$

流函数 ψ 只是 x 和 y 的函数，于是$\frac{\partial}{\partial z}\nabla\psi=0$。因此有

$$\boldsymbol{\omega} = -\nabla^2\psi\boldsymbol{k}$$

即

$$\omega = -\nabla^2\psi \tag{4.5-5}$$

显然，对于无旋运动，有

$$\nabla^2\psi = 0 \tag{4.5-6}$$

4.5.2 柱坐标系中的流函数

不可压缩柱坐标系中平面流动表达式为

$$\nabla\cdot\boldsymbol{v} = \frac{1}{r}\frac{\partial}{\partial r}(rv_r) + \frac{1}{r}\frac{\partial v_\theta}{\partial\theta} = 0$$

定义流函数为

$$v_r = \frac{1}{r}\frac{\partial\psi}{\partial\theta}, \quad v_\theta = -\frac{\partial\psi}{\partial r} \tag{4.5-7}$$

于是

$$\nabla\cdot\boldsymbol{v} = \frac{1}{r}\frac{\partial}{\partial r}(rv_r) + \frac{1}{r}\frac{\partial v_\theta}{\partial\theta} = \frac{1}{r}\frac{\partial}{\partial r}\left(r\frac{\partial\psi}{r\,\partial\theta}\right) + \frac{1}{r}\frac{\partial}{\partial\theta}\left(-\frac{\partial\psi}{\partial r}\right)$$

$$=\frac{1}{r}\frac{\partial}{\partial r}\left(\frac{\partial\psi}{\partial\theta}\right)-\frac{1}{r}\frac{\partial}{\partial\theta}\left(\frac{\partial\psi}{\partial r}\right)=0$$

不可压缩性自动满足。如果运动无旋，则

$$\omega_z=\frac{\partial rv_\theta}{\partial r}-\frac{\partial v_r}{\partial\theta}=-\frac{\partial\left(r\frac{\partial\psi}{\partial r}\right)}{\partial r}-\frac{\partial\frac{\partial\psi}{r\,\partial\theta}}{\partial\theta}=-r\left(\frac{\partial^2\psi}{\partial r^2}+\frac{1}{r}\frac{\partial\psi}{\partial r}+\frac{1}{r^2}\frac{\partial^2\psi}{\partial\theta^2}\right)=-r\,\nabla^2\psi=0$$

即在柱坐标系中，流函数依然满足拉普拉斯方程

$$\nabla^2\psi=0$$

【例 4-11】 证明直角坐标系下定义的流函数式（4.5-1）和柱坐标系下定义的流函数式（4.5-7）是同一函数。

直角坐标系下流函数为

$$u=\frac{\partial\psi}{\partial y},\ v=-\frac{\partial\psi}{\partial x}$$

柱坐标系下流函数为

$$v_r=\frac{1}{r}\frac{\partial\psi}{\partial\theta},\quad v_\theta=-\frac{\partial\psi}{\partial r}$$

柱坐标系与直角坐标系的关系为

$$\begin{cases}x=r\cos\theta\\y=r\sin\theta\end{cases},\quad\begin{cases}v_\theta=v_y\cos\theta-v_x\sin\theta\\v_r=v_y\sin\theta+v_x\cos\theta\end{cases}$$

对于直角坐标系定义的流函数，有

$$\frac{\partial\psi}{\partial r}=\frac{\partial\psi}{\partial x}\frac{\partial x}{\partial r}+\frac{\partial\psi}{\partial y}\frac{\partial y}{\partial r}=\frac{\partial\psi}{\partial x}\cos\theta+\frac{\partial\psi}{\partial y}\sin\theta=-v_y\cos\theta+v_x\sin\theta=-v_\theta$$

$$\frac{\partial\psi}{\partial\theta}=\frac{\partial\psi}{\partial x}\frac{\partial x}{\partial\theta}+\frac{\partial\psi}{\partial y}\frac{\partial y}{\partial\theta}=-\frac{\partial\psi}{\partial x}r\sin\theta+\frac{\partial\psi}{\partial y}r\cos\theta=rv_y\sin\theta+rv_x\cos\theta=rv_r$$

即 $v_r=\frac{1}{r}\frac{\partial\psi}{\partial\theta}$，$v_\theta=-\frac{\partial\psi}{\partial r}$，证毕。

另外可通过 $\boldsymbol{v}=\nabla\times\boldsymbol{B}=\nabla\times(\psi\boldsymbol{k})$ 证明：

$$\boldsymbol{v}=\nabla\times(\psi\boldsymbol{k})=\begin{vmatrix}\boldsymbol{i}&\boldsymbol{j}&\boldsymbol{k}\\\frac{\partial}{\partial x}&\frac{\partial}{\partial y}&\frac{\partial}{\partial z}\\0&0&\psi\end{vmatrix}=\frac{\partial\psi}{\partial y}\boldsymbol{i}-\frac{\partial\psi}{\partial x}\boldsymbol{j}=\frac{1}{r}\begin{vmatrix}\boldsymbol{e}_r&r\boldsymbol{e}_\theta&\boldsymbol{e}_z\\\frac{\partial}{\partial r}&\frac{\partial}{\partial\theta}&\frac{\partial}{\partial z}\\0&0&\psi\end{vmatrix}=\frac{1}{r}\frac{\partial\psi}{\partial\theta}\boldsymbol{e}_r-\frac{\partial\psi}{\partial r}\boldsymbol{e}_\theta$$

4.5.3　流函数应用实例

1. 不可压缩流体做平面流动的流函数

由式（4.5-1），

$$u=\frac{\partial\psi}{\partial y},\quad v=-\frac{\partial\psi}{\partial x}$$

满足式（4.5-5），

$$\nabla^2\psi=-\omega$$

如果流体无旋，流函数也满足拉普拉斯方程$\nabla^2\psi=0$。流函数同样有以下与势函数类似的特点。

（1）解可线性叠加。

（2）方程不显含时间 t，但同样适用于不可压缩非定常无旋流动。

（3）方程求解需要初始条件：$t=t_0$，$\dfrac{\partial\psi}{\partial y}=v_x\big|_{t=t_0}$，$\dfrac{\partial\psi}{\partial x}=-v_y\big|_{t=t_0}$，$p=p_0(\boldsymbol{r})$。

（4）边界条件：在壁面上，无黏流体在刚性壁边界上满足的是无渗透与无分离条件，即

$$(\boldsymbol{v}\cdot\boldsymbol{n})\big|_w=(v_xn_x+v_yn_y)\big|_w=\left(\frac{\partial\psi}{\partial y}n_x-\frac{\partial\psi}{\partial x}n_y\right)\bigg|_w=\boldsymbol{v}_{\text{wall}}\cdot\boldsymbol{n}$$

由于

$$\begin{cases}\mathrm{d}x=-\mathrm{d}s\cdot\sin(\boldsymbol{n},\boldsymbol{i})=-\mathrm{d}s\cdot n_y\\ \mathrm{d}y=\mathrm{d}s\cdot\cos(\boldsymbol{n},\boldsymbol{i})=\mathrm{d}s\cdot n_x\end{cases}$$

于是

$$(\boldsymbol{v}\cdot\boldsymbol{n})\big|_w=\left(\frac{\partial\psi}{\partial y}\frac{\mathrm{d}y}{\mathrm{d}s}+\frac{\partial\psi}{\partial x}\frac{\mathrm{d}x}{\mathrm{d}s}\right)\bigg|_w=\frac{\mathrm{d}\psi}{\mathrm{d}s}\bigg|_w=\boldsymbol{v}_{\text{wall}}\cdot\boldsymbol{n}$$

右边项与刚性壁的运动有关，不妨设刚性壁速度为 $\boldsymbol{v}_{\text{wall}}=\boldsymbol{v}_0+\boldsymbol{\Omega}\times\boldsymbol{r}_w$，其中 $\boldsymbol{v}_0$ 和 $\boldsymbol{\Omega}$ 分别是壁的平动速度和转动角速度。因而

$$\begin{aligned}\frac{\mathrm{d}\psi}{\mathrm{d}s}\bigg|_w&=\boldsymbol{v}_{\text{wall}}\cdot\boldsymbol{n}=(u_0\boldsymbol{i}+v_0\boldsymbol{j}+\Omega x_w\boldsymbol{j}-\Omega y_w\boldsymbol{i})\cdot\left(\frac{\mathrm{d}y}{\mathrm{d}s}\boldsymbol{i}-\frac{\mathrm{d}x}{\mathrm{d}s}\boldsymbol{j}\right)\bigg|_w\\&=(u_0-\Omega y_w)\frac{\mathrm{d}y}{\mathrm{d}s}\bigg|_w-(v_0+\Omega x_w)\frac{\mathrm{d}x}{\mathrm{d}s}\bigg|_w\end{aligned}$$

沿刚性壁周界积分后得到

$$\psi\big|_w=u_0y_w-v_0x_w-\frac{1}{2}\Omega(x_w^2+y_w^2)+C \tag{4.5-8}$$

式中的 C 是常数。可以看到，对于所讨论的无黏不可压缩流体的平面无旋运动，除了可以归结为速度势 φ 的拉普拉斯方程纽曼问题，还可以归结为流函数的定解问题，流函数 ψ 也满足拉普拉斯方程，但却是狄利克雷问题。特别当刚性壁静止时，$\psi\big|_w=C$。

这说明对于静止的刚性边界壁面，其周线是条流线。常常令常数 C 为零，则对静止刚性壁有

$$\psi\big|_w=0 \tag{4.5-9}$$

即认为静止刚性壁周界是条零流线。

【例 4-12】 在不可压缩流体的无界流场中放置一无穷长的直圆柱，其半径以 $R=a\cos t$ 变化，已知流动是无旋的，绕过此圆柱的环量是 Γ_0，用流函数建立该流动问题。

建立柱坐标系，流函数 ψ 表示为 $v_r=\dfrac{1}{r}\dfrac{\partial\psi}{\partial\theta}$，$v_\theta=-\dfrac{\partial\psi}{\partial r}$，其满足拉普拉斯方程

$$\frac{\partial^2\psi}{\partial r^2}+\frac{1}{r}\frac{\partial\psi}{\partial r}+\frac{1}{r^2}\frac{\partial^2\psi}{\partial\theta^2}=0$$

现在建立边界条件，在圆柱边界上成立

$$\left.\frac{d\psi}{ds}\right|_w = \boldsymbol{v}_w \cdot \boldsymbol{n}_w = \dot{R}$$

积分后，有

$$\psi|_w = \int_{r=a} \frac{d\psi}{ds} \cdot ds = \int_0^\theta \dot{R}R d\theta = \dot{R}R\theta = -a^2 \sin t \cos t \cdot \theta$$

此外有无穷远处的条件 $\boldsymbol{v}|_{r=\infty}=0$，即

$$\nabla\psi|_{r=\infty}=0$$

环量条件是

$$\oint_{r=a} v_\theta \cdot r d\theta = \oint_{r=a} -\frac{\partial\psi}{\partial r} \cdot r d\theta = \Gamma_0$$

4.6 其他流动模型

4.6.1 非定常流动与定常流动

一切随时间变化的流动都是非定常流动，$\frac{\partial}{\partial t}\neq 0$，随时间变化极慢或不发生变化的流动可近似为定常流动，$\frac{\partial}{\partial t}=0$。$St$ 很小，非定常效应就可以忽略，于是

$$\rho\boldsymbol{v}\cdot\nabla\boldsymbol{v} = -Eu\nabla p + \frac{1}{Re}\left[\frac{1}{3}\nabla(\nabla\cdot\boldsymbol{v})+\nabla^2\boldsymbol{v}\right]+\frac{1}{Fr}\boldsymbol{k} \tag{4.6-1}$$

非定常流动与定常流动依赖于参考系的选取。非定常效应产生物理量的非定常变化，产生新的物理现象（如水击）。

4.6.2 绝热流动与等熵流动

绝热流动中封闭物质体系内均无热量输入或生成，而且也不发生热传导现象。它包括可逆绝热流动——没有机械能损耗；不可逆绝热流动——允许流体的黏性作用和流动中出现激波使流动产生机械能耗损。

根据熵表示的内能方程式（3.3-9）有

$$\rho T\frac{dS}{dt} = \nabla\cdot(k\nabla T)+\varphi \tag{4.6-2}$$

等熵流动 $dS=0$，于是

$$\nabla\cdot(k\nabla T)+\varphi=0 \tag{4.6-3}$$

显然，只有可逆的绝热过程才是等熵流动。严格来讲，绝热流动是不存在的，流体内部的温度总会出现分布不均匀，从而导致流体内部的热传导。

4.6.3 一维、二维和三维流动

一维流动：流动参数仅取决于一个位置坐标的流动，包括流体沿空间辐射的流动，如点爆炸。

二维流动：流动参数仅取决于两个位置坐标的流动，包括平面流动，如无穷长圆柱绕流；轴对称流动，如管道流动。

三维流动：流动参数取决于三个位置坐标的流动。

课后习题

4.1 一扇形闸门如图所示，宽度 $b=1\text{m}$，圆心角 $\alpha=45°$，闸门挡水深 $h=3\text{m}$，试求水对闸门的作用力及方向。

4.2 如图所示，一圆柱形容器绕 z 轴旋转，求与容器一起整体旋转的均质流体在重力场中的压强分布和自由面形状。

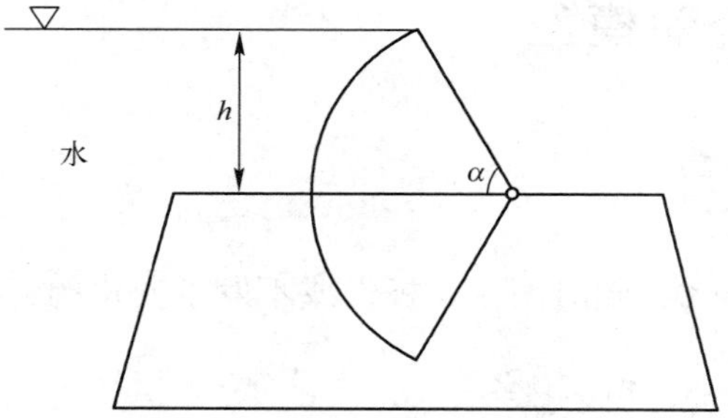

习题 4.1 示意图

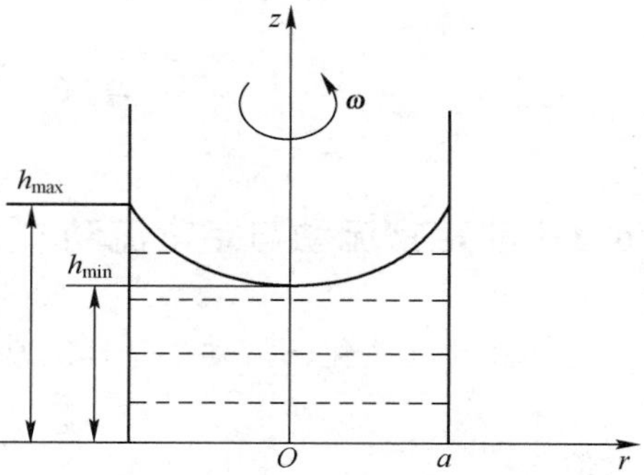

习题 4.2 示意图

4.3 如图所示，一等截面管子 ABC 在 B 处成直角，AB 竖直，BC 水平，$AB=BC=a$，管内充满液体，液体是无黏的，密度 ρ 为常数。证明：打开 C 处阀门的瞬时，垂直管中的压强立即降低一半。设大气压略去不计。

4.4 如图所示，密度为 ρ 的不可压缩均质流体以均匀速度 V 进入半径为 R 的水平直圆管，出口处的速度分布为 $u=C\left(1-\dfrac{r^2}{R^2}\right)$，式中 C 为待定常数，r 是点到管轴的距离，如果进出口处压力分别为 p_1 和 p_2，求管壁对流体的作用力。

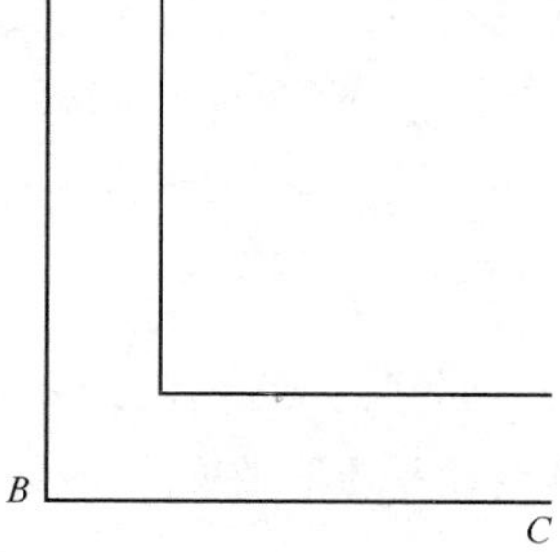

习题 4.3 示意图

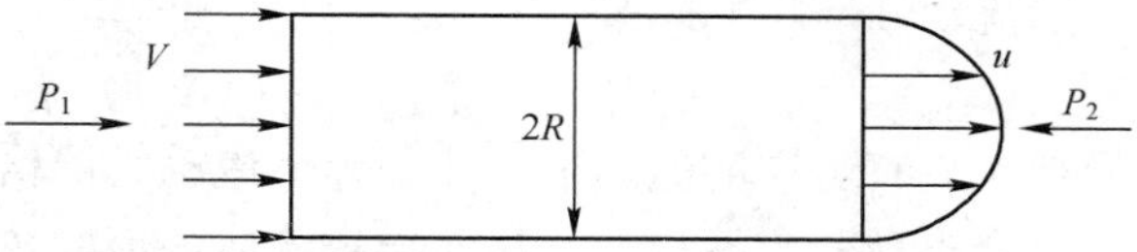

习题 4.4 示意图

4.5 密度为 ρ 的两股不同速度的不可压缩流体合流，通过一段平直圆管，混合后速度与压力都均匀，如图所示。若两股来流面积均为 $\dfrac{A}{2}$，压力相同，一股流速为 V，另一股流

速为 $2V$，假定管壁摩擦力不计，流动定常绝热。证明单位时间内机械能损失为 $\frac{3}{16}\rho AV^3$。

4.6　如图所示，在河道上修筑一大坝。已知坝址河段断面近似为矩形，单宽流量 $q_V=14\text{m}^3/\text{s}$，上游水深 $h_1=5\text{m}$。求下游水深 h_2及水流作用在单宽坝上的水平力 F。假定摩擦阻力与水头损失可忽略不计。

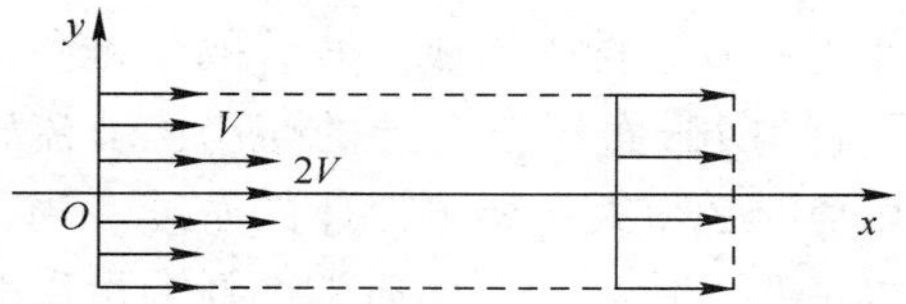

习题 4.5 示意图

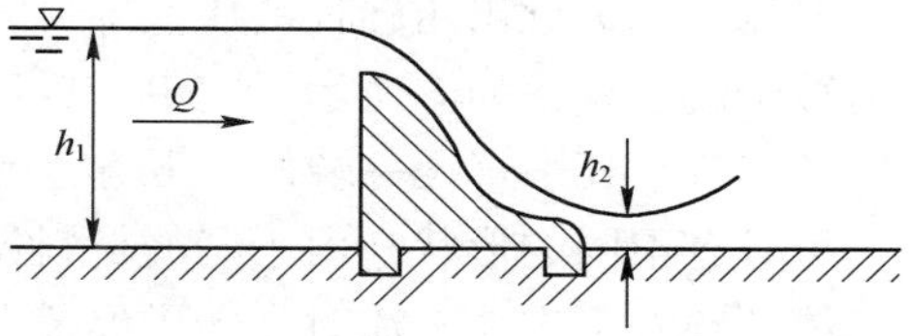

习题 4.6 示意图

4.7　在一低速水槽中进行实验测量以确定圆柱的阻力，在圆柱前后各一截面上测量速度分布，它们的压强均相等且均匀，如图所示，实验的条件与结果如下：

$$v=50\text{m/s},\quad \rho=1.2\text{kg/m}^3$$

$$D=30\text{mm},\quad a=2.2D$$

$$u=v\sin\left(\frac{\pi y}{2a}\right),\quad 0\leqslant y\leqslant a$$

$$u=v,\quad y>a$$

（1）试求每单位宽度圆柱的阻力。

（2）定义阻力系数 $C_d=f(\rho,v,F,D)$，试用量纲分析法求其表达式并计算其值。

4.8　一闸门位于一水平底面的河渠上，在闸门的下游立即出现一水跃，如果已知 $y_1=0.0563\text{m}$，$v_1=5.33\text{m/s}$，试求：（1）水跃下游深度，（2）跨水跃的水头损失。

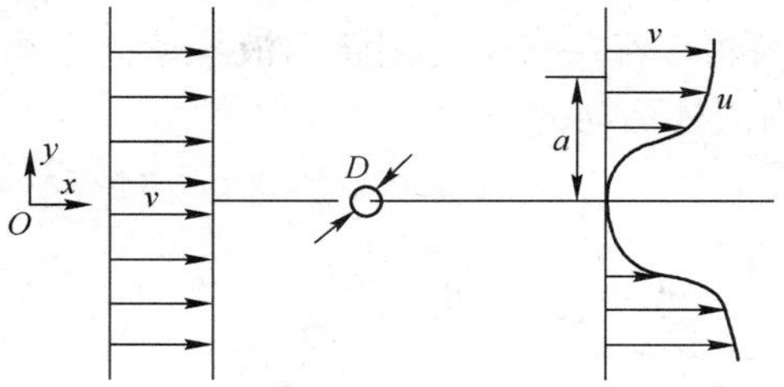

习题 4.7 示意图

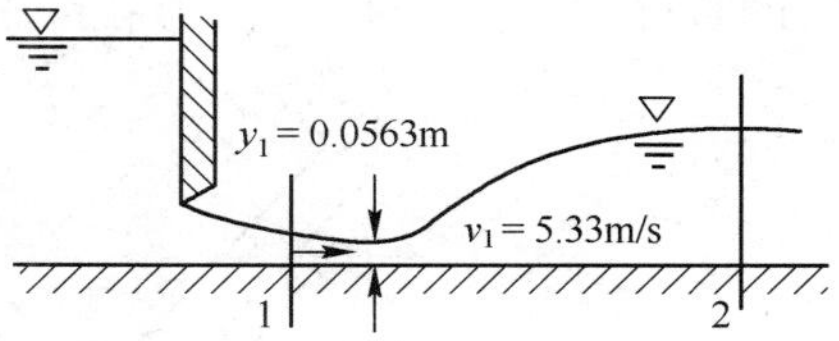

习题 4.8 示意图

4.9　一球形气泡在静止无界的液体中膨胀，液体做球对称的运动，如果气泡半径随时间的变化规律为 $R(t)$，忽略气泡的内部流动和重力的影响，并假定气泡内部的压强 p_i是均匀的，试求气泡表面压强 p_s随时间的变化规律。

4.10　有一水箱侧壁上开有上下两个小孔。已知上孔水头 $H_1=1\text{m}$，水箱距离地面高度 $H=2.5\text{m}$，水从上下两孔流出并落在地面上同一点，求下孔水头 H_2。

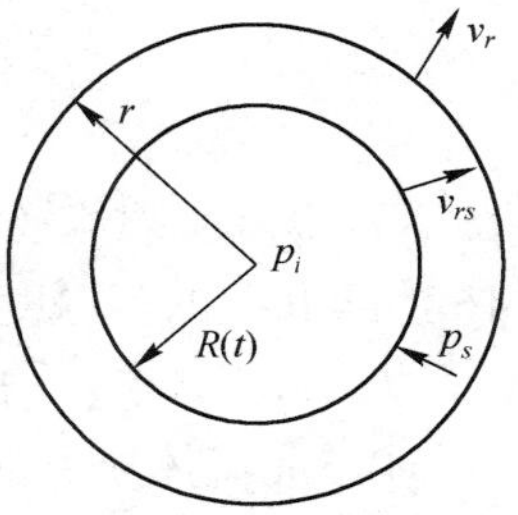

习题 4.9 示意图

4.11 密度为 ρ 的不可压黏性流体在常压强梯度作用下在无限长等截面直管中定常运动。不计体积力求速度分布流量，（1）设长短半轴分别为 a、b 的椭圆形截面管；（2）内外半径分别为 R_1、R_2的共轴圆环截面管。

4.12 皮托（Pitot）-静压管，如图所示，它由内外两层套管组成，头部有一小孔与内管相通，侧壁上有几个小孔与套管的环形空间相通，两通道的另一端分别与一 U 型压强计的两端相连，压强计盛有密度为 ρ_m 的液体，使用时，头部正对来流，管体轴线与来流平行，读出压强计的压差即可算出来流速度。

4.13 转子流量计，如图所示，它由一锥形透明圆管和一节流转子构成。圆管的半锥角 θ 为 4°左右，其小直径一端位于下方，$y_1 \approx y_2$，下端的横截面积较上端的略小，节流转子可具有不同的形状和由不同的材料做成，但其密度必须大于所测流体的密度。当无流体从圆管下方往上流时，转子停留在锥形管的底部，其最大直径通常选择为可以几乎完全堵塞锥形管的下端。当流体由下往上流时，随着流速的增大，转子逐渐上升，直至管壁与转子之间的环形空隙足够大使转子能达到动平衡状态为止。忽略转子所受的阻力，试分析流量的测量原理。

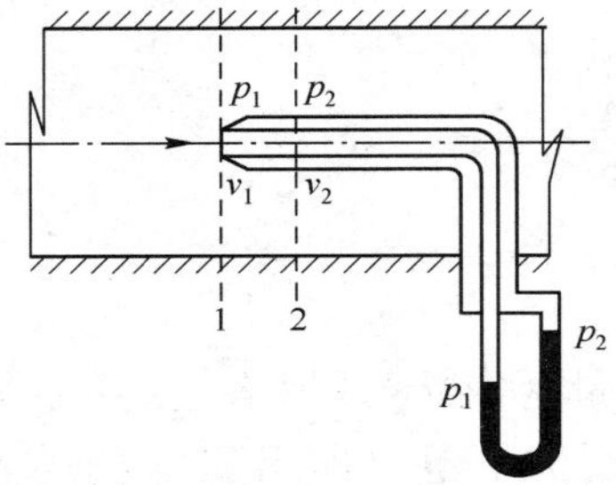

习题 4.12 示意图

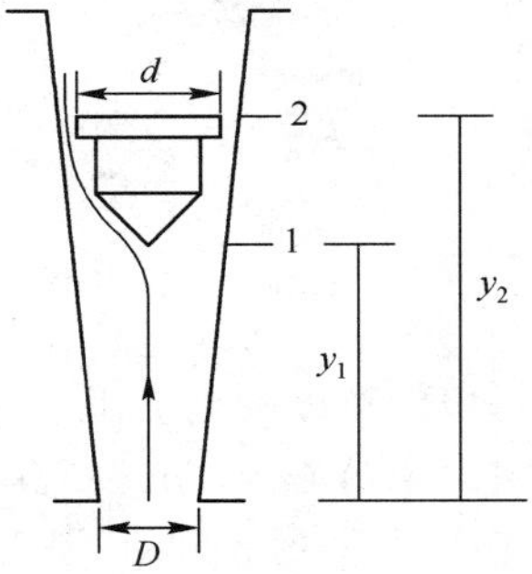

习题 4.13 示意图

4.14 如图所示，有均匀弯管，盛有长为 1L 的液柱。若在初始时刻管内液柱偏离平衡位置的长度为 L^*，此时液面为静止的。求管内液柱运动的规律。

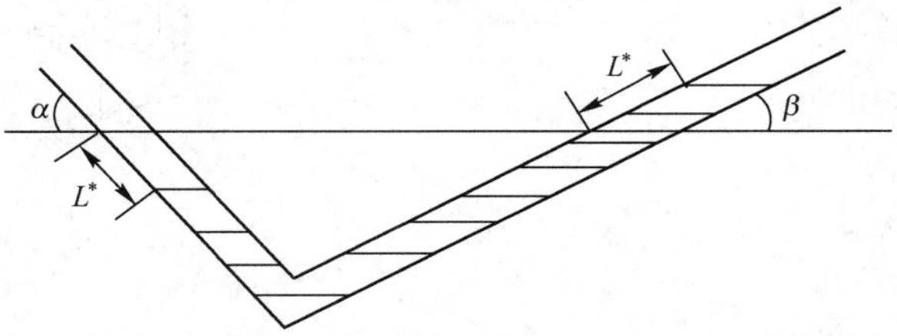

习题 4.14 初始时管内液柱位置示意图

4.15 若不可压缩流场流速 $v_x = kx$，$v_y = -ky$，$v_z = 0$，k 为定值，求流动的势函数。

4.16 $d = 10$m 的等深度水域中有一沿 x 轴正向传播的平面小振幅波，波长 $L = 10$m，波幅 $A = 0.1$m，试求：（1）波速、波数、周期；（2）波面方程；（3）平衡位置在水面以下 0.5m 流体质点的运动轨迹。

4.17　已知有限等深液体中的波动势函数 $\varphi=A\dfrac{chk(z+d)}{ch(kd)}\sin k(x-ct)$，通过

$$\begin{cases}\nabla^2\varphi=0\\ z=0:\dfrac{\partial\varphi}{\partial z}=-\dfrac{1}{g}\dfrac{\partial^2\varphi}{\partial t^2}\\ z=-d:\dfrac{\partial\varphi}{\partial z}=0\\ \dfrac{\partial\varphi}{\partial t}+\dfrac{p-p_0}{\rho}+gz=0\end{cases}$$

分析深水波、浅水波的势函数、波速、速度和压强的表达式。

4.18　在海洋中观测到一分钟内浮标升降 15 次，设其波动可认为是无限深水小振幅进行波，求波长及其传播速度。

4.19　对于湖泊中的湖面波有时可以近似地认为是一种小振幅谐波，假设速度势为 $\varphi=-\dfrac{H}{2}\dfrac{g}{\omega}\cos k(x-Ut)$，其中 k 为波数，ω 为圆频率，H 为波高，g 为重力加速度，U 为长波的波速，试求（1）对应的长波的自由面形状，（2）流体质点在平衡点附近的运动轨迹，以及（3）水深 z 处的压力。

4.20　不可压缩流体的均匀剪切流 $V_\infty=V_0+cy$，绕过一半径为 a 的无穷长直圆柱。设流体不可压缩，密度 ρ 为常数，无黏性，不计体积力，流动为定常的。试用流函数对问题进行分析。

4.21　在不可压缩流体的无界流场中放置一无穷长的直圆柱，其半径为 a，以常速度 v_0 沿 x 轴方向做匀速直线运动，不计重力，求（1）运动是否无旋，（2）若无旋，求流场速度势、柱体表面压强分布。

习题参考答案

4.1

解：

设 $\rho=1000\text{g/cm}^3$，$g=9.81\text{m/s}$，$hc=\dfrac{h}{2}$，$R=\dfrac{h}{\sin\alpha}$

水平分力为

$$F_{px}=\rho gh_cA_x=\rho g\frac{h}{2}hb=1000\times9.81\times\frac{3.0}{2}\times1=44145\text{N}$$

压力体体积为

$$V=\left\{\left[h(R-h)+\frac{1}{2}h^2\right]-\frac{\alpha}{2\pi}\cdot R^2\right\}\cdot b=1.1629\text{m}^3$$

铅重分力为

$$F_{pz}=\rho gV=1000\times9.81\times1.1629=1.141\times10^4\text{N}$$

故合力为

$$F_p=\sqrt{F_{px}^2+F_{pz}^2}=45.595\text{kN}$$

方向为

$$\theta=\arctan\frac{F_{pz}}{F_{px}}=14.5°$$

4.2

解：

根据式（3.2-14）得

$$\left.\begin{aligned}&\boldsymbol{a}_e=\frac{\mathrm{d}\boldsymbol{v}_0}{\mathrm{d}t}+\frac{\mathrm{d}\boldsymbol{\omega}}{\mathrm{d}t}\times\boldsymbol{x}_r+\boldsymbol{\omega}\times(\boldsymbol{\omega}\times\boldsymbol{x}_r)\\&\rho\boldsymbol{f}-\nabla p-\rho\boldsymbol{a}_e=0\end{aligned}\right\}\Rightarrow\nabla p=\rho(\boldsymbol{g}+\boldsymbol{\omega}^2r\boldsymbol{e}_r)$$

流体中压强分布得

$$p=\int\mathrm{d}p=\int\nabla p\cdot\mathrm{d}\boldsymbol{x}_r=\rho\int(\boldsymbol{g}+\boldsymbol{\omega}^2r\boldsymbol{e}_r)\cdot\mathrm{d}\boldsymbol{x}_r=\rho\int(-g\boldsymbol{k}+\boldsymbol{\omega}^2r\boldsymbol{e}_r)\cdot(\mathrm{d}z\boldsymbol{k}+\mathrm{d}r\boldsymbol{e}_r)$$

$$=\rho\int(-g\mathrm{d}z+\boldsymbol{\omega}^2r\mathrm{d}r)=-\rho gz+\frac{1}{2}\rho\boldsymbol{\omega}^2r^2+C$$

在自由面上，p=常数。于是自由面形状 $z=\dfrac{\boldsymbol{\omega}^2}{2g}r^2+$常数。此式说明自由面是一个旋转抛物面，旋转角速度 ω 越大，这个抛物面就变得越细越高。也可以通过抛物面中高度差 $h_{\max}-h_{\min}$、半径 a，求出容器的旋转角速度 $\omega=\dfrac{1}{a}\sqrt{2g(h_{\max}-h_{\min})}$。

4.3

解：

连续性方程为

$$\frac{\partial v}{\partial x}=0\Rightarrow v=v(t)$$

以 A 点为位移原点，ABC 方向为正，位移变量为 x，运动方程可以表示为

$$AB:\rho\frac{\partial v}{\partial t}=\rho g-\frac{\partial p}{\partial x}$$

$$BC:\rho\frac{\partial v}{\partial t}=-\frac{\partial p}{\partial x}$$

对 x 积分，得到

$$AB:\rho\frac{\partial v}{\partial t}x\Big|_A^B=\rho gx\Big|_A^B-p\Big|_A^B+c_1(t)$$

$$BC:\rho\frac{\partial v}{\partial t}x\Big|_B^C=-p\Big|_B^C+c_1(t)$$

$$\rho\frac{\partial v}{\partial t}x\Big|_A^A=\rho gx\Big|_A^A-p\Big|_A^A+c_1(t)\Rightarrow c_1(0)=0$$

当 $t=0_-$时，静止流体关系，有

$$\frac{\partial v}{\partial t}=0$$

$$AB:p_B=\rho g a,\quad p=\rho g x$$

当 $t=0_+$时，有

$$\rho\frac{\partial v}{\partial t}x\Big|_A^C=\rho\frac{\partial v}{\partial t}x\Big|_B^C+\rho\frac{\partial v}{\partial t}x\Big|_A^B=\rho g a-p\Big|_A^C+2c_1(0)\Rightarrow\frac{\partial v}{\partial t}=\frac{g}{2}$$

于是

$$\frac{\rho g x}{2}=\rho g x-p\Rightarrow p=\frac{\rho g x}{2}$$

4.4

解:

根据连续性方程积分形式得

$$\iiint_{\tau(t)}\frac{\partial\rho}{\partial t}\mathrm{d}\tau+\oiint_{s(t)}\rho\boldsymbol{v}\cdot\boldsymbol{n}\mathrm{d}s=0$$

由于流体均质不可压缩,

$$\frac{\partial\rho}{\partial t}=0$$

故

$$\oiint_{s(t)}\rho\boldsymbol{v}\cdot\boldsymbol{n}\mathrm{d}s=0$$

又有

$$V\pi R^2=\int_0^R u\cdot 2\pi r\mathrm{d}r=\frac{\pi CR^2}{2}$$

所以 $C=2V$。

根据动量方程得

$$-\pi R^2\rho V^2+\int_0^R\rho u^2 2\pi r\mathrm{d}r=(p_1-p_2)\pi R^2+F$$

所以

$$\begin{aligned}F&=\pi R^2[(p_2-p_1)-\rho V^2]+\int_0^R\rho\left[2V\left(1-\frac{r^2}{R^2}\right)\right]^2 2\pi r\mathrm{d}r\\&=\pi R^2[(p_2-p_1)-\rho V^2]+\frac{4}{3}\pi R^2\rho V^2\\&\pi R^2\left[(p_2-p_1)+\frac{1}{3}\rho V^2\right]\end{aligned}$$

4.5

证明:

根据质量守恒方程有

$$\int_{A进}\rho\boldsymbol{v}\cdot\mathrm{d}\boldsymbol{s}+\int_{A出}\rho\boldsymbol{v}\cdot\mathrm{d}\boldsymbol{s}=0$$

可得

$$V_{出} \cdot A - V \cdot \frac{A}{2} - 2V \cdot \frac{A}{2} = 0 \Rightarrow V_{出} = \frac{3}{2}V$$

根据动量方程有

$$\int_{A进} \rho \boldsymbol{v}(\boldsymbol{v} \cdot \mathrm{d}\boldsymbol{s}) + \int_{A出} \rho \boldsymbol{v}(\boldsymbol{v} \cdot \mathrm{d}\boldsymbol{s}) + \int_{A壁} \rho \boldsymbol{v}(\boldsymbol{v} \cdot \mathrm{d}\boldsymbol{s}) = \int_{V} \rho \boldsymbol{g} \mathrm{d}V + \int_{A进+A出+A壁} \boldsymbol{T} \cdot \mathrm{d}\boldsymbol{s}$$

可得

$$P_{进} \cdot A - P_{出} \cdot A = \rho V_{出}^2 A - \left[\rho V^2 \frac{A}{2} + \rho(2V)^2 \frac{A}{2}\right] = -\frac{1}{4}\rho V^2 A$$

故

$$\begin{aligned}
\Delta E &= E_1 - E_2 \\
&= \int_{A进}\left(\frac{P}{\rho} + gz + \frac{V^2}{2}\right)\rho \boldsymbol{v} \cdot \mathrm{d}\boldsymbol{s} - \int_{A出}\left(\frac{P}{\rho} + gz + \frac{V^2}{2}\right)\rho \boldsymbol{v} \cdot \mathrm{d}\boldsymbol{s} \\
&= \left(\frac{P_{进}}{\rho} + \frac{V^2}{2}\right)\rho V \frac{A}{2} + \left(\frac{P_{进}}{\rho} + \frac{4V^2}{2}\right)\rho 2V \frac{A}{2} - \left(\frac{P_{出}}{\rho} + \frac{1}{2} \cdot \frac{9}{4}V^2\right)\rho \frac{3V}{2}A \\
&= \frac{3V}{2}(P_{进}A - P_{出}A) + \left(\frac{1}{4} + 2 - \frac{27}{16}\right)\rho A V^3 \\
&= \frac{3V}{2}\left(-\frac{1}{4}\rho V^2 A\right) + \frac{9}{16}\rho V^3 A \\
&= \frac{3}{16}\rho V^3 A
\end{aligned}$$

即证。

4.6

解：

由连续性方程得

$$q_V = Bh_1 v_1 = Bh_2 v_2 \Rightarrow v_1 = \frac{q_V}{Bh_1} = \frac{14}{5} = 2.8\text{m/s}, v_2 = \frac{14}{h_2}$$

由伯努利方程得

$$h_1 + 0 + \frac{v_1^2}{2g} = h_2 + 0 + \frac{v_2}{2g} \Rightarrow v_2^2 = 2g(h_1 - h_2) + v_1^2$$

$$\Rightarrow \left(\frac{14}{h_2}\right)^2 = 2 \times 9.807(5 - h_2) + 2.8^2$$

$$\Rightarrow h_2 = 1.63\text{m}$$

由动量方程得

$$F_{p1} - F_{p2} - F' = \rho q_V(v_2 - v_1)$$

$$\Rightarrow \frac{1}{2}\rho g h_1^2 - \frac{1}{2}\rho g h_2^2 - F' = \rho q_V(v_2 - v_1)$$

$$\Rightarrow -F' = \rho q_V(v_2 - v_1) - \frac{1}{2}\rho g(h_1^2 - h_2^2)$$

$$\Rightarrow -F' = 1000 \times 14 \times \left(\frac{14}{1.63} - 2.8\right) - \frac{1}{2} \times 1000 \times 9.807 \times (5^2 - 1.63^2)$$

$$\Rightarrow -F' = F' = 28.5\text{kN}$$

4.7

解：

（1）设流出面$[-a,a]$上的流体来自流入面，有

$$\rho \cdot l \cdot v = \rho \int_{-a}^{a} u\,\mathrm{d}y$$

$$l = \frac{4}{\pi}a$$

由动量定理得，单位宽度为

$$F = \rho \int_{-a}^{a} u^2\,\mathrm{d}y - \rho l \cdot v^2 = \rho a\left(\frac{4}{\pi} - 1\right)v^2 = 54.1\text{N/m}$$

（2）$C_d = \dfrac{F}{\frac{1}{2}\rho v^2 D} = \dfrac{2.2\rho D\left(\frac{4}{\pi} - 1\right)v^2}{\frac{1}{2}\rho v^2 D} = 4.4\left(\dfrac{4}{\pi} - 1\right)$（也可不带 1/2 这个系数）

4.8

解：

$$\sum \boldsymbol{F} = \oiint_{S(t)} \rho \boldsymbol{v}\boldsymbol{v} \cdot \mathrm{d}\boldsymbol{s}$$

$$p_1A_1 - p_2A_2 = Q_m(v_2 - v_1) \Rightarrow \frac{1}{2}\rho g(y_1^2 - y_2^2) = v_1^2\rho\left(\frac{y_1^2}{y_2^2} - y_1\right)$$

整理得

$$\left(\frac{y_2}{y_1}\right)^2 + \left(\frac{y_2}{y_1}\right) - 2F_{r_1}^2 = 0，其中，Fr_1^2 = \frac{v_1^2}{gy_1}$$

$$\frac{y_2}{y_1} = \frac{-1 + \sqrt{1 + 8Fr_1^2}}{2}$$

$$y_2 = 0.543\text{m}$$

又有

$$\frac{v_1^2}{2g} + y_1 = \frac{v_2^2}{2g} + y_2 + h_f$$

$$h_f = 0.944\text{m}$$

4.9

解：

在气泡外液体做球对称运动，即流场中各点的速度矢量 $\boldsymbol{v}=v_r\boldsymbol{e}_r$

$\nabla\times\boldsymbol{v}=\nabla\times v_r\boldsymbol{e}_r=0\Rightarrow\boldsymbol{v}=\nabla\phi$，即 $v_r=\dfrac{\partial\phi}{\partial r}$

根据 $4\pi r^2v_r=4\pi R^2\dot{R}$，$v_r=\dfrac{\partial\phi}{\partial r}=\dfrac{R^2\dot{R}}{r^2}\Rightarrow\phi=-\dfrac{R^2\dot{R}}{r}$

根据拉格朗日积分得

$$\frac{\partial\phi}{\partial t}+\frac{\dot{R}^2}{2}+\frac{p}{\rho}\Big|_R=\frac{\partial\phi}{\partial t}+\frac{0^2}{2}+\frac{p}{\rho}\Big|_{r=\infty}$$

$$\frac{\partial\phi}{\partial t}\Big|_{r=R}=-\frac{2R(\dot{R})^2+2R\ddot{R}}{r}\Big|_{r=R}=-2(\dot{R})-2\ddot{R}\,,\frac{\partial\phi}{\partial t}\Big|_{r=\infty}=0$$

$$\frac{p}{\rho}\Big|_R=\frac{p}{\rho}\Big|_{r=\infty}+\rho\left[\frac{3}{2}(\dot{R})-2R\ddot{R}\right]$$

4.10

解：

设水平距离为 x，铅直距离为 y，则

$$\begin{cases}x=vt\\y=\dfrac{1}{2}gt^2\end{cases}$$

消去参数 t 得

$$x^2=v^2t^2=v^2\frac{2y}{g}$$

由落于同一点，即水平距离相同，即

$$v_1^2\frac{2y_1}{g}=v_2^2\frac{2y_2}{g}$$

根据伯努利方程得

$$\frac{v^2}{2}+\frac{p}{\rho}+gy=\text{const}$$

$$2gH_1\frac{2(H-H_1)}{g}=2gH_2\frac{2(H-H_2)}{g}$$

解得

$$H_2=1.5\text{m}$$

4.11

解：

对于均质不可压缩的牛顿流体，由 $u=u(y,z)\quad v=w=0$ 可写出平衡和运动方程：

$$\begin{cases}\dfrac{\partial u}{\partial x}=0 & ① \\ -\dfrac{\partial p}{\partial x}+\mu\left(\dfrac{\partial^2 u}{\partial y^2}+\dfrac{\partial^2 u}{\partial z^2}\right)=0 & ② \\ -\dfrac{\partial p}{\partial y}=0 & ③ \\ -\dfrac{\partial p}{\partial z}=0 & ④\end{cases}$$

根据③式、④式可得 p 是 x 的函数，由②式得 $\mu\nabla^2\boldsymbol{v}=\dfrac{\mathrm{d}p}{\mathrm{d}x}$。

(1) 对于椭圆形截面管，根据边界条件 $u\big|_{\frac{y^2}{a^2}+\frac{z^2}{b^2}=1}=0$，使用半逆法求解，将 $u(y,z)=\alpha\left(\dfrac{y^2}{a^2}+\dfrac{z^2}{b^2}-1\right)$代入可得

$$\alpha\left(\frac{2}{a^2}+\frac{2}{b^2}\right)=\frac{1}{\mu}\frac{\partial p}{\partial x}\Rightarrow\alpha=\frac{1}{2\mu}\frac{a^2b^2}{a^2+b^2}\frac{\partial p}{\partial x}$$

因此速度分布为

$$u(y,z)=\frac{1}{2\mu}\frac{a^2b^2}{a^2+b^2}\frac{\partial p}{\partial x}\left(\frac{y^2}{a^2}+\frac{z^2}{b^2}-1\right)$$

流量为

$$Q=\iint_\Omega u(y,z)\,\mathrm{d}y\mathrm{d}z=\iint_\Omega\frac{1}{2\mu}\frac{a^3b^3}{a^2+b^2}\frac{\partial p}{\partial x}(r^2-1)r\mathrm{d}r\mathrm{d}\theta=-\frac{\pi}{4\mu}\frac{a^3b^3}{a^2+b^2}\frac{\partial p}{\partial x}$$

(2) 对于圆环截面，可将原方程化为极坐标形式：

$$\frac{\partial^2 u}{\partial r^2}+\frac{1}{r}\frac{\partial u}{\partial r}+\frac{1}{r^2}\frac{\partial^2 u}{\partial\theta^2}=\frac{1}{\mu}\frac{\partial p}{\partial x}$$

又因为速度只是关于 r 的函数 $u=u(r)$，由此可得

$$\frac{\partial^2 u}{\partial r^2}+\frac{1}{r}\frac{\partial u}{\partial r}=\frac{1}{r}\frac{\partial}{\partial r}\left(r\frac{\partial u}{\partial r}\right)=\frac{1}{\mu}\frac{\partial p}{\partial x}\Rightarrow r\frac{\partial u}{\partial r}=\frac{1}{\mu}\frac{\partial p}{\partial x}\left(\frac{1}{2}r^2+C_1\right)\Rightarrow u=\frac{1}{\mu}\frac{\partial p}{\partial x}\left(\frac{1}{4}r^2+C_1\mathrm{In}r+C_2\right)$$

代入边界条件$u\big|_{r=R_1}=u\big|_{r=R_2}=0$ 可得

$$u=\frac{1}{\mu}\frac{\partial p}{\partial x}\left[\frac{1}{4}r^2+\frac{R_2^2-R_1^2}{4(\mathrm{In}R_1-\mathrm{In}R_2)}\mathrm{In}r-\frac{R_2^2\mathrm{In}R_1-R_1^2\mathrm{In}R_2}{4(\mathrm{In}R_1-\mathrm{In}R_2)}\right]$$

根据速度场可得流量为

$$Q=\int_{r=R_1}^{r=R_2}u2\pi r\mathrm{d}r=\frac{\pi}{2\mu}\frac{\partial p}{\partial x}\int_{r=R_1}^{r=R_2}\left(r^2+\frac{R_2^2-R_1^2}{\mathrm{In}R_1-\mathrm{In}R_2}\mathrm{In}r-\frac{R_2^2\mathrm{In}R_1-R_1^2\mathrm{In}R_2}{\mathrm{In}R_1-\mathrm{In}R_2}\right)r\mathrm{d}r$$

$$Q=\frac{\pi}{8\mu}\frac{\partial p}{\partial x}(R_2^2-R_1^2)\left(R_2^2+R_1^2+\frac{2R_2^2\mathrm{In}R_2-2R_1^2\mathrm{In}R_1-R_2^2+R_1^2}{\mathrm{In}R_1-\mathrm{In}R_2}-\frac{2R_2^2\mathrm{In}R_1-2R_1^2\mathrm{In}R_2}{\mathrm{In}R_1-\mathrm{In}R_2}\right)$$

4.12

解：

考虑沿管壁的流线，在点 1 处，$v_1=0$，压强最大，称为总压，此点为驻点，对 1，2 处应用伯努利积分，有

$$p_2+\frac{1}{2}\rho v_2^2=p_1+0$$

解得

$$v_2^2=\frac{2(p_1-p_2)}{\rho}$$

其中

$$p_1-p_2=\rho_m g\Delta h$$

于是

$$v_2=\sqrt{\frac{2\rho_m g\Delta h}{\rho}}$$

此结果是在流体无黏的假定上获得的，为了考虑流体的黏性和管体对流场扰动的影响，实际上，应对上述所得值加以修正，常用的方法是对皮托（Pitot）管进行校准，乘校准系数 ξ，有

$$v_2=\sqrt{\frac{2\xi\rho_m g\Delta h}{\rho}}$$

4.13

解：

取一条过 1，2 的流线，满足伯努利方程，在流线上任一点和 2 处，满足

$$\frac{v^2}{2}+\frac{p}{\rho_f}+gz=\frac{v_2^2}{2}+\frac{p_2}{\rho_f}+gz_2 \qquad \text{（式 4.13-1）}$$

转子受到的力为重力：$\rho_b g V_b$，流体作用于转子的面力：$\oint p\mathrm{d}s$，静力平衡时有

$$\oint p\mathrm{d}=\rho_b g V_b$$

根据（式 4.13-1），有

$$p=\rho_f\left[\frac{v_2^2-v^2}{2}+g(z_2-z)\right]+p_2$$

即

$$\oint\rho_f\left[\frac{v_2^2-v^2}{2}+g(z_2-z)\right]\mathrm{d}s+\oint p_2\mathrm{d}s=\oint\rho_f\left[\frac{v_2^2-v^2}{2}+g(z_2-z)\right]\mathrm{d}s=\rho_b g V_b$$

显然

$$\oint\rho_f g(z_2-z)\mathrm{d}s=\rho_f g\oint(z_2-z)\mathrm{d}s=\rho_f g V_b$$

于是

$$\oint \rho_f \left(\frac{v_2^2 - v^2}{2}\right) \mathrm{d}s = (\rho_b - \rho_f) g V_b$$

由于转子的对称性，积分后只有 y 方向的合力，上式等价于

$$\rho_f \left(\frac{v_2^2 - v_1^2}{2}\right) A_m = (\rho_b - \rho_f) g V_b$$

其中 A_m 为转子的最大横截面面积。由连续性方程，有

$$\frac{v_2^2 - v_1^2}{2} = \frac{1}{2} v_2^2 \left[1 - \left(\frac{A_2}{A_1}\right)^2\right]$$

其中 A_1、A_2 分别为横截面 1，2 处的面积，于是

$$v_2 = \frac{1}{\sqrt{1 - \left(\frac{A_2}{A_1}\right)^2}} \sqrt{\frac{2(\rho_b - \rho_f) V_b g}{\rho_f A_m}}$$

体积流量为

$$Q_V = v_2 A_2 = \frac{A_2}{\sqrt{1 - \left(\frac{A_2}{A_1}\right)^2}} \sqrt{\frac{2(\rho_b - \rho_f) V_b g}{\rho_f A_m}}$$

其中 $A_1 = \frac{\pi}{4}(D + 2\theta y_1)^2$，$A_2 = \frac{\pi}{4}[(D + 2\theta y_2)^2 - d^2]$。当 $D \approx d$ 时，$A_2 \approx \pi D \theta y_2$，$y_1 \approx y_2 = y$，于是

$$Q_V = \frac{\pi D \theta y}{\sqrt{1 - \left(\frac{A_2}{A_1}\right)^2}} \sqrt{\frac{2(\rho_b - \rho_f) V_b g}{\rho_f A_m}}$$

令 $c = \pi \dfrac{D\theta}{\sqrt{1 - \left(\frac{A_2}{A_1}\right)^2}} \sqrt{\dfrac{2 V_b g}{A_m}} = \mathrm{const}$，有

$$Q_V = c y \sqrt{\frac{\rho_b - \rho_f}{\rho_f}}$$

引入一由实验确定的修正系数 c_d，选取 $\rho_b = 2\rho_f$ 时，有

$$Q_V = c_d c y$$

说明转子的流量与高度成正比，这是转子流量计的一个优点。

4.14

解：

液柱的运动可以近似看作一维的和无旋的，令 $\boldsymbol{v} = \nabla \varphi$，于是有

$$\varphi_2 = \varphi_1 + \int_1^2 \boldsymbol{v} \mathrm{d}s$$

代入拉格朗日积分式（4.2-8），有

$$\frac{\partial}{\partial t}\int_1^2 \boldsymbol{v}\mathrm{d}s = \frac{\partial(\varphi_2-\varphi_1)}{\partial t} = \frac{(v_1^2-v_2^2)}{2} + \frac{(p_1-p_2)}{\rho} + g(z_1-z_2) \qquad \text{（式 4.14-1）}$$

由连续性方程，任一时刻 $v_1=v_2=v(s)$，另外有：$p_1=p_2=p$，$z_1-z_2=L^*(\sin\alpha+\sin\beta)$，（式 4.14-1）积分得

$$L\frac{\partial \boldsymbol{v}}{\partial t}=L^* g(\sin\alpha+\sin\beta)$$

因为 $\boldsymbol{v}=\frac{\mathrm{d}}{\mathrm{d}t}L^*$，所以有

$$L\frac{\mathrm{d}^2}{\mathrm{d}t^2}L^*=L^* g(\sin\alpha+\sin\beta)$$

边界条件 $L^*(0)=L_0^*$，$\frac{\mathrm{d}}{\mathrm{d}t}L^*(0)=0$，解得

$$L^*(t)=L_0^*\cos\sqrt{\frac{g}{L}(\sin\alpha+\sin\beta)\,t}$$

$$\oint\!\!\!\oint_{S(t)} \rho\boldsymbol{v}\cdot\boldsymbol{n}\mathrm{d}s=0 \qquad \text{（式 4.14-2）}$$

4.15

解：

$$\phi=\frac{1}{2}k(x^2-y^2)$$

4.16

解：

（1）波数：$k=\frac{2\pi}{l}=0.628\mathrm{m}^{-1}$，波速：$\mathrm{c}=\sqrt{\frac{g}{k}}=\sqrt{\frac{gl}{2\pi}}=3.95\mathrm{m/s}$，周期：$T=\frac{2\pi}{kc}=2.531\mathrm{s}$

（2）波面方程：$\zeta=A\cos k(x-ct)=0.1\cos(0.628x-2.48t)$

（3）$z_0=0.5$，运动轨迹

$$x-x_0=-Ae^{kz_0}\sin k(x_0-ct)=0.1e^{0.628\times0.5}\cos\left(\frac{\pi}{2}+\theta\right)=0.1e^{0.314}\cos\left(\frac{\pi}{2}+\theta\right)$$

$$z-z_0=Ae^{kz_0}\sin k(x_0-ct)=0.1e^{0.628\times0.5}\sin\left(\frac{\pi}{2}+\theta\right)=0.1e^{0.314}\sin\left(\frac{\pi}{2}+\theta\right)$$

其中，$\theta=k(x_0-ct)$

4.17

略

4.18

解：

$$T_p=\frac{60}{15}=4\mathrm{s}$$

$$\lambda=\left(\frac{T_p}{0.8}\right)^3=25\mathrm{m}$$

$$c=1.25\sqrt{\lambda}=6.25\mathrm{m/s}$$

4.19

解：

$$\varphi_2=-\frac{H}{2}\frac{g}{\sigma}\cos k(x-Ut)$$

$$u=\frac{\partial\varphi_2}{\partial x}=\frac{H}{2}\frac{g}{\sigma}k\sin k(x-Ut)$$

因为圆频率 $\sigma=kU$ 为

$$u=\frac{H}{2}\frac{g}{U}\sin k(x-Ut)$$

自由面轮廓为

$$\zeta=\frac{U}{g}u=\frac{H}{2}\sin k(x-Ut)$$

流体质点在平衡点(x_0,z_0)附近的运动情况为

$$u=\frac{\mathrm{d}x}{\mathrm{d}t}=\frac{H}{2}\frac{g}{U}\sin k(x_0-Ut)$$

$$w=\frac{\mathrm{d}z}{\mathrm{d}t}=0$$

所以

$$x-x_0=\frac{H}{2\sigma}\frac{g}{U}\cos k(x_0-Ut)$$

$$z-z_0=0$$

这说明流体质点在平衡点附近是沿着水平方向作简谐振动，振幅为$\frac{H}{2\sigma}\frac{g}{U}$。

流体中的压强分布为

$$p=p_0+\rho g\zeta-\rho gz$$

将 $\zeta=\frac{U}{g}u=\frac{H}{2}\sin k(x-Ut)$代入

$$p=p_0-\rho gz+\frac{\rho gH}{2}\sin k(x-Ut)$$

4.20

解：

这是无黏性不可压缩流体的平面运动，可以采用 ψ-ω 方程来解。因为 $V_\infty=V_0+cy$，所以 $\omega|_\infty=-\left.\frac{\partial u}{\partial y}\right|_\infty \boldsymbol{k}=-c\boldsymbol{k}$。由已知条件，成立拉格朗日涡保持定理，因而全流场涡量 $\boldsymbol{\omega}=-c\boldsymbol{k}$。现在可以列出流函数所满足的方程：

$$\nabla^2\psi=c$$

边界条件：在圆柱壁面上$\psi|_{r=a}=0$；在无穷远 $r\to\infty$ 处，$V_\theta=-\frac{\partial\psi}{\partial r}=-V_\infty\sin\theta$，于是

$$\frac{1}{r}\left.\frac{\partial\psi}{\partial r}\right|_{r\to\infty}=\frac{V_\infty\sin\theta}{r}=\frac{V_0+cy}{r}\sin\theta=c\,\frac{y}{r}\sin\theta=c\sin^2\theta$$

另外，还有 $\oint_{r=a} -\frac{\partial\psi}{\partial r} r\mathrm{d}\theta = \Gamma$ ，Γ 是任给定的环量。

4.21

解：

（1）流体静止，遵循拉格朗日涡保持性定理，所以无旋。

（2）定义 $\boldsymbol{v}=\nabla\varphi(r,\theta)$ ，根据例 4-10，有

$$\varphi=\left(C_1 r+\frac{C_2}{r}\right)\cos\theta$$

边界条件为，壁面上 $v_r=\frac{\partial\varphi}{\partial r}=v_0\cos\theta$；无穷远处 $v_r=v_\theta=0$。

根据这一边界条件，得

$$\varphi=\frac{v_0 a^2}{r}\cos\theta$$

$$v_\theta=\frac{\partial\varphi}{r\,\partial\theta}=-v_0\,\frac{a^2}{r^2}\sin\theta$$

对于无黏流体，可由伯努利方程求得圆柱表面压强为

$$p_\theta=p_\infty+\frac{\rho}{2}v_0^2(1-4\sin^2\theta)$$

第 5 章　流体的涡旋运动

涡旋是一种在自然界流体中出现的普遍现象，涡旋运动理论研究涡旋的产生、发展和消失规律，它的研究对航空、气象、水利等工程和学科发展都具有重要意义。涡旋运动与湍流、大气现象、海洋物理、增升减阻、流动控制、气动噪声等有着密切的关系，对航空航天、动力机械、化学工程、海洋工程、仿生学等工程领域都十分重要。涡旋运动因其固有的非定常性和非线性，以及其在自然界的探索和工程应用中的巨大意义，一直是流体力学中具有挑战性的长盛不衰的研究方向。

5.1　涡旋运动的基本概念和涡量输运方程

5.1.1　涡旋运动的基本概念

自然界中存在着各种涡旋运动，如大气中的龙卷风、桥墩后的涡旋区、海啸引发的大涡旋、白云中的流体涡旋、划船时船桨产生的涡旋等；还有许多小涡旋不易观察到，如物体在流体中运动时，物体边界层中的小涡旋；还有星系运动也可视为涡旋，如哈勃望远镜拍摄到的涡旋星系。涡旋的产生伴随着机械能的耗损，从而使物体（飞机、船舶、水轮机、汽轮机）产生流体阻力或降低其机械效率。但是，正是依靠涡旋，机翼才能获得举力。在水利工程如泄水口中，为了保护坝基不被急泻而下的水流冲坏，会采用消能设备，人为地制造涡旋以消耗水流的动能。这些都是研究涡旋的实际背景。

定义涡量为流体速度的旋度：

$$\boldsymbol{\omega}=\nabla\times\boldsymbol{v} \tag{5.1-1}$$

$\boldsymbol{\omega}$ 为涡量场，当 $\boldsymbol{\omega}\neq\mathbf{0}$ 时，流体是有旋的，称为涡旋运动。当 $\boldsymbol{\omega}=\mathbf{0}$ 时，流体是无旋的，称为无旋运动。

1. 涡线、涡面和涡管

依照场论的观点，我们可以定义涡线，涡线是涡量场中任一时刻的一条几何曲线，其上各点的涡量矢量均与此曲线相切［见图 5.1-1（a）］。

涡线满足

$$\mathrm{d}\boldsymbol{r}\times\boldsymbol{\omega}=\mathbf{0} \tag{5.1-2}$$

或者

$$\frac{\mathrm{d}x}{\omega_x(x,y,z)}=\frac{\mathrm{d}y}{\omega_y(x,y,z)}=\frac{\mathrm{d}z}{\omega_z(x,y,z)} \tag{5.1-3}$$

定义涡面：某一时刻，在涡量场中任取一非涡线的曲线，经过该曲线上每点作涡线，这些涡线在空间就形成一个面，即为涡面［见图 5.1-1（b）］。

定义涡管：经涡量场中任一非涡线的封闭曲线作涡线，构成涡管［见图 5.1-1（c）］。显然，涡面、涡管上任一点的法线方向 $\boldsymbol{n}$ 和该点的涡量 $\boldsymbol{\omega}$ 是垂直的。

说明：对于任意向量场，我们都可以仿照涡线、涡面和涡管进行定义。如我们可以定义流线、流面和流管，在流线、流面和流管上，流函数不变，即这样的线、管、面是流函数的等位面。

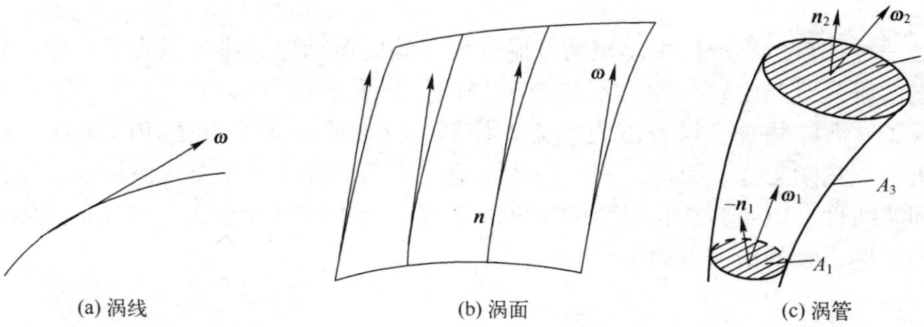

图 5.1-1　涡线、涡面和涡管

2. 涡通量、涡管强度和速度环量

定义涡通量：在流场中某一曲面 A，其面积分为

$$J = \iint_A \boldsymbol{\omega} \cdot \mathrm{d}\boldsymbol{s} \tag{5.1-4}$$

称为过该曲面的涡通量。

涡管强度：对于流场中某时刻的涡管，取涡管的一个横截面 A，称过曲面 A 的涡通量为该瞬时的涡管强度。

那么取不同截面，涡管强度有变化吗？

证明：涡管强度守恒定理。

如图 5.1-1（c）所示的涡管，取任意段，两个端面分别记为 A_1，A_2，侧面记为 A_3，相应的外法向为 $\boldsymbol{n}_1$、$\boldsymbol{n}_2$ 和 $\boldsymbol{n}_3$。

根据涡量定义，$\boldsymbol{\omega}=\nabla\times\boldsymbol{v}$，涡量的散度为

$$\nabla \cdot \boldsymbol{\omega}=\nabla \cdot (\nabla\times\boldsymbol{v})=\begin{vmatrix} \dfrac{\partial}{\partial x} & \dfrac{\partial}{\partial y} & \dfrac{\partial}{\partial z} \\ \dfrac{\partial}{\partial x} & \dfrac{\partial}{\partial y} & \dfrac{\partial}{\partial y} \\ v_x & v_y & v_z \end{vmatrix}=0$$

于是

$$\oiint_s \boldsymbol{\omega} \cdot \boldsymbol{n}\mathrm{d}s = \iint_{A_1+A_2+A_3} \boldsymbol{\omega} \cdot \boldsymbol{n}\mathrm{d}s = \iiint_\tau \nabla \cdot \boldsymbol{\omega}\mathrm{d}\tau = 0$$

因为侧面上 $\boldsymbol{\omega}\perp\boldsymbol{n}$，所以

$$\iint_{A_3} \boldsymbol{\omega} \cdot \boldsymbol{n}\mathrm{d}s = 0$$

则

$$J=\iint_{A_1}\boldsymbol{\omega}\cdot\boldsymbol{n}_1\mathrm{d}s+\iint_{A_2}\boldsymbol{\omega}\cdot\boldsymbol{n}_2\mathrm{d}s=-\iint_{A_1}\boldsymbol{\omega}\cdot(-\boldsymbol{n}_1)\mathrm{d}s+\iint_{A_2}\boldsymbol{\omega}\cdot\boldsymbol{n}_2\mathrm{d}s=0$$

于是，有

$$\iint_{A_1}\boldsymbol{\omega}\cdot(-\boldsymbol{n}_1)\mathrm{d}s=\iint_{A_2}\boldsymbol{\omega}\cdot\boldsymbol{n}_2\mathrm{d}s$$

由于 A_1、A_2 是任意选取的，如图 5.1-1（c）所示 $-\boldsymbol{n}_1$ 是横截面 A_1 的法向方向，所以在同一时刻，同一涡管各截面涡通量相同，与截面的选取无关，称为涡管强度守恒定理。根据涡管强度守恒定理，涡管中任何一横截面上的涡通量保持同一常数值，涡管不能在流体中产生或消失。显然：

（1）对于同一涡管，截面积越小的地方，涡量越大，流体旋转角速度越大；

（2）涡管截面不可能收缩到零。因为若收缩到零，则涡量将增至无穷大，这是不可能的。因此，涡管不能在流体之中产生或终止，只能在流体中形成环形涡环，或始于、终于边界，或伸展至无穷远（见图 5.1-2）。

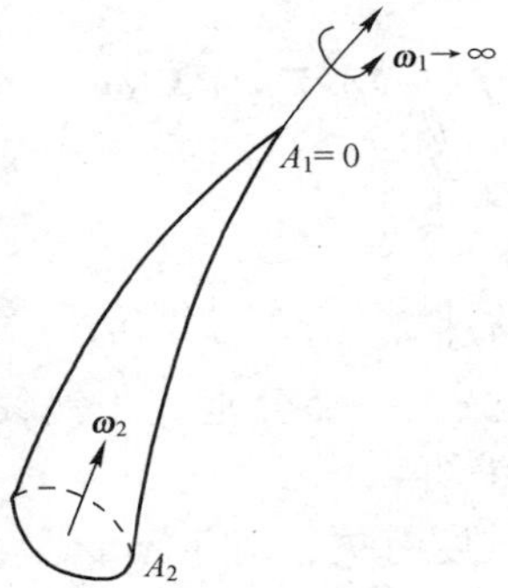

(a) 涡管截面收缩到零

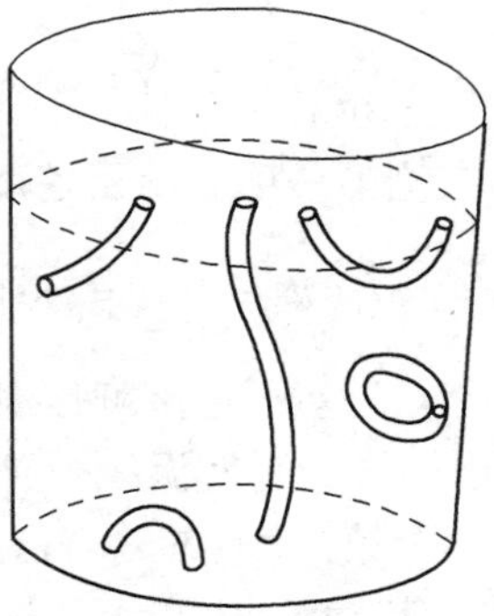

(b) 各种涡管

图 5.1-2　涡管示意图

速度环量：对流场中某时刻的封闭曲线 L，作线积分，

$$\Gamma=\oint_L\boldsymbol{v}\cdot\mathrm{d}\boldsymbol{l}\tag{5.1-5}$$

Γ 称为沿该封闭曲线的速度环量，Γ 与积分的绕行方向有关，一般取按逆时针绕行的方向为正方向。

根据斯托克斯公式，有

$$J=\int\boldsymbol{\omega}\cdot\boldsymbol{n}\mathrm{d}s=\int(\nabla\times\boldsymbol{v})\cdot\boldsymbol{n}\mathrm{d}s=\oint\boldsymbol{v}\cdot\mathrm{d}\boldsymbol{l}=\Gamma\tag{5.1-6}$$

于是

$$\omega_n=\frac{\mathrm{d}\Gamma}{\mathrm{d}s}\tag{5.1-7}$$

5.1.2　涡量输运方程

流体的涡量和运动相关。我们通过矢量方程$(\boldsymbol{v}\cdot\nabla)\boldsymbol{v}=\nabla\left(\frac{\boldsymbol{v}\cdot\boldsymbol{v}}{2}\right)+\nabla\times\boldsymbol{v}\times\boldsymbol{v}=\nabla\left(\frac{\boldsymbol{v}\cdot\boldsymbol{v}}{2}\right)+\boldsymbol{\omega}\times\boldsymbol{v}$

对 N-S 运动方程进行变换得到兰姆-葛罗米柯形式的运动方程：

$$\rho\left(\frac{\partial \boldsymbol{v}}{\partial t}+\boldsymbol{v}\cdot\nabla\boldsymbol{v}\right)=\rho\left[\frac{\partial \boldsymbol{v}}{\partial t}+\nabla\left(\frac{v^2}{2}\right)+\boldsymbol{\omega}\times\boldsymbol{v}\right]=\rho\boldsymbol{f}-\nabla p+\mu\left[\frac{1}{3}\nabla(\nabla\cdot\boldsymbol{v})+\nabla^2\boldsymbol{v}\right] \tag{5.1-8}$$

对此式的两边取旋度，由于$\nabla\times(\boldsymbol{a}\times\boldsymbol{b})=(\boldsymbol{b}\cdot\nabla)\boldsymbol{a}-(\boldsymbol{a}\cdot\nabla)\boldsymbol{b}+(\nabla\cdot\boldsymbol{b})\boldsymbol{a}-(\nabla\cdot\boldsymbol{a})\boldsymbol{b}$，有$\nabla\times(\boldsymbol{v}\times\boldsymbol{\omega})=(\boldsymbol{\omega}\cdot\nabla)\boldsymbol{v}-(\boldsymbol{v}\cdot\nabla)\boldsymbol{\omega}+(\nabla\cdot\boldsymbol{\omega})\boldsymbol{v}-(\nabla\cdot\boldsymbol{v})\boldsymbol{\omega}$，其中$\nabla\cdot\boldsymbol{\omega}=\nabla\cdot\nabla\times\boldsymbol{v}=0$。有

$$\nabla\times\nabla\left(\frac{\boldsymbol{v}^2}{2}\right)=0,\quad \nabla\times\left(\frac{1}{\rho}\nabla p\right)=\frac{1}{\rho}\nabla\times\nabla p+\nabla\frac{1}{\rho}\times\nabla p=-\frac{1}{\rho^2}\nabla\rho\times\nabla p$$

所以

$$\frac{\partial\boldsymbol{\omega}}{\partial t}=(\boldsymbol{\omega}\cdot\nabla)\boldsymbol{v}-(\boldsymbol{v}\cdot\nabla)\boldsymbol{\omega}-(\nabla\cdot\boldsymbol{v})\boldsymbol{\omega}+\nabla\times\boldsymbol{f}+\frac{1}{\rho^2}\nabla\rho\times\nabla p+\nabla\times\nu\,\nabla^2\boldsymbol{v}+\nabla\times\left[\frac{\nu}{3}\nabla(\nabla\cdot\boldsymbol{v})\right]$$

当ν=常数时，有

$$\frac{\partial\boldsymbol{\omega}}{\partial t}=(\boldsymbol{\omega}\cdot\nabla)\boldsymbol{v}-(\boldsymbol{v}\cdot\nabla)\boldsymbol{\omega}-(\nabla\cdot\boldsymbol{v})\boldsymbol{\omega}+\nabla\times\boldsymbol{f}+\frac{1}{\rho^2}\nabla\rho\times\nabla p+\nu\,\nabla^2\boldsymbol{\omega}$$

或

$$\frac{\mathrm{d}\boldsymbol{\omega}}{\mathrm{d}t}=(\boldsymbol{\omega}\cdot\nabla)\boldsymbol{v}-(\nabla\cdot\boldsymbol{v})\boldsymbol{\omega}+\nabla\times\boldsymbol{f}+\frac{1}{\rho^2}\nabla\rho\times\nabla p+\nu\,\nabla^2\boldsymbol{\omega} \tag{5.1-9}$$

式（5.1-9）右侧第一项表示了速度沿涡线的变化：

$$(\boldsymbol{\omega}\cdot\nabla)\boldsymbol{v}=|\boldsymbol{\omega}|(\boldsymbol{\omega}_0\cdot\nabla)\boldsymbol{v}=|\boldsymbol{\omega}|\frac{\partial\boldsymbol{v}}{\partial\omega}=\left|\lim_{P\to Q}\frac{\delta\boldsymbol{v}}{PQ}\right||\boldsymbol{\omega}|=|\boldsymbol{\omega}|\lim_{P\to Q}\frac{\delta v_\perp}{PQ}+|\boldsymbol{\omega}|\lim_{P\to Q}\frac{\delta v_{/\!/}}{PQ}$$

如图 5.1-3 所示，这种变化可以分解成两部分，一部分垂直于涡线，它使涡线“扭曲”，一部分平行于涡线，它使涡线“伸长”或“缩短”。

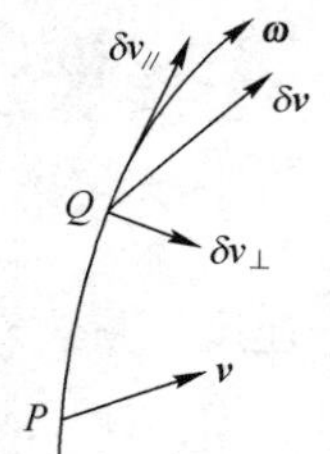

图 5.1-3 涡线变化的分解

式（5.1-9）右侧第二项$(\nabla\cdot\boldsymbol{v})\boldsymbol{\omega}$与流体的散度有关，对于不受外力矩作用的物体，其动量矩守恒，当转动惯量减小时，必然有角速度增加。因此，在流体运动过程中，流体质点的体积若收缩（$\nabla\cdot\boldsymbol{v}<0$），则涡量增加；反之，则涡量将减少。

式（5.1-9）右侧第三项$\nabla\times\boldsymbol{f}$表示了体积力的影响。当体积力有势时，$\boldsymbol{f}=\nabla\Psi$，有

$$\nabla\times\boldsymbol{f}=\nabla\times\nabla\Psi=0$$

式（5.1-9）右侧第四项$\frac{1}{\rho^2}\nabla\rho\times\nabla p$表示了流体非正压的影响。当流体正压时，有

$$\frac{1}{\rho^2}\nabla\rho\times\nabla p=\frac{1}{\rho^2}\nabla\rho\times\frac{\mathrm{d}p}{\mathrm{d}\rho}\nabla\rho=0$$

式（5.1-9）右侧第五项$\nu\,\nabla^2\boldsymbol{\omega}$表示了黏性的影响。当流体无黏时，$\nu\,\nabla^2\boldsymbol{\omega}=0$。

综上，当流体无黏、正压、体积力有势时，式（5.1-9）简化为

$$\frac{\mathrm{d}\boldsymbol{\omega}}{\mathrm{d}t}=(\boldsymbol{\omega}\cdot\nabla)\boldsymbol{v}-(\nabla\cdot\boldsymbol{v})\boldsymbol{\omega} \tag{5.1-10}$$

此为亥姆霍兹（Helmholtz）方程。

5.2　无黏性流体的涡量输运方程

5.2.1　流体运动中速度环量的变化

流体的运动方程为

$$\frac{\mathrm{d}\boldsymbol{v}}{\mathrm{d}t}=-\frac{1}{\rho}\nabla p+\boldsymbol{f}+\nu\nabla^2\boldsymbol{v}+\frac{\nu}{3}\nabla(\nabla\cdot\boldsymbol{v})$$

上式对某封闭曲线 L 作线积分，有

$$\oint\frac{\mathrm{d}\boldsymbol{v}}{\mathrm{d}t}\cdot\mathrm{d}\boldsymbol{l}=\oint\left[-\frac{1}{\rho}\nabla p+\boldsymbol{f}+\nu\nabla^2\boldsymbol{v}+\frac{\nu}{3}\nabla(\nabla\cdot\boldsymbol{v})\right]\cdot\mathrm{d}\boldsymbol{l}$$

考虑到

$$\frac{\mathrm{d}}{\mathrm{d}t}(\boldsymbol{v}\cdot\mathrm{d}\boldsymbol{l})=\frac{\mathrm{d}\boldsymbol{v}}{\mathrm{d}t}\cdot\mathrm{d}\boldsymbol{l}+\boldsymbol{v}\cdot\frac{\mathrm{d}}{\mathrm{d}t}\mathrm{d}\boldsymbol{l}=\frac{\mathrm{d}\boldsymbol{v}}{\mathrm{d}t}\cdot\mathrm{d}\boldsymbol{l}+\mathrm{d}\left(\frac{\boldsymbol{v}^2}{2}\right)$$

于是有

$$\frac{\mathrm{d}\Gamma}{\mathrm{d}t}=\frac{\mathrm{d}}{\mathrm{d}t}\oint\boldsymbol{v}\cdot\mathrm{d}\boldsymbol{l}=\oint\frac{\mathrm{d}}{\mathrm{d}t}(\boldsymbol{v}\cdot\mathrm{d}\boldsymbol{l})=\oint\frac{\mathrm{d}\boldsymbol{v}}{\mathrm{d}t}\cdot\mathrm{d}\boldsymbol{l}=\oint\left[-\frac{1}{\rho}\nabla p+\boldsymbol{f}+\nu\nabla^2\boldsymbol{v}+\frac{\nu}{3}\nabla(\nabla\cdot\boldsymbol{v})\right]\cdot\mathrm{d}\boldsymbol{l} \tag{5.2-1}$$

当体积力有势时

$$\boldsymbol{f}=-\nabla\Psi,\ \oint\boldsymbol{f}\cdot\mathrm{d}l=\int(\nabla\times\boldsymbol{f})\cdot\boldsymbol{n}\mathrm{d}s=-\int(\nabla\times\nabla\Psi)\cdot\boldsymbol{n}\mathrm{d}s=0$$

流体正压时，$\rho=\rho(p)$，于是$\nabla\rho\times\nabla p=\nabla\rho\times\frac{\mathrm{d}p}{\mathrm{d}\rho}\nabla\rho=0$，根据斯托克斯公式，有

$$\oint\left(-\frac{1}{\rho}\nabla p\right)\cdot\mathrm{d}l=\int\nabla\times\left(-\frac{1}{\rho}\nabla p\right)\cdot\boldsymbol{n}\mathrm{d}s=\int\left(\frac{1}{\rho^2}\nabla\rho\times\nabla p\right)\cdot\boldsymbol{n}\mathrm{d}s=0$$

不可压缩或无黏时，$\oint\frac{\nu}{3}\nabla(\nabla\cdot\boldsymbol{v})\cdot\mathrm{d}l=0$，其中无黏时，$\oint\nu\nabla^2\boldsymbol{v}\cdot\mathrm{d}l=0$。

综上，当流体无黏、正压、体积力有势时，式（5.2-1）化简为

$$\frac{\mathrm{d}\Gamma}{\mathrm{d}t}=\frac{\mathrm{d}}{\mathrm{d}t}\oint\boldsymbol{v}\cdot\mathrm{d}\boldsymbol{l}=0 \tag{5.2-2}$$

由于 $\Gamma=\oint_L\boldsymbol{v}\cdot\mathrm{d}\boldsymbol{l}=\int(\nabla\times\boldsymbol{v})\cdot\boldsymbol{n}\mathrm{d}s=\int\boldsymbol{\omega}\cdot\boldsymbol{n}\mathrm{d}s$，于是，理想流体正压、体积力有势时，则沿任一封闭物质线的速度环量和通过任一物质面的涡通量在运动过程中恒不变，称此为开尔文（Kelvin）定理。

5.2.2　涡保持定理

开尔文定理的推论（拉格朗日涡保持定理）：理想正压流体，体积力有势，如果初始时

刻在某部分流体是无旋的，则在以前或以后任一时刻中，这部分流体始终无旋；反之，若初始时刻某部分流体是有旋的，则在以前或以后任一时刻中，这部分流体始终有旋。我们称之为漩涡不生不灭定理。

涡面保持定理：理想流体正压、体积力有势时，在某时刻组成涡面的流体质点在前一或后一时刻也永远组成涡面。

涡管保持定理：理想流体正压、体积力有势时，在某时刻组成涡管的流体质点在前一或后一时刻也永远组成涡管。

涡线保持定理：理想流体正压、体积力有势时，在某时刻组成涡线的流体质点在前一或后一时刻也永远组成涡线。

可见，理想流体正压、体积力有势时，涡面、涡管、涡线都具有保持性，它们通常称为亥姆霍兹第一定理。

5.3 感生速度场

5.3.1 涡旋感生速度场

设在有限体积 τ 内给定涡旋场和散度场，而 τ 以外的区域内既无旋度亦无散度。即

$$\begin{cases}\tau\text{ 内}:\nabla\cdot\boldsymbol{v}=\Theta,\nabla\times\boldsymbol{v}=\boldsymbol{\omega}\\ \tau\text{ 外}:\nabla\cdot\boldsymbol{v}=0,\nabla\times\boldsymbol{v}=\boldsymbol{0}\end{cases}\tag{5.3-1}$$

其中 Θ 和 $\boldsymbol{\omega}$ 分别是已知的速度散度及涡旋函数，欲求上述涡旋场和散度场所感生的速度场 $\boldsymbol{v}$，可以拆成下面两个问题

$$\boldsymbol{v}=\boldsymbol{v}_1+\boldsymbol{v}_2$$

其中 $\boldsymbol{v}_1$ 满足

$$\begin{cases}\tau\text{ 内}:\nabla\cdot\boldsymbol{v}_1=\Theta,\quad \nabla\times\boldsymbol{v}_1=\boldsymbol{0}\\ \tau\text{ 外}:\nabla\cdot\boldsymbol{v}_1=0,\quad \nabla\times\boldsymbol{v}_1=\boldsymbol{0}\end{cases}\tag{5.3-2}$$

$\boldsymbol{v}_2$ 满足

$$\begin{cases}\tau\text{ 内}:\nabla\cdot\boldsymbol{v}_2=0,\quad \nabla\times\boldsymbol{v}_2=\boldsymbol{\omega}\\ \tau\text{ 外}:\nabla\cdot\boldsymbol{v}_2=0,\quad \nabla\times\boldsymbol{v}_2=\boldsymbol{0}\end{cases}\tag{5.3-3}$$

$\boldsymbol{v}_1$ 代表无旋散度场感生的速度，$\boldsymbol{v}_2$ 代表有旋无散度场感生的速度，容易验证，$\boldsymbol{v}_1$ 和 $\boldsymbol{v}_2$ 的矢量和就是有旋散度场所感生的速度 $\boldsymbol{v}$。

1. 散度感生的速度场 $\boldsymbol{v}_1$

由于$\nabla\times\boldsymbol{v}_1=0$，令 $\boldsymbol{v}_1=\nabla\phi$，代入式（5.3-2）得

$$\nabla\cdot\boldsymbol{v}_1=\nabla^2\phi=\Theta$$

这是数理方程中的泊松（Poisson）方程，解为

$$\phi=-\frac{1}{4\pi}\int_\tau\frac{\Theta(\xi,\eta,\zeta)}{r}\mathrm{d}\tau\tag{5.3-4}$$

于是

$$\boldsymbol{v}_1 = \nabla\phi = -\frac{1}{4\pi}\nabla\int_\tau \frac{\Theta(\xi,\eta,\zeta)}{r}\mathrm{d}\tau \tag{5.3-5}$$

2. 求旋度感生的速度场 $\boldsymbol{v}_2$

对于式（5.3-3），由于$\nabla\cdot\boldsymbol{v}_2=0$，定义矢量$\boldsymbol{B}$，使其满足$\boldsymbol{v}_2=\nabla\times\boldsymbol{B}$。

于是$\nabla\cdot\boldsymbol{v}_2=\nabla\cdot(\nabla\times\boldsymbol{B})=\begin{vmatrix}\dfrac{\partial}{\partial x} & \dfrac{\partial}{\partial y} & \dfrac{\partial}{\partial z}\\ \dfrac{\partial}{\partial x} & \dfrac{\partial}{\partial y} & \dfrac{\partial}{\partial y}\\ B_x & B_y & B_z\end{vmatrix}=0$，即自动满足$\nabla\cdot\boldsymbol{v}_2=0$。

因此在τ内，有

$$\nabla\times\boldsymbol{v}_2=\nabla\times(\nabla\times\boldsymbol{B})=\varepsilon_{ijk}\frac{\partial}{\partial x_j}\left(\varepsilon_{klm}\frac{\partial B_m}{\partial x_l}\right)=(\delta_{il}\delta_{jm}-\delta_{im}\delta_{jl})\frac{\partial^2 B_m}{\partial x_j\,\partial x_l}$$

$$=\frac{\partial^2 B_j}{\partial x_j\,\partial x_i}-\frac{\partial^2 B_i}{\partial x_j\,\partial x_j}=\nabla(\nabla\cdot\boldsymbol{B})-\nabla^2\boldsymbol{B}=\boldsymbol{\omega}$$

假定$\nabla\cdot\boldsymbol{B}=0$，则

$$\nabla^2\boldsymbol{B}=-\boldsymbol{\omega} \tag{5.3-6}$$

式（5.3-6）是矢量形式的泊松方程，解为

$$\boldsymbol{B}=\frac{1}{4\pi}\iiint_\tau \frac{\boldsymbol{\omega}(\xi,\eta,\zeta)}{r}\mathrm{d}\tau \tag{5.3-7}$$

式中r是积分元所在位置(ξ,η,ζ)到所求感应点(x,y,z)的距离，有

$$r=\sqrt{(x-\xi)^2+(y-\eta)^2+(z-\zeta)^2}$$

验证是否满足假定$\nabla\cdot\boldsymbol{B}=0$。将式（5.3-7）代入，有

$$\nabla\cdot\boldsymbol{B}=\frac{1}{4\pi}\iiint_\tau \nabla\cdot\frac{\boldsymbol{\omega}(\xi,\eta,\zeta)}{r}\mathrm{d}\tau=\frac{1}{4\pi}\iiint_\tau\left[\frac{1}{r}\nabla\cdot\boldsymbol{\omega}+\nabla\left(\frac{1}{r}\right)\cdot\boldsymbol{\omega}\right]\mathrm{d}\tau=\frac{1}{4\pi}\iiint_\tau \nabla\left(\frac{1}{r}\right)\cdot\boldsymbol{\omega}\mathrm{d}\tau$$

$$=\frac{1}{4\pi}\iiint_\tau\left(-\frac{1}{r^2}\nabla r\right)\cdot\boldsymbol{\omega}\mathrm{d}\tau=\frac{1}{4\pi}\iiint_\tau\left(\frac{1}{r^2}\nabla' r\right)\cdot\boldsymbol{\omega}\mathrm{d}\tau=-\frac{1}{4\pi}\iiint_\tau \nabla'\left(\frac{1}{r}\right)\cdot\boldsymbol{\omega}\mathrm{d}\tau$$

记∇'是对（ξ,η,ζ）的微分算子，则有$\nabla' r=-\nabla r$。于是

$$\nabla\cdot\boldsymbol{B}=-\frac{1}{4\pi}\iiint_\tau \nabla'\left(\frac{1}{r}\right)\cdot\boldsymbol{\omega}\mathrm{d}\tau=-\frac{1}{4\pi}\iiint_\tau\left[\nabla'\cdot\left(\frac{\boldsymbol{\omega}}{r}\right)-\frac{1}{r}\nabla'\cdot\boldsymbol{\omega}\right]\mathrm{d}\tau$$

$$=-\frac{1}{4\pi}\iiint_\tau \nabla'\cdot\left(\frac{\boldsymbol{\omega}}{r}\right)\mathrm{d}\tau=-\frac{1}{4\pi}\oint_A \frac{\boldsymbol{\omega}\cdot\boldsymbol{n}}{r}\mathrm{d}A$$

令S是τ的界面，由于在τ外$\boldsymbol{\omega}=0$，所以τ的边界一定是涡面（边界上任一曲面和外区域面构成封闭体，对于封闭体有$\oint_A \boldsymbol{\omega}\cdot\boldsymbol{n}\mathrm{d}A=\iiint_\tau \nabla\cdot\boldsymbol{\omega}\mathrm{d}\tau=\iiint_\tau 0\mathrm{d}\tau=0$，因为在区域外$\boldsymbol{\omega}$处处为零，所以边界面的曲面上也必须满足$\boldsymbol{\omega}\cdot\boldsymbol{n}=0$）。在$S$上，$\boldsymbol{\omega}\cdot\boldsymbol{n}=0$，否则和$\nabla\cdot\boldsymbol{\omega}=0$矛盾，于是$\nabla\cdot\boldsymbol{B}=0$。

这样 $\boldsymbol{B}$ 对应速度场是

$$\begin{aligned}\boldsymbol{v}_2&=\nabla\times\boldsymbol{B}=\frac{1}{4\pi}\nabla\times\iiint_\tau\frac{\boldsymbol{\omega}(\xi,\eta,\zeta)}{r}\mathrm{d}\tau=\frac{1}{4\pi}\iiint_\tau\nabla\times\left(\frac{\boldsymbol{\omega}}{r}\right)\mathrm{d}\tau\\&=\frac{1}{4\pi}\iiint_\tau\left[\frac{1}{r}\nabla\times\boldsymbol{\omega}+\nabla\left(\frac{1}{r}\right)\times\boldsymbol{\omega}\right]\mathrm{d}\tau=-\frac{1}{4\pi}\iiint_\tau\frac{\nabla r\times\boldsymbol{\omega}}{r^2}\mathrm{d}\tau\\&=-\frac{1}{4\pi}\iiint_\tau\frac{\boldsymbol{r}\times\boldsymbol{\omega}}{r^3}\mathrm{d}\tau=\frac{1}{4\pi}\iiint_\tau\frac{\boldsymbol{\omega}\times\boldsymbol{r}}{r^3}\mathrm{d}\tau\end{aligned}\tag{5.3-8}$$

综合式（5.3-5）和式（5.3-8），式（5.3-1）感生的速度场为

$$\boldsymbol{v}=\boldsymbol{v}_1+\boldsymbol{v}_2=-\frac{1}{4\pi}\nabla\int_\tau\frac{\Theta(\xi,\eta,\zeta)}{r}\mathrm{d}\tau+\frac{1}{4\pi}\iiint_\tau\frac{\boldsymbol{\omega}\times\boldsymbol{r}}{r^3}\mathrm{d}\tau\tag{5.3-9}$$

式（5.3-8）为只考虑涡旋场的感生速度场。

5.3.2 涡线感生速度场

设想涡量集中在一根十分细的涡管上，可以近似地把它看成几何上的一条线，常称为涡线或涡丝，在此涡管上取微元管段 $\mathrm{d}\boldsymbol{l}$，$\mathrm{d}\boldsymbol{l}$ 的方向与 $\boldsymbol{\omega}$ 一致，截面积是 A。因而体积是 $A\mathrm{d}\boldsymbol{l}$，设涡管强度分布为 $\boldsymbol{\omega}$，有

$$\boldsymbol{\omega}\mathrm{d}\tau=\boldsymbol{\omega}A\mathrm{d}l=\omega A\mathrm{d}\boldsymbol{l}$$

令 $\lim\limits_{\substack{A\to0\\ \omega\to\infty}}A\omega=\Gamma$，$\Gamma$ 即速度环量，称为涡线的强度，因此有

$$\boldsymbol{\omega}\mathrm{d}\tau=\Gamma\mathrm{d}\boldsymbol{l}$$

代入式（5.3-8），有

$$\boldsymbol{v}=\frac{1}{4\pi}\iiint_\tau\frac{\boldsymbol{\omega}\times\boldsymbol{r}}{r^3}\mathrm{d}\tau=\frac{1}{4\pi}\int_l\frac{\Gamma\mathrm{d}\boldsymbol{l}\times\boldsymbol{r}}{r^3}=\frac{\Gamma}{4\pi}\int_l\frac{\mathrm{d}\boldsymbol{l}\times\boldsymbol{r}}{r^3}\tag{5.3-10}$$

此为比奥-萨伐尔公式（Biot-Savart Law）。

在研究涡量场感生速度场时，最简单但很重要的是直涡线感生的速度场，许多涡旋运动都可以认为是由直涡线组成的涡旋运动。

【例 5-1】 直涡线感生的速度场。图为与 z 轴平行的直涡线段，它的强度是 Γ，考虑和直涡线段垂直，距离为 h 的空间点 P 的速度（见图 5.3-1）。图中 α_1 表示涡线起始点到 P 点的向量和涡线的夹角，α_2 表示涡线终止点到 P 点的向量和涡线的夹角，α 表示涡线上任意一点到 P 点的向量和涡线的夹角。

由于 $\mathrm{d}\boldsymbol{l}=\mathrm{d}l\boldsymbol{e}_z$，$\boldsymbol{r}=r\boldsymbol{e}_r$，于是 $\mathrm{d}\boldsymbol{l}\times\boldsymbol{r}=r\mathrm{d}l\boldsymbol{e}_z\times\boldsymbol{e}_r=r\mathrm{d}l\sin\alpha\boldsymbol{e}_\theta$

其中 $r=\dfrac{h}{\sin\alpha}$，$\mathrm{d}l=\dfrac{r\mathrm{d}\alpha}{\sin\alpha}=\dfrac{h\mathrm{d}\alpha}{\sin^2\alpha}$

于是

$$\boldsymbol{v}=\frac{\Gamma}{4\pi}\int_l\frac{\mathrm{d}\boldsymbol{l}\times\boldsymbol{r}}{r^3}=\frac{\Gamma}{4\pi}\int_{\alpha_2}^{\alpha_1}\frac{\sin\alpha}{h}\mathrm{d}\alpha\boldsymbol{e}_\theta=\frac{\Gamma}{4\pi h}(\cos\alpha_2-\cos\alpha_1)\boldsymbol{e}_\theta$$

这就是直线涡段所感生产生的速度场。特别地，如果该直涡线是无限长的，$\alpha_1=\pi$，$\alpha_2=0$，则其感生产生的速度为

$$\boldsymbol{v}=\frac{\Gamma}{4\pi h}(\cos\alpha_2-\cos\alpha_1)\boldsymbol{e}_\theta=\frac{\Gamma}{2\pi h}\boldsymbol{e}_\theta\tag{5.3-11}$$

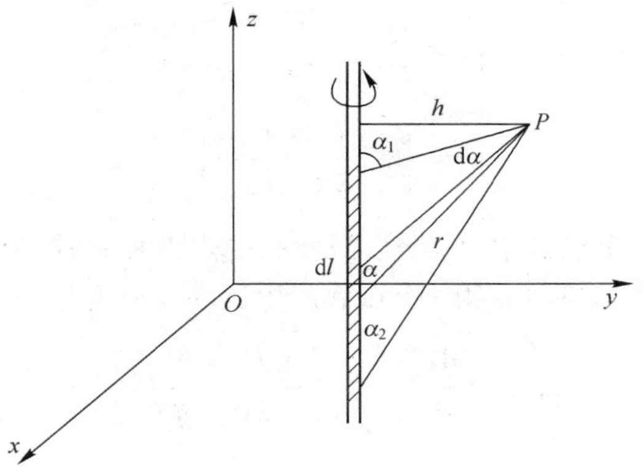

图 5.3-1　直涡线示意图

此速度与到直涡线的距离成反比，越靠近直涡线，涡旋做圆周运动旋转越快，当 $h\to 0$ 时流速 $\boldsymbol{v}\to\infty$，这在物理上当然是不可能的。但注意到前面我们指出过涡线是细涡管的一种近似，为了克服以上所说的困难，一般可将直线涡内部狭窄区考虑成“涡核”，具有半径 R_0。在 $R\geqslant R_0$ 的区域，感生速度公式适用。在 $R<R_0$ 的区域内则作另外的考虑，“涡核”通常是被看成“刚性核”，即速度随 R 线性增加，当 $R\to 0$ 时有 $\boldsymbol{v}\to 0$，当然这仅仅是所讨论的问题涉及直线涡本身结构时才做这样的考虑，一般情况则不需要。

5.3.3　点涡

由式（5.3-11）可以看出无线长直线涡的感生速度在 z 轴方向没有分量，而且点到涡线的垂直距离 h 与 z 无关，即 $v_z=0$，$\dfrac{\partial}{\partial z}=0$，所以无限长直线涡感生的是平面流场，也就是说可以把无限长的直线涡看成是平面上某一点强度为 Γ 的平面点涡，因此关于直线涡影响下流体的运动问题可以归结为在点涡影响下的流体的平面运动问题。

讨论 n 条平行直线涡的问题，即相当于讨论 n 个点涡所引起的平面流动问题。设第 i 个点涡坐标为(x_i, y_i)，涡强度是 Γ_i，对于流体中任一点(x,y)，该点涡的感生速度是

$$\boldsymbol{v}=\frac{\Gamma}{2\pi h}\boldsymbol{e}_\theta$$

直角坐标系下分量（见图 5.3-2）为

$$\begin{cases} u_i=-\dfrac{\Gamma_i}{2\pi}\dfrac{y-y_i}{R_i^2} \\ v_i=\dfrac{\Gamma_i}{2\pi}\dfrac{x-x_i}{R_i^2} \end{cases} \tag{5.3-12}$$

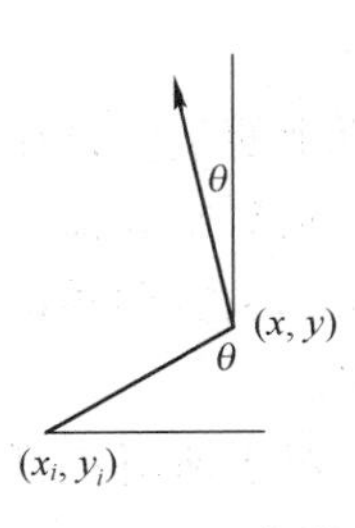

图 5.3-2　点涡感生速度场

式中 $R_i^2=(x-x_i)^2+(y-y_i)^2$

因此 n 个点涡同时存在时，对(x,y)这一点所产生的感生速度是

$$
\begin{cases}
u = \sum_{i=1}^{n}\left(-\dfrac{\Gamma_i}{2\pi}\dfrac{y-y_i}{R_i^2}\right)\\
v = \sum_{i=1}^{n}\left(\dfrac{\Gamma_i}{2\pi}\dfrac{x-x_i}{R_i^2}\right)
\end{cases}
$$

如果所考虑的点是 n 个点涡中第 j 个点涡所在的点，那么这第 j 个点涡不对自身产生感生速度，而其他 $n-1$ 个点涡则将使第 j 个点涡产生运动，速度是

$$
\begin{cases}
u_j = \dfrac{\mathrm{d}x_j}{\mathrm{d}t} = \sum\limits_{\substack{i=1\\ i\neq j}}^{n}\left(-\dfrac{\Gamma_i}{2\pi}\dfrac{y_j-y_i}{R_{ji}^2}\right)\\
v_j = \dfrac{\mathrm{d}y_j}{\mathrm{d}t} = \sum\limits_{\substack{i=1\\ i\neq j}}^{n}\left(\dfrac{\Gamma_i}{2\pi}\dfrac{x_j-x_i}{R_{ji}^2}\right)
\end{cases}
\tag{5.3-13}
$$

将式（5.3-13）每个方程两边乘以 Γ_j 后对 j 求和，可以得到

$$
\sum_{j=1}^{n}\Gamma_j\frac{\mathrm{d}x_j}{\mathrm{d}t} = \sum_{j=1}^{n}\sum_{\substack{i=1\\ i\neq j}}^{n}\left(-\frac{\Gamma_j\Gamma_i}{2\pi}\frac{y_j-y_i}{R_{ji}^2}\right) = \sum_{j=1}^{n}\sum_{i=1}^{n}\left(-\frac{\Gamma_j\Gamma_i}{2\pi}\frac{y_j-y_i}{R_{ji}^2}\right) - \sum_{j=1}^{n}\sum_{i=j}^{n}\left(-\frac{\Gamma_j\Gamma_i}{2\pi}\frac{y_j-y_i}{R_{ji}^2}\right) = 0
$$

$$
\sum_{j=1}^{n}\Gamma_j\frac{\mathrm{d}y_j}{\mathrm{d}t} = \sum_{j=1}^{n}\sum_{\substack{i=1\\ i\neq j}}^{n}\left(-\frac{\Gamma_j\Gamma_i}{2\pi}\frac{x_j-x_i}{R_{ji}^2}\right) = 0
$$

对 t 积分有

$$
\sum_{j=1}^{n}\Gamma_j x_j = \mathrm{const},\quad \sum_{j=1}^{n}\Gamma_j y_j = \mathrm{const}
$$

这 n 个点涡强度不变，则 $\sum\limits_{j=1}^{n}\Gamma_j$ 也不变，因此定义：

$$
\begin{cases}
x_0 = \sum\limits_{j=1}^{n}\Gamma_j x_j \Big/ \sum\limits_{j=1}^{n}\Gamma_j = \mathrm{const}\\
y_0 = \sum\limits_{j=1}^{n}\Gamma_j y_j \Big/ \sum\limits_{j=1}^{n}\Gamma_j = \mathrm{const}
\end{cases}
\tag{5.3-14}
$$

类似于质量惯性中心，(x_0,y_0)称为这 n 个点涡的涡旋惯性中心。

涡对指在流场中存在一对点涡，即 $n=2$ 的情况。在自然界中存在许多涡对，如热带双台风、飞机两翼的尾涡等。下面导出一些有关的表达式，从中可以看到涡对的一些有趣的现象。

对于流场中任意点(x,y)，涡对产生的感生速度是

$$
\begin{cases}
u=-\dfrac{\Gamma_1}{2\pi}\dfrac{y-y_1}{R_1^2}-\dfrac{\Gamma_2}{2\pi}\dfrac{y-y_2}{R_2^2}\\
v=\dfrac{\Gamma_1}{2\pi}\dfrac{x-x_1}{R_1^2}+\dfrac{\Gamma_2}{2\pi}\dfrac{x-x_2}{R_2^2}
\end{cases}
\tag{5.3-15}
$$

涡对相互影响所产生的自身运动速度是

$$\begin{cases} u_1 = \dfrac{dx_1}{dt} = -\dfrac{\Gamma_2}{2\pi}\dfrac{y_1-y_2}{R_{12}^2} \\ v_1 = \dfrac{dy_1}{dt} = \dfrac{\Gamma_2}{2\pi}\dfrac{x_1-x_2}{R_{12}^2} \end{cases} \qquad \begin{cases} u_2 = \dfrac{dx_2}{dt} = -\dfrac{\Gamma_1}{2\pi}\dfrac{y_2-y_1}{R_{21}^2} \\ v_2 = \dfrac{dy_2}{dt} = \dfrac{\Gamma_1}{2\pi}\dfrac{x_2-x_1}{R_{21}^2} \end{cases}$$

涡对的涡旋惯性中心是

$$x_0 = \frac{\Gamma_1 x_1 + \Gamma_2 x_2}{\Gamma_1+\Gamma_2}, y_0 = \frac{\Gamma_1 y_1 + \Gamma_2 y_2}{\Gamma_1+\Gamma_2} \tag{5.3-16}$$

显然，有

$$\frac{y_0-y_1}{x_0-x_1} = \frac{y_2-y_1}{x_2-x_1}$$

这说明了涡对的涡旋惯性中心在涡对两个点涡的连线上。并且有

$$\begin{cases} \dfrac{u_1}{v_1} = \dfrac{y_2-y_1}{x_2-x_1} \\ \dfrac{u_2}{v_2} = \dfrac{y_2-y_1}{x_2-x_1} \end{cases}$$

这说明两个点涡运动速度垂直于其连线，同时也说明了涡中每个点涡跟涡旋惯性中心的距离保持不变（绕涡旋惯性中心的旋转运动）。

综合这几点，就知道涡对相互作用引起的自身运动是绕涡旋惯性中心的旋转运动，其旋转角速度 Ω 为

$$\Omega = \frac{v_1}{x_1-x_0} = \frac{\dfrac{\Gamma_2}{2\pi}\dfrac{x_1-x_2}{R_{12}^2}}{x_1 - \dfrac{\Gamma_1 x_1 + \Gamma_2 x_2}{\Gamma_1+\Gamma_2}} = \frac{\Gamma_1+\Gamma_2}{2\pi R_{12}^2} \tag{5.3-17}$$

$\boldsymbol{\Omega}$ 与绝对值大的 Γ_i 同号，即涡对绕惯性中心转动的方向和强度大的那个点涡转动方向相同。

【例 5-2】 现在考察特殊的涡对：强度相同均为 Γ，旋转方向相反的两个点涡所构成的涡对（见图 5.3-3）。求此涡旋感生的速度场和流线方程。

这两个点涡以相同的速度垂直于两点涡连线方向运动，运动速度是

图 5.3-3　涡对示意图

$$U = \frac{\Gamma}{2\pi R_{12}}$$

此时涡旋惯性中心在无穷远处，旋转角速度为零。

它们的感生速度是

$$\begin{cases} u = \dfrac{\Gamma}{2\pi}\left(\dfrac{y-y_1}{R_1^2} - \dfrac{y-y_2}{R_2^2}\right) \\ v = \dfrac{\Gamma}{2\pi}\left(-\dfrac{x-x_1}{R_1^2} + \dfrac{x-x_2}{R_2^2}\right) \end{cases}$$

把这两个速度分量表达式带入流线方程得

$$\frac{u}{\mathrm{d}x}=\frac{v}{\mathrm{d}y}\Rightarrow\left(\frac{y-y_1}{R_1^2}-\frac{y-y_2}{R_2^2}\right)\mathrm{d}y=\left(-\frac{x-x_1}{R_1^2}+\frac{x-x_2}{R_2^2}\right)\mathrm{d}x$$

其中 $R_i^2=(x-x_i)^2+(y-y_i)^2$，积分得

$$\ln R_1^2-\ln R_2^2=-\ln R_1^2+\ln R_2^2+C\Rightarrow R_1/R_2=\mathrm{const}$$

即

$$(x-x_1)^2+(y-y_1)^2=C[(x-x_2)^2+(y-y_2)^2]$$

整理得

$$(C-1)x^2-2(Cx_2-x_1)x+Cx_2^2-x_1^2+(C-1)y^2-2(Cy_2-y_1)y+Cy_2^2-y_1^2=0$$

$$\left(x-\frac{Cx_2-x_1}{C-1}\right)^2+\left(y-\frac{Cy_2-y_1}{C-1}\right)^2=\frac{C[(x_2-x_1)^2+(y_2-y_1)^2]}{(C-1)^2}$$

这表明感生流场的流线是对称于涡对连线中点的圆周族，C 取不同值，对应不同圆心和半径。

实验发现水流经过柱体，会在柱体后面左右两侧分离出两列涡旋，它们两两间隔，旋转方向相反，涡旋间距不变（例 5-2 介绍的涡对），这一现象称为“卡门涡街”，是由冯·卡门提出的，在新版《十万个为什么》力学板块的首页就介绍了卡门涡街（为什么风能吹垮塔科马海峡大桥?）。冯·卡门一生有很多贡献，被誉为“空气动力学之父”，是钱学森的导师。在 1992 年匈牙利（冯·卡门的祖国）发布纪念邮票时，背景图案就是卡门涡街，可见卡门涡街影响的深远。2020 年 5 月 5 日，广州的虎门大桥桥面发生明显振动，引起了国内的广泛关注，事后调查显示这一现象也是和“卡门涡街”有关，但此次振动主要是影响舒适性的涡振，对桥梁结构不会产生大的影响。2021 年 5 月 19 日，深圳华强北赛格大厦发生晃动，后来调查称“桅杆风致涡激共振是直接原因”。为了降低大风吹动带来的振动，台北 101 大厦在 88~92 层挂了一个重达 660t 的金属球，上海中心大厦也装了 1000t 的“顶楼神针”阻尼器。

5.4 涡旋运动的产生、扩散及衰减

由纳维-斯托克斯方程导出速度环量的随体导数公式（5.2-1）为

$$\frac{\mathrm{d}\Gamma}{\mathrm{d}t}=\oint\left[-\frac{1}{\rho}\nabla p+\boldsymbol{f}+\nu\nabla^2\boldsymbol{v}+\frac{\nu}{3}\nabla(\nabla\cdot\boldsymbol{v})\right]\cdot\mathrm{d}\boldsymbol{l}$$

显然，体积力、流体非正压和黏性是影响速度环量随体积变化的三个因素，下面分别进行分析。

5.4.1 流体非正压的影响

设流体无黏性（$\nu=0$）且体积力有势（$\boldsymbol{f}=\nabla\Psi$），则式（5.2-1）成为

$$\frac{\mathrm{d}\Gamma}{\mathrm{d}t}=\oint\left(-\frac{1}{\rho}\nabla p\right)\cdot\mathrm{d}\boldsymbol{l}=\iint\frac{1}{\rho^2}\nabla\rho\times\nabla p\cdot\boldsymbol{n}\mathrm{d}S \tag{5.4-1}$$

当流体非正压时，$\nabla\rho\times\nabla p\neq0$，产生如图 5.4-1 所示的涡。

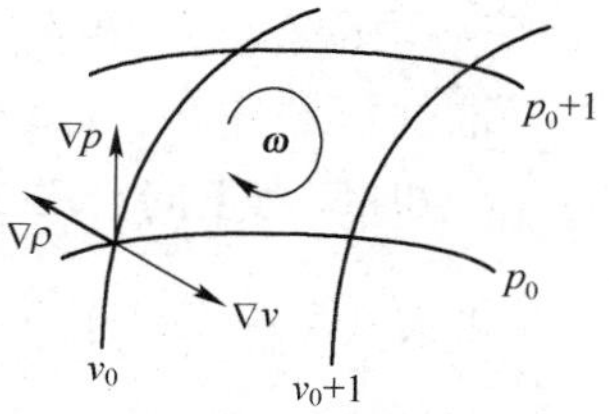

图 5.4-1　流体非正压引起的涡旋

【例 5-3】信风的形成：利用涡旋运动理论分析北半球信风的形成。

考虑环绕地球的大气层，大气满足状态方程 $p=\rho RT$。假定地球是圆球，在高度相同地方压强相同，则大气的等压面是以地心为中心的球面［见图 5.4-2（a）中实线］。其次，由于太阳对地面照射强度不同，在同一高度上赤道比北极温度高，因此沿球面从北极向赤道温度逐步升高。根据气体状态方程 $p=\rho RT$，注意同一高度压强不变，比容在球面上从北极向赤道逐步增大，即密度在球面上从北极向赤道逐步减小，等容面如图 5.4-2（a）中虚线所示自赤道向北极向上倾斜，因此在图示周线中 $\nabla\rho\times\nabla p$ 指向纸外，即产生逆时针旋转的涡。从而大气产生图中箭头所示涡旋运动：在地面大气从北纬流向南纬，在赤道上升，再在上层流回北纬，在北极处下降到地面。这种环流就是气象学中所称的信风。

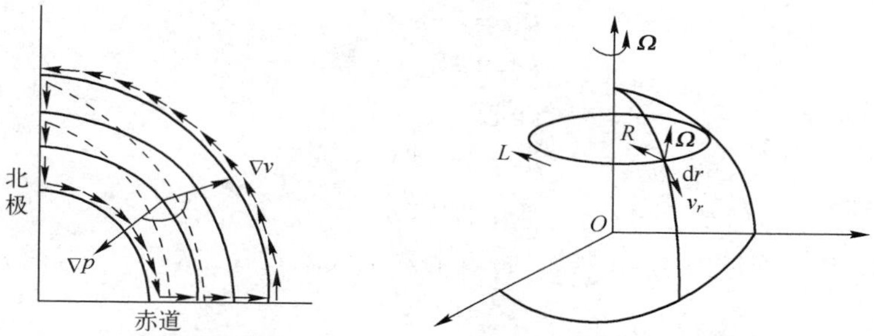

(a) 例5-3温度对信风的影响　　(b) 地球自转对信风的影响

图 5.4-2　信风的形成示意图

5.4.2　地球自转的影响

对于非惯性坐标系，绝对速度 $\boldsymbol{v}=\boldsymbol{v}_r+\boldsymbol{v}_0+\boldsymbol{\Omega}\times\boldsymbol{r}$，于是

$$\frac{\mathrm{d}\boldsymbol{v}}{\mathrm{d}t}=\frac{\mathrm{d}\boldsymbol{v}_r}{\mathrm{d}t}+\frac{\mathrm{d}\boldsymbol{v}_0}{\mathrm{d}t}+\frac{\mathrm{d}\boldsymbol{\Omega}}{\mathrm{d}t}\times\boldsymbol{r}+\boldsymbol{\Omega}\times(\boldsymbol{\Omega}\times\boldsymbol{r})+2\boldsymbol{\Omega}\times\boldsymbol{v}_r$$

以地球自转为例，在固连在地球的运动坐标系中，$\boldsymbol{v}_0=0$，$\dfrac{\mathrm{d}\boldsymbol{\Omega}}{\mathrm{d}t}=0$，$\boldsymbol{\Omega}\times(\boldsymbol{\Omega}\times\boldsymbol{r})=\nabla\left(-\dfrac{\Omega^2r^2}{2}\right)$，相对运动速度 $\boldsymbol{v}_r$ 的方程为

$$\rho\frac{\mathrm{d}\boldsymbol{v}_r}{\mathrm{d}t}=\rho\left[\frac{\partial\boldsymbol{v}_r}{\partial t}+(\boldsymbol{v}_r\cdot\nabla)\boldsymbol{v}_r\right]=\rho\boldsymbol{g}-\nabla p+\rho\left[\nabla\left(\frac{\Omega^2r^2}{2}\right)-2\boldsymbol{\Omega}\times\boldsymbol{v}_r\right]+\frac{\mu}{\rho}\nabla^2\boldsymbol{v}_r \tag{5.4-2}$$

对式（5.4-2），当 $\mu=0$ 时，取环量，有

$$\frac{\mathrm{d}\Gamma}{\mathrm{d}t}=\oint\frac{\mathrm{d}\boldsymbol{v}_r}{\mathrm{d}t}\cdot\mathrm{d}\boldsymbol{l}=-\oint\frac{1}{\rho}\mathrm{d}p-2\oint\boldsymbol{\Omega}\times\boldsymbol{v}_r\cdot\mathrm{d}\boldsymbol{l} \tag{5.4-3}$$

例 5-3 已说明式（5.4-3）右边第一项的存在将导致产生信风，第二项是科氏力对环量变化的影响。如图 5.4-2（b）所示，取这样的环路：以位于地球自转轴上某点为圆心，作一垂直于该自转轴的圆周 L 为环路，令逆时针为正向。由于信风的存在，圆周上每一点都有自北向南的风，于是 $\boldsymbol{\Omega}\times\boldsymbol{v}_r\cdot\mathrm{d}\boldsymbol{l}>0$。因此式（5.4-3）第二项的存在使$\dfrac{\mathrm{d}\Gamma}{\mathrm{d}t}$减少，产生了按顺时针方向由东向西的风，因此，信风不是严格由北向南吹，而是自东北向西南吹。

分析地表上空的大气运动，取固定在地球上的运动坐标系，式（5.4-2）中大气运动的离心力项$\dfrac{\Omega^2 r^2}{2}$要比重力项 gz 小得多，可以略去，得到

$$\rho\left[\frac{\partial \boldsymbol{v}_r}{\partial t}+(\boldsymbol{v}_r\cdot\nabla)\boldsymbol{v}_r\right]=\nabla(gz)+2(\boldsymbol{\Omega}\times\boldsymbol{v}_r)+\frac{1}{\rho}\nabla p+\frac{\mu}{\rho}\nabla^2\boldsymbol{v}_r \tag{5.4-4}$$

对运动方程进行量纲分析。取垂直方向高度的特征量 H，水平方向长度的特征量 L，垂直方向特征速度 W，水平方向特征速度 U，特征时间 T，密度特征量 ρ_0，水平压差特征量 ΔP，各物理量可表示为

$$\begin{aligned}
&z=Hz'\\
&x,y=L(x',y')\\
&u,v=U(u',v')\\
&w=Ww'\\
&t=Tt'\\
&\rho=\rho_0\rho'\\
&\nabla p=\Delta P\,\nabla p'
\end{aligned}$$

其中带上标“′”的量为无量纲量，将以上变量代入式（5.4-4），考虑 $L\gg H$，x 方向的分量为

$$\frac{U}{T}\frac{\partial u'}{\partial t'}+\frac{U^2}{L}\left(u'\frac{\partial u'}{\partial x}+v'\frac{\partial u'}{\partial y}\right)+\frac{UW}{H}w'\frac{\partial u'}{\partial z'}=-\frac{\Delta P}{U\rho_0 L}\frac{1}{\rho'}\frac{\partial p'}{\partial x'_i}+\Omega U\Omega' v'+\frac{\mu}{\rho_0\rho'}\frac{U}{H^2}\frac{\partial^2 u'}{\partial z'^2} \tag{5.4-5}$$

式中迁移惯性力量级是 $|(\boldsymbol{v}_r\cdot\nabla)\boldsymbol{v}_r|\sim\dfrac{U^2}{L}$，科氏力量级是 $|\boldsymbol{\Omega}\times\boldsymbol{v}_r|\sim\Omega U$。局部惯性力量级是 $|\boldsymbol{\Omega}\times\boldsymbol{v}_r|\sim\Omega U\dfrac{\partial u}{\partial t}\sim\dfrac{U}{T}$，黏性力量级是 $\left|\dfrac{\mu}{\rho}\nabla^2\boldsymbol{v}_r\right|\sim\dfrac{\mu}{\rho_0}\dfrac{U}{H^2}$。下面我们根据量纲分析，定义几个和大气运动相关的物理量，方程两边都除以 ΩU，有

$$\frac{1}{\Omega T}\frac{\partial u'}{\partial t'}+\frac{U}{\Omega L}\left(u'\frac{\partial u'}{\partial x}+v'\frac{\partial u'}{\partial y}\right)+\frac{W}{\Omega H}w'\frac{\partial u'}{\partial z'}=-\frac{\Delta P}{\Omega U\rho_0 L}\frac{1}{\rho'}\frac{\partial p'}{\partial x'_i}+\Omega' v'+\frac{\mu}{\rho_0\Omega H^2}\frac{1}{\rho'}\frac{\partial^2 u'}{\partial z'^2} \tag{5.4-6}$$

定义 Kibel 数为局部惯性力和科氏力之比 $\varepsilon=\dfrac{U/T}{\Omega U}=\dfrac{1}{\Omega T}$，对应方程左边第一项的系数。$\varepsilon$ 的大小可以反映运动变化过程的快慢程度。

定义无量纲罗斯比数 $R_0=\dfrac{\text{惯性力量级}}{\text{科氏力量级}}$，于是有

$$R_0\sim\frac{U^2/L}{\Omega U}=\frac{U}{\Omega L} \tag{5.4-7}$$

对应方程左边第二项的系数，R_0 是衡量科氏力效应，即旋转效应的重要参数。当 $R_0 \gg 1$ 时，可以不考虑旋转效应；当 $R_0 \ll 1$ 时，旋转效应对流体运动有决定意义。

定义 Ekman 数为黏性力与科里奥利力量级之比 $E_k = \dfrac{\dfrac{\mu}{\rho}\dfrac{\partial^2 u'}{\partial z'^2}}{\Omega \times \boldsymbol{v}_r} = \dfrac{\dfrac{\mu}{\rho_0}\dfrac{U}{H^2}}{\Omega U} = \dfrac{\mu}{\rho_0 \Omega H^2}$，对应式右端最后一项的系数。一般大气运动假设为无黏的，这一项可以忽略。

另外还有 Richardson 数，表征水平科氏力与铅直惯性力尺度之比，这是一个与大气层结稳定度和风的铅直切变有关的动力学参数。层结愈不稳定，铅直切变愈强，越利于湍流、对流的发展。因为涉及温度项，这里不做探讨。

【例 5-4】 讨论地转运动影响下，地转风的形成。地球表面大气和海洋这样大尺度运动的特征量 $L \sim 10^6\text{m}$，$U \sim 10\text{ms}^{-1}$，地球角速度 $\Omega \sim 7\times10^{-5}\text{s}^{-1}$，$\mu$ 为小量。

罗斯比数 $R_0 = \dfrac{U}{\Omega L} \approx \dfrac{1}{7} \approx 0.1$ 很小，可以考虑将惯性力全部略去，称这样的运动为地转运动。在非定常效应 $\dfrac{\partial}{\partial t}$ 不大时，式（5.2-2）化简为

$$\nabla\left(gz - \frac{\Omega^2 R^2}{2}\right) + 2(\Omega \times \boldsymbol{v}_r) + \frac{1}{\rho}\nabla p = 0 \tag{5.4-7}$$

如图 5.4-3（a）所示，将地球自转的角速度在当地局部直角坐标系下分解，有

$$\boldsymbol{\Omega} = \Omega\cos\theta\boldsymbol{j} + \Omega\sin\theta\boldsymbol{k}$$

地球表面的运动用局部坐标表示为

$$\boldsymbol{v}_r = u\boldsymbol{i} + v\boldsymbol{j} + w\boldsymbol{k}$$

式（5.4-7）第一项中离心力项 $\dfrac{\Omega^2 R^2}{2}$ 要比重力项 gz 小得多，可以略去，这样式（5.4-7）展开为

$$\frac{\partial p}{\partial x} = 2\rho\Omega\sin\theta v - 2\rho\Omega\cos\theta w \tag{5.4-8}$$

$$\frac{\partial p}{\partial y} = -2\rho\Omega\sin\theta u \tag{5.4-8-1}$$

$$\frac{\partial p}{\partial z} = -\rho g + 2\rho\Omega\cos\theta u \tag{5.4-8-2}$$

对于地球表面大气和海洋这样的大尺度运动，w 相对于 u、v 是个小量，可近似为零，并且 $\Omega u \ll g$，因而式（5.4-8）可简化为

$$\frac{\partial p}{\partial x} = 2\rho\Omega\sin\theta v \tag{5.4-9}$$

$$\frac{\partial p}{\partial y} = -2\rho\Omega\sin\theta u \tag{5.4-9-1}$$

$$\frac{\partial p}{\partial z} = -\rho g \tag{5.4-9-2}$$

联立式（5.4-9）和式（5.4-9-1），相当于在 xy 平面内，满足

$$\nabla_{xy}p=\frac{\partial p}{\partial x}\boldsymbol{i}+\frac{\partial p}{\partial y}\boldsymbol{j}=-2\rho\Omega\sin\theta\boldsymbol{k}\times\boldsymbol{v}_r \tag{5.4-10}$$

分析式（5.4-10），如图 5.4-3（b）所示，当存在逆时针转的运动（由西向东）时，$\nabla_{xy}p$ 方向离心，即气压中间低，两边高，逆时针的流线包围一个低压气旋；当存在顺时针转的运动（由东向西）时，$\nabla_{xy}p$ 方向向心，即气压中间高，两边低，顺时针的流线包围一个高压气旋。可以发现：当气压梯度方向变化时，风向也改变。

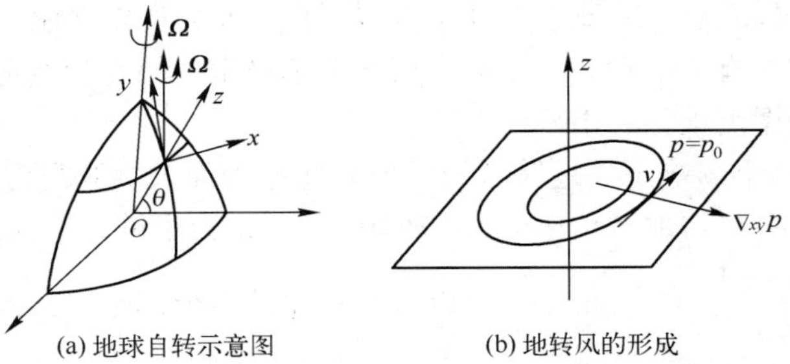

(a) 地球自转示意图　　(b) 地转风的形成

图 5.4-3　地转运动示意图

5.4.3　黏性的影响（边界层）

对于涡旋式（5.1-8），设流体是不可压缩和有黏性的，运动黏性系数 $\nu=\dfrac{\mu}{\rho}$ 为常数，同时体积力有势。于是有

$$\frac{\partial\boldsymbol{\omega}}{\partial t}+\boldsymbol{v}\cdot\nabla\boldsymbol{\omega}=(\boldsymbol{\omega}\cdot\nabla)\boldsymbol{v}+\nu\nabla^2\boldsymbol{\omega} \tag{5.4-11}$$

【例 5-5】 平板在黏性流体中启动引起的涡量扩散（斯托克斯第一问题）。

在黏性不可压缩流体中有一块很大的平板，原来是静止的，从某一时刻起，平板突然以速度 U_0 在自身平面内运动，从而带动周围的流体运动。我们知道，黏性流动有一个重要的性质：流体质点黏附在刚壁上和刚壁一起运动。在刚开始时刻，平板上的流体质点已运动，而附近质点尚未运动，因此在近平板的薄层流体中产生了速度梯度，形成了涡旋层。稍后，由于黏性作用，稍远的流体质点也将产生运动，速度梯度层即涡层将扩散。这个过程继续下去，涡旋就将扩散到全流场。该平板沿 x 轴安置，是一个平面问题。

速度分布为

$$\boldsymbol{v}=u(y,t)\boldsymbol{i}$$

涡量场有

$$\boldsymbol{\omega}=\nabla\times\boldsymbol{v}=\begin{vmatrix}\boldsymbol{i} & \boldsymbol{j} & \boldsymbol{k}\\ \dfrac{\partial}{\partial x} & \dfrac{\partial}{\partial y} & \dfrac{\partial}{\partial z}\\ u(y,t) & 0 & 0\end{vmatrix}=-\frac{\partial u}{\partial y}\boldsymbol{k}\Rightarrow\boldsymbol{\omega}=\omega(y,t)\boldsymbol{k}$$

式（5.4-11）化简为

$$\frac{\partial\boldsymbol{\omega}}{\partial t}=\nu\nabla^2\boldsymbol{\omega}=\nu\frac{\partial^2\boldsymbol{\omega}}{\partial y^2} \tag{5.4-12}$$

将 $\boldsymbol{\omega}=-\dfrac{\partial u}{\partial y}\boldsymbol{k}$ 代入式（5.4-12）有

$$\frac{\partial \boldsymbol{\omega}}{\partial t}=\frac{\partial\left(-\frac{\partial u}{\partial y}\right)}{\partial t}\boldsymbol{k}=\nu\frac{\partial^2\boldsymbol{\omega}}{\partial y^2}=\nu\frac{\partial^2\left(-\frac{\partial u}{\partial y}\right)}{\partial y^2}\boldsymbol{k}$$

即

$$\frac{\partial\left(\frac{\partial u}{\partial t}-\nu\partial\frac{\partial^2 u}{\partial y^2}\right)}{\partial y}=0$$

因此，可设速度场关系式为

$$\frac{\partial u}{\partial t}=\nu\partial\frac{\partial^2 u}{\partial y^2} \tag{5.4-13}$$

满足式（5.4-12）。

定义无量纲自变量 $\eta=\frac{y}{2\sqrt{\nu t}}$，无量纲速度 $u^*=\frac{u}{U_0}=f(\eta)$。

于是式（5.4-13）左边项为

$$\frac{\partial u}{\partial t}=\frac{\partial(U_0 f(\eta))}{\partial t}=U_0 f'\frac{\partial\eta}{\partial t}=-\frac{U_0 y}{4t\sqrt{\nu t}}f'$$

右边项为

$$\nu\frac{\partial^2 u}{\partial y^2}=\nu U_0\frac{\partial}{\partial y}\left(f'\frac{\partial\eta}{\partial y}\right)=\nu U_0\frac{\partial}{\partial y}\left(\frac{1}{2\sqrt{\nu t}}f'\right)=\frac{\nu U_0}{2\sqrt{\nu t}}\left(f''\frac{\partial\eta}{\partial y}\right)=\frac{\nu U_0}{4\nu t}f''$$

即有

$$-\frac{U_0 y}{4t\sqrt{\nu t}}f'=\frac{\nu U_0}{4\nu t}f''$$

整理得常微分方程：

$$f''+\frac{y}{\sqrt{\nu t}}f'=f''+2\eta f'=0 \tag{5.4-14}$$

由式（5.4-14），有

$$\frac{\mathrm{d}f'}{\mathrm{d}\eta}=-2\eta f'$$

解得

$$f'=C\exp(-\eta^2)$$

于是

$$f=\int_0^\eta C\exp(-\eta^2)\,\mathrm{d}\eta+C_1 \tag{5.4-15}$$

边界条件 $\begin{cases}u=U_0,\ (y=0,t>0)\\ u=0,\ (y\to\infty,t>0)\end{cases}$，相应有

$$\begin{cases}f(0)=1\\ f(\infty)=0\end{cases} \tag{5.4-16}$$

代入式（5.4-15），解得

$$f = 1 - \frac{2}{\sqrt{\pi}}\int_0^\eta \exp(-\eta^2)\,d\eta$$

图 5.4-4 显示 f 关于 η 的曲线，于是，实际变量（有量纲量）为

$$u = U_0 f = U_0\left[1 - \frac{2}{\sqrt{\pi}}\int_0^\eta \exp(-\eta^2)\,d\eta\right] \tag{5.4-17}$$

$$\omega = -\frac{\partial u}{\partial y} = \frac{U_0}{\sqrt{\pi \nu t}}\exp\left(-\frac{y^2}{4\nu t}\right) \tag{5.4-18}$$

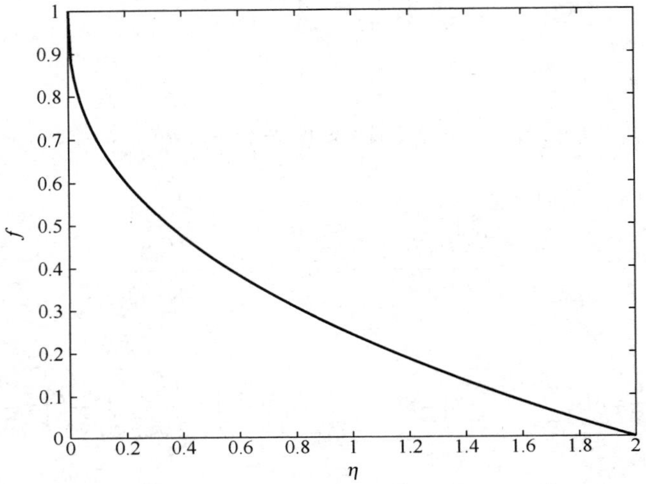

图 5.4-4 平板突然启动时的速度分布

显然，固定时间 t，速度 u 随 y 增大递减。如果在流场内划出一条线，在这条线上 $\frac{u}{U_0}=0.01$；在这条线的下侧（平板一边）$\frac{u}{U_0}>0.01$，流体受黏性影响运动，在此区域内存在涡量；在这条线的上侧，$\frac{u}{U_0}<0.01$，可以认为流体几乎未受影响而处于静止状态。通过计算得

$$\frac{u}{U_0} = 0.01 = 1 - \frac{2}{\sqrt{\pi}}\int_0^\eta \exp(-\eta^2)\,d\eta$$

令 $\eta = \frac{x}{\sqrt{2}}$，于是

$$\frac{2}{\sqrt{\pi}}\int_0^\eta \exp(-\eta^2)\,d\eta = \frac{2}{\sqrt{2\pi}}\int_0^{\frac{x}{\sqrt{2}}} \exp\left(-\frac{x^2}{2}\right)dx = 1 - 0.01 = 0.99$$

$$\int_{-\infty}^{\frac{x}{\sqrt{2}}} \frac{\exp\left(-\frac{x^2}{2}\right)}{\sqrt{2\pi}}dx = \int_{-\infty}^{0} \frac{\exp\left(-\frac{x^2}{2}\right)}{\sqrt{2\pi}}dx + \int_{0}^{\frac{x}{\sqrt{2}}} \frac{\exp\left(-\frac{x^2}{2}\right)}{\sqrt{2\pi}}dx = 0.5 + \frac{0.99}{2} = 0.995$$

查正态分布表，0.995 对应的值为 2.58，即 $\frac{x}{\sqrt{2}}=2.58$，令 $C=2.58$，于是

$$\eta=\frac{y}{2\sqrt{\nu t}}=\frac{x}{\sqrt{2}}=C$$

记相应的 y 值为 δ，即 $\delta=2C\sqrt{\nu t}$ 显然涡旋区是扩散的，扩散的速度是

$$\frac{\mathrm{d}\delta}{\mathrm{d}t}=\frac{\mathrm{d}}{\mathrm{d}t}(2C\sqrt{\nu t})=C\sqrt{\frac{\nu}{t}} \tag{5.4-19}$$

式（5.4-19）说明涡旋区随时间推进是向外扩散的，扩散速度是 $C\sqrt{\frac{\nu}{t}}$，说明在开始的瞬间扩散速度非常快，随后逐渐减慢。

下面分析涡旋扩散的量级。

均匀来流流过距离 l 所需时间为

$$T=\frac{l}{U_0}$$

对应的涡旋扩散距离为

$$\delta=2C\sqrt{\nu T}=2C\sqrt{\nu\frac{l}{U_0}}$$

于是

$$\frac{\delta}{l}=2C\sqrt{\frac{\nu}{U_0 l}}=\frac{2C}{\sqrt{Re}},\quad Re=\frac{U_0 l}{\nu}$$

说明涡旋扩散距离与流过距离之比是 $\frac{1}{\sqrt{Re}}$ 的量级，当 $Re\gg1$ 时，涡旋主要集中在离板面很近区域，这部分区域定义为边界层区域，黏性力起主要作用，应用边界层理论进行分析，在远离边界层区域黏性力的影响小，可以用理想流体进行分析。

前文 4.4.1 节研究无黏流体中圆柱扰流问题时产生的柱体不受力的达朗伯佯谬，是由无黏假设引起的，在实际问题中可以应用边界层理论，在球面表面有一层薄薄的边界层，在边界层内用黏性流体理论，在边界层外用无黏流体假设。边界层问题在环境问题中有广泛的应用，如大气边界层、海洋边界层，前文研究的管道、明渠流动在固体边界上的边界层。比如，前文提到的 poiseuille 流动，不可压缩黏性流体以匀速 U 流入宽为 $2h$ 的平面直管，由于边界层的存在，要经过一定长度 l 后才成为 poiseuille 流动，根据例 5-5 的分析，这个长度 l 是雷诺数的函数。

课后习题

5.1　求下列流场的应变速率张量 $\boldsymbol{D}$ 及旋转率张量 $\boldsymbol{W}$。

（1）$\begin{cases}u=cy\\v=cx\\w=0\end{cases}$，　（2）$\begin{cases}u=-cy\\v=cx\end{cases}$，　（3）$\begin{cases}u=-\dfrac{cy}{x^2+y^2}\\v=\dfrac{cx}{x^2+y^2}\\w=0\end{cases}$

5.2 求下列流场的涡量场和涡线。

（1）$\boldsymbol{v}=xyz\boldsymbol{r}$，$\boldsymbol{r}=x\boldsymbol{i}+y\boldsymbol{j}+z\boldsymbol{k}$；（2）$u=y+2z, v=z+2x, w=x+2y$

5.3 已知流体通过漏斗时旋转的速度分量是，

$$在\ 0\leqslant r\leqslant a: v_r=0, v_\theta=\frac{1}{2}\Omega r, v_z=0$$

$$在\ r\geqslant a: v_r=0, v_\theta=\frac{1}{2}\Omega\frac{a^2}{r}, v_z=0$$

式中 Ω 为旋转角速度，是一常数。试求涡量并判断有旋及无旋区域。

5.4 如图所示，对无黏密度为常值的流体，在体积力有势条件下做定常运动，试证明：（1）若做平面运动，则沿流线，涡量 $\boldsymbol{\omega}$ 保持不变；（2）若做 $v_\theta=0$ 的轴对称运动，则沿流线，$\dfrac{\boldsymbol{\omega}}{r}$保持不变。

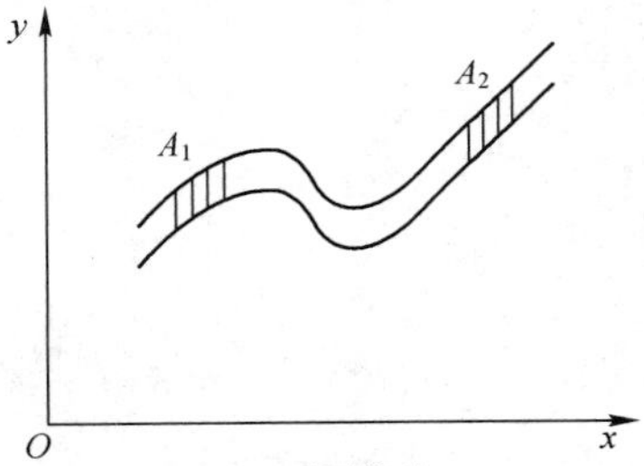

(a) 平面流动

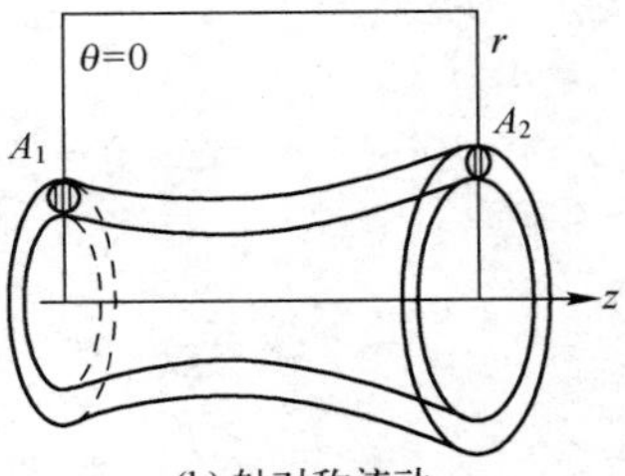

(b) 轴对称流动

习题 5.4 示意图

5.5 无黏不可压缩的均质流体在质量力有势条件下作平面运动，证明

$$\frac{\partial\omega^2}{\partial t}+\nabla\cdot(\omega^2 v)=0$$

5.6 如图所示，放置 4 个与 z 轴平行的无限直线涡：在 $A_1(r,\theta)$ 处强度是 Γ，在 $A_2(r,\pi-\theta)$ 处强度是 $-\Gamma$，在 $A_3(r,\pi+\theta)$ 处强度是 Γ，在 $A_4(r,2\pi-\theta)$ 处强度是 $-\Gamma$。求 A_1 处涡运动的轨迹。

5.7 如图所示，在原静止的不可压缩无界流场中，在 $z=0$ 平面上放置一强度为 Γ 的 Π 形涡线。求 $z=0$ 平面上 Π 形涡线所围区域的速度场。

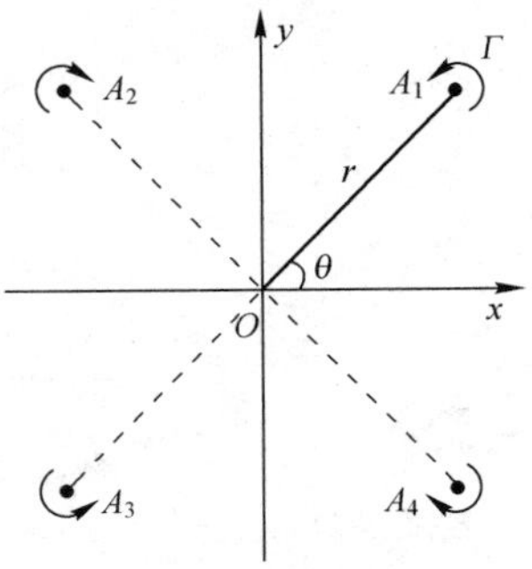

习题 5.6 示意图

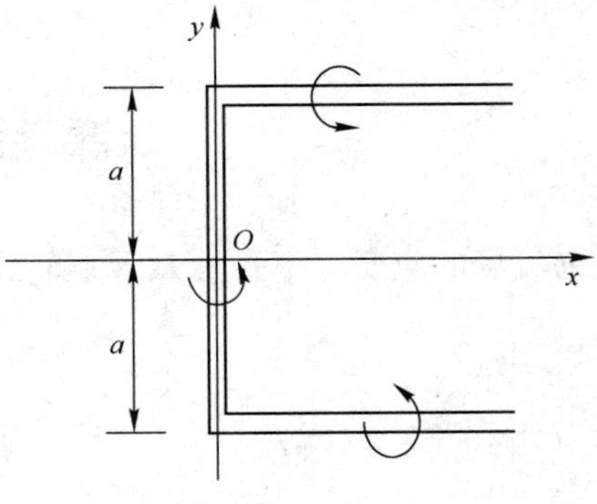

习题 5.7 示意图

5.8　如图所示，不可压无界流场中有一对强度为 Γ 的直线涡，方向相反，分别放在 $(0,h)$ 与 $(0,-h)$ 点上，无穷处有一股均匀来流 $\boldsymbol{v}_{\infty}$。使这两个涡线停留不动，求 v_{∞} 及对应的流线方程。

5.9　在实际问题中常遇到圆环状涡管，由于涡管截面上线尺度与圆环半径相比是小量，可简化为圆涡线。求圆周形涡感生的速度场，求位于 z 轴上任一点 $P(0,0,z)$ 的感生速度。

5.10　无黏不可压缩流体的平面运动中，若质量力有势，流体正压，证明：沿质点运动轨迹有 $\dfrac{\mathrm{d}\omega}{\mathrm{d}t}=0$。

5.11　考察特殊的涡对：$\Gamma_1=-2\Gamma_2$，分析涡对相互影响所产生的自身运动规律。

5.12　考察特殊的涡对：Γ_1、Γ_2 同号，分析涡对相互影响所产生的自身运动规律。

5.13　兰金组合涡（Rankine Vortex）速度分布如下，求旋度、速度和压强分布。

$$\begin{cases} \boldsymbol{v}=\omega r\boldsymbol{e}_{\theta}(r\leqslant a) \\ \boldsymbol{v}=\dfrac{\Gamma}{2\pi r}\boldsymbol{e}_{\theta}(r\geqslant a) \end{cases}$$

5.14　奥森（Oseen）涡为直涡线在黏性流体中的扩散和衰减如图所示。在无界黏性流体中存在一个强度为 Γ_0 的无限长直线涡管，其流体的流动，通常可以用无旋的无限长细柱体来供给涡源，使流动维持下去。可以证明这样的流动是无旋的（我们称这样的涡为兰金组合涡）。假定自某个时刻（如 $t=0$）起，外加涡源突然中断，从而使流场的流动发生了变化，漩涡就将逐步扩散并衰减。

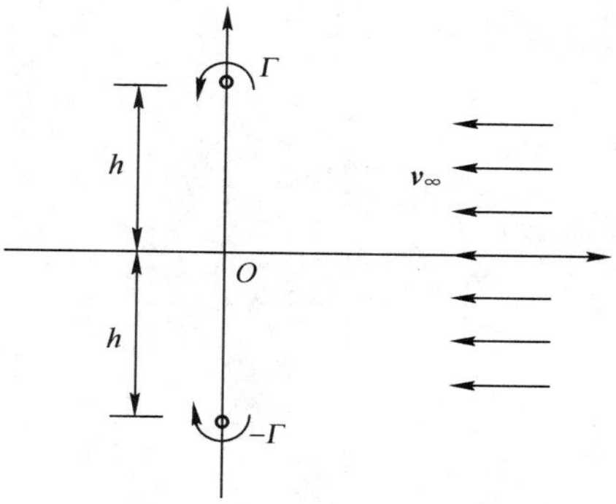

习题 5.8 示意图

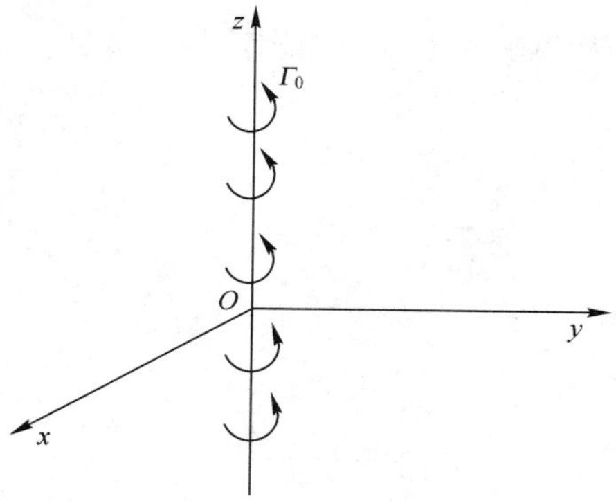

习题 5.14 示意图

5.15　对于奥森（Oseen）涡，设想一个中心在 z 轴的圆向外膨胀，以致它包围的涡通量不变，确定圆的面积随时间的变化规律 $S(t)$。

习题参考答案

5.1

解：

(1)

$$\boldsymbol{D}=\frac{1}{2}\begin{bmatrix}0 & c & 0\\ c & 0 & 0\\ 0 & 0 & 0\end{bmatrix},\quad \boldsymbol{W}=\frac{1}{2}\begin{bmatrix}0 & c & 0\\ -c & 0 & 0\\ 0 & 0 & 0\end{bmatrix}$$

流动如答案 5.1-1 示意图所示，可见，虽然流体质点做直线运动，但流体微元存在剪切和旋转。

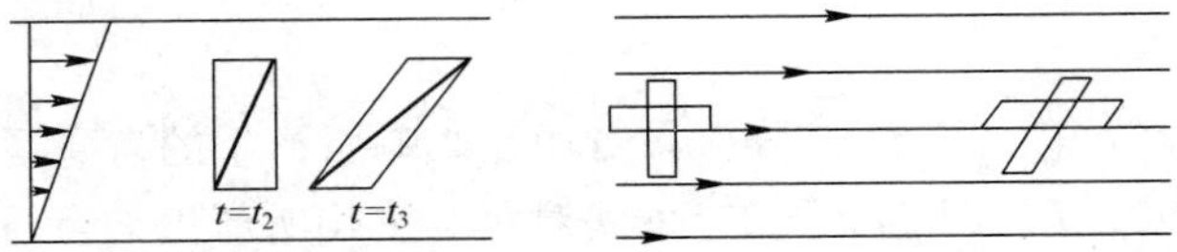

(a) 微元对象线的旋转　(b) 微元的剪切变形

答案 5.1-1 示意图

(2)

$$\boldsymbol{D}=\begin{bmatrix}0 & 0 & 0\\ 0 & 0 & 0\\ 0 & 0 & 0\end{bmatrix},\quad \boldsymbol{W}=\begin{bmatrix}0 & -c & 0\\ c & 0 & 0\\ 0 & 0 & 0\end{bmatrix}$$

进一步计算柱坐标系下速度分量，

$$\begin{cases}v_r=0\\ v_\theta=cr\end{cases}$$

流动如答案 5.1-2 示意图所示，可见，流体没有变形，只存在旋转。

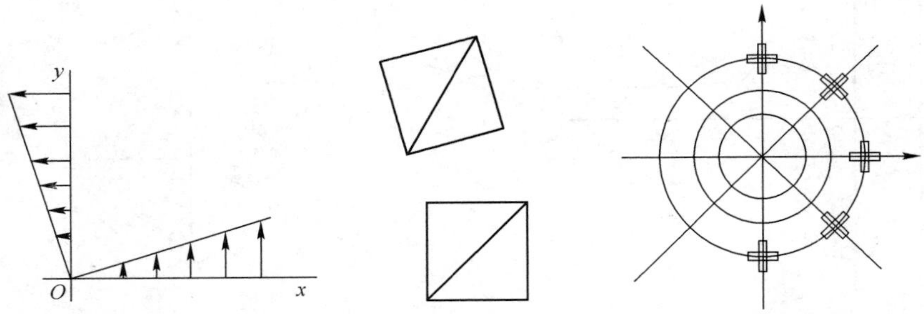

(a) 速度矢量　(b) 微元变形　(c) 微元运动轨迹

答案 5.1-2 示意图

(3)

$$\boldsymbol{S}=\begin{bmatrix}\dfrac{2cxy}{(x^2+y^2)^2} & \dfrac{c(y^2-x^2)}{(x^2+y^2)^2} & 0\\ \dfrac{c(y^2-x^2)}{(x^2+y^2)^2} & -\dfrac{2cxy}{(x^2+y^2)^2} & 0\\ 0 & 0 & 0\end{bmatrix},\quad \boldsymbol{A}=\begin{bmatrix}0 & 0 & 0\\ 0 & 0 & 0\\ 0 & 0 & 0\end{bmatrix}$$

进一步计算柱坐标系下速度分量，

$$\begin{cases} v_r = 0 \\ v_\theta = \dfrac{c}{r} \end{cases}$$

流动如答案 5.1-3 示意图所示。虽然流体质点做圆周运动，但流体微元不存在旋转，此外，流体还有变形。

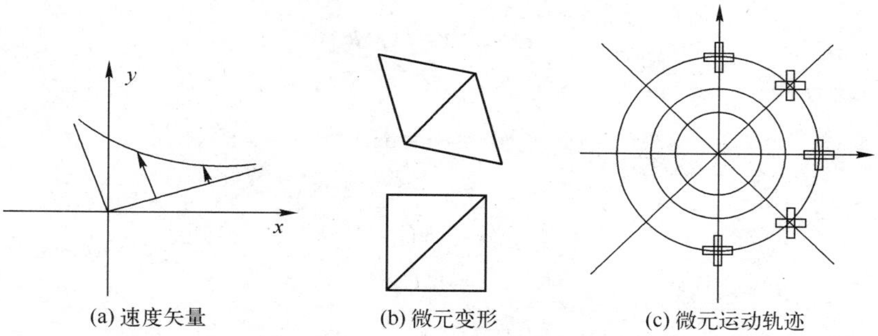

答案 5.1-3 示意图

5.2

解：

(1)

$$u = x^2yz, v = xy^2z, w = xyz^2$$

因此有

$$\boldsymbol{\omega} = \nabla \times \boldsymbol{v} = (xz^2 - xy^2)\boldsymbol{i} + (x^2y - yz^2)\boldsymbol{j} + (y^2z - x^2z)\boldsymbol{k}$$

可得涡线方程为

$$\frac{\mathrm{d}x}{xz^2 - xy^2} = \frac{\mathrm{d}y}{x^2y - yz^2} = \frac{\mathrm{d}z}{y^2z - x^2z}$$

令

$$\frac{\mathrm{d}x}{xz^2 - xy^2} = \frac{\mathrm{d}y}{x^2y - yz^2} = \frac{\mathrm{d}z}{y^2z - x^2z} = a$$

于是

$$\frac{\mathrm{d}x}{x} = a(z^2 - y^2)$$

$$\frac{\mathrm{d}y}{y} = a(x^2 - z^2)$$

$$\frac{\mathrm{d}z}{z} = a(y^2 - x^2)$$

则

$$\frac{\mathrm{d}x}{x} + \frac{\mathrm{d}y}{y} + \frac{\mathrm{d}z}{z} = 0$$

积分得

$$\ln x + \ln y + \ln z = \ln xyz = C$$

即

$$xyz=C$$

（2）

$$u=y+2z,v=z+2x,w=x+2y$$

则有

$$\boldsymbol{\omega}=\nabla\times\boldsymbol{v}=\boldsymbol{i}+\boldsymbol{j}+\boldsymbol{k}$$

因此有涡线方程，

$$\mathrm{d}x=\mathrm{d}y=\mathrm{d}z$$

则有

$$x=y+C_1$$

$$x=z+C_2$$

5.3

解：

$$\boldsymbol{\omega}=\nabla\times\boldsymbol{v}=\frac{1}{r}\begin{vmatrix}\boldsymbol{e}_r & r\boldsymbol{e}_\theta & \boldsymbol{e}_z\\ \dfrac{\partial}{\partial r} & \dfrac{\partial}{\partial \theta} & \dfrac{\partial}{\partial z}\\ v_r & rv_\theta & v_z\end{vmatrix}$$

在 $0\leqslant r\leqslant a: v_r=0, v_\theta=\frac{1}{2}\Omega r, v_z=0$

$\boldsymbol{\omega}=\nabla\times\boldsymbol{v}=\Omega\boldsymbol{e}_z$

在 $r\geqslant a: v_r=0, v_\theta=\frac{1}{2}\Omega\frac{a^2}{r}, v_z=0$

$\boldsymbol{\omega}=\nabla\times\boldsymbol{v}=0$

所以，当 $0\leqslant r\leqslant a$ 时有旋，$r\geqslant a$ 时无旋。

5.4

解：

（1）在平面运动中，满足 $\frac{\partial v_x}{\partial z}=\frac{\partial v_y}{\partial z}=0$，$w=0$，有

$$\boldsymbol{\omega}=\left(\frac{\partial v_x}{\partial y}-\frac{\partial v_y}{\partial x}\right)\boldsymbol{k}=\omega\boldsymbol{k}$$

在流动平面（xy 平面）上任取一小流管，如习题 5.4（a）示意图所示。在此流管中作面积为 A_1 微元的涡管（注意现在的涡管是和 xy 平面垂直的）。由于定常运动，迹线和流线是一致的，在某一时刻 t，组成流管的微元沿流线运动到 2 处，面积为 A_2，根据亥姆霍兹涡管强度保持定理，有

$$\omega_1A_1=\omega_2A_2$$

其中，ω_1，ω_2 分别为截面 A_1、A_2 上的涡量，根据连续性方程，有

$$\rho A_1=\rho A_2$$

即

$$A_1=A_2$$

因此有

$$\omega_1=\omega_2$$

由于微元 A_1 和时间 t 的任意性，可以推导出沿流线 ω 保持不变。

（2）若做 $v_\theta=0$ 的轴对称运动，则 $\frac{\partial v_r}{\partial \theta}=\frac{\partial v_z}{\partial \theta}=0$，于是涡量

$$\boldsymbol{\omega}=\left(\frac{\partial v_r}{\partial z}-\frac{\partial v_z}{\partial r}\right)\boldsymbol{e}_\theta=\omega\boldsymbol{e}_\theta$$

这说明涡的方向是 $\boldsymbol{e}_\theta$ 方向，即与子午面（rz 平面）是垂直的，在子午面上任取一小流管，如习题 5.4（b）示意图所示，在流管中做截面积为 A_1 的涡管（是半径为 r_1 的环状管），由于定常运动，微元涡管随流体质点沿流管运动，在某一时刻 t，组成流管的微元沿流线运动到 2 处，构成截面积为 A_2 的涡管，根据亥姆霍兹涡管强度保持定理，有

$$\omega_1A_1=\omega_2A_2$$

其中，ω_1，ω_2 分别为截面 A_1、A_2 上的涡量，根据连续性方程，有

$$2\pi r_1A_1\rho=2\pi r_2A_2\rho$$

即

$$r_1A_1=r_2A_2$$

因此有

$$\frac{\omega_1}{r_1}=\frac{\omega_2}{r_2}$$

由于微元 A_1 和时间 t 的任意性，可以推导出沿流线 $\frac{\boldsymbol{\omega}}{r}$ 保持不变。

5.5

证明：

$$\frac{D\omega}{Dt}-(\omega\cdot\nabla)v+\omega(\nabla\cdot v)=\nabla\times F_b+\frac{1}{\rho^2}\nabla\rho\times\nabla\rho$$

因为不可压缩，因此

$$\nabla\rho=\nabla\cdot v=0$$

$$\frac{D\omega}{Dt}-(\omega\cdot\nabla)v=\nabla\times F_b$$

又因为质量力有势，所以

$$\nabla\times F_b=0$$

$$\frac{D\omega}{Dt}-(\omega\cdot\nabla)v=0$$

所以

$$\frac{\partial\omega}{\partial t}+(v\cdot\nabla)\omega-(\omega\cdot\nabla)v=0$$

$$2\omega\cdot\frac{\partial\omega}{\partial t}+2\omega\cdot(v\cdot\nabla)\omega-2\omega\cdot(\omega\cdot\nabla)v=0$$

且由平面运动可知

$$\omega \cdot (\omega \cdot \nabla) v = 0$$

所以

$$\frac{\partial \omega^2}{\partial t} + 2\omega \cdot (v \cdot \nabla) \omega = 0$$

即

$$\frac{\partial \omega^2}{\partial t} + \nabla \cdot (\omega^2 v) = 0$$

5.6

解：

A_2 对 A_1 感生得

$$v_2 = \frac{\Gamma}{2\pi \cdot 2r\cos\theta}$$

A_3 对 A_1 感生得

$$v_3 = \frac{\Gamma}{2\pi \cdot 2r}$$

A_4 对 A_1 感生得

$$v_4 = \frac{\Gamma}{2\pi \cdot 2r\sin\theta}$$

$$\begin{cases} v_r = \dfrac{\mathrm{d}r}{\mathrm{d}t} = v_4\cos\theta - v_2\sin\theta = \dfrac{\Gamma}{2\pi r}\cot 2\theta \\ v_\theta = r\dfrac{\mathrm{d}\theta}{\mathrm{d}t} = v_3 - v_4\sin\theta - v_2\cos\theta = -\dfrac{\Gamma}{4\pi r} \end{cases}$$

$$\frac{\mathrm{d}r}{v_r} = \frac{r\mathrm{d}\theta}{v_\theta} \Rightarrow \frac{\mathrm{d}r}{r\mathrm{d}\theta} = -2\cot 2\theta$$

$$\int \frac{1}{r}\mathrm{d}r = \int -2\cot 2\theta \mathrm{d}\theta \Rightarrow \ln r = -\ln(\sin 2\theta) + C$$

$$\Rightarrow r\sin 2\theta = C$$

5.7

解：

$y=a$ 处涡线产生

$$\boldsymbol{v}_1 = -\frac{\Gamma}{4\pi(y-a)}(\cos\alpha + 1)\boldsymbol{e}_z = -\frac{\Gamma}{4\pi(y-a)}\left[\frac{x}{\sqrt{x^2+(y-a)^2}} + 1\right]\boldsymbol{e}_z$$

$x=0$ 处有

$$\boldsymbol{v}_2 = \frac{\Gamma}{4\pi x}\left[\frac{y+a}{\sqrt{x^2+(y+a)^2}} - \frac{y-a}{\sqrt{x^2+(y-a)^2}}\right]\boldsymbol{e}_z$$

$y=-a$ 处有

$$\boldsymbol{v}_3 = \frac{\Gamma}{4\pi(y+a)}\left[\frac{x}{\sqrt{x^2+(y+a)^2}} + 1\right]\boldsymbol{e}_z$$

$$\boldsymbol{v}=\boldsymbol{v}_1+\boldsymbol{v}_2+\boldsymbol{v}_3=\left\{-\frac{\Gamma}{4\pi(y-a)}\left[\frac{x}{\sqrt{x^2+(y-a)^2}}+1\right]+\frac{\Gamma}{4\pi x}\left[\frac{y+a}{\sqrt{x^2+(y+a)^2}}-\frac{y-a}{\sqrt{x^2+(y-a)^2}}\right]+\right.$$

$$\left.\frac{\Gamma}{4\pi(y+a)}\left[\frac{x}{\sqrt{x^2+(y+a)^2}}+1\right]\right\}\boldsymbol{e}_z$$

5.8

解：

上方涡在下方涡处产生速度为

$$V_0=\frac{\Gamma}{4\pi h}$$

$$V_\infty=V_0=\frac{\Gamma}{4\pi h}$$

流线上任一点(x,y)有

$$v_x=\frac{\Gamma(h-y)}{2\pi[x^2+(h-y)^2]}+\frac{\Gamma(h+y)}{2\pi[x^2+(h+y)^2]}-\frac{\Gamma}{4\pi h}$$

$$v_y=\frac{\Gamma x}{2\pi[x^2+(h-y)^2]}-\frac{\Gamma x}{2\pi[x^2+(h+y)^2]}$$

$$\frac{\mathrm{d}x}{v_x}=\frac{\mathrm{d}y}{v_y}$$

得

$$\left\{\frac{x}{[x^2+(h-y)^2]}-\frac{x}{[x^2+(h+y)^2]}\right\}\mathrm{d}x=\left\{\frac{(h-y)}{[x^2+(h-y)^2]}+\frac{(h+y)}{[x^2+(h+y)^2]}-\frac{1}{2h}\right\}\mathrm{d}y$$

$$\ln\frac{x^2+(y-h)^2}{x^2+(y-h)^2}+\frac{y}{h}=C$$

5.9

解：

设 xy 平面上有一半径为 a 的圆周涡线，z 轴过该圆周的圆心，涡线强度是 Γ，由于轴对称，所有过 z 轴的子平面上运动相同，因此只考虑 $\theta=0$ 平面上 $P(x,0,z)$ 的感生速度（见答案 5.9-1 示意图）。

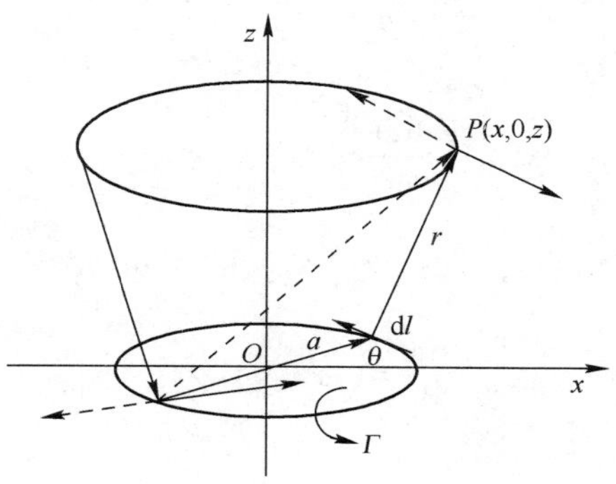

答案 5.9-1 示意图

取柱坐标系(ρ,θ,z)，它与直角坐标系 $Oxyz$ 的关系是

$$x=\rho\cos\theta,\quad y=\rho\sin\theta$$

$$\boldsymbol{e}_x=\cos\theta\boldsymbol{e}_r-\sin\theta\boldsymbol{e}_\theta$$

$$\boldsymbol{e}_y=\sin\theta\boldsymbol{e}_r+\cos\theta\boldsymbol{e}_\theta$$

于是

$$\boldsymbol{r}=(x-a\cos\theta)\boldsymbol{e}_x-a\sin\theta\boldsymbol{e}_y+z\boldsymbol{e}_z=(x\cos\theta-a)\boldsymbol{e}_r-x\sin\theta\boldsymbol{e}_\theta+z\boldsymbol{e}_z$$

$$\mathrm{d}\boldsymbol{l}=a\mathrm{d}\theta\boldsymbol{e}_\theta$$

$$\mathrm{d}\boldsymbol{l}\times\boldsymbol{r}=a(a-x\cos\theta)\mathrm{d}\theta\boldsymbol{e}_z+az\mathrm{d}\theta\boldsymbol{e}_r$$

根据比奥-萨瓦尔公式，感生速度为

$$\boldsymbol{v}=\frac{\Gamma}{4\pi}\oint\frac{\mathrm{d}\boldsymbol{l}\times\boldsymbol{r}}{r^3}=\frac{\Gamma a}{4\pi}\int_0^{2\pi}\frac{(a-x\cos\theta)}{r^3}\mathrm{d}\theta\boldsymbol{e}_z+\frac{\Gamma}{4\pi}\int_0^{2\pi}\frac{az}{r^3}\mathrm{d}\theta\boldsymbol{e}_r$$

先分析特殊情况，位于 z 轴上任一点 $P(0,0,z)$ 的感生速度为

$$\boldsymbol{v}=\frac{\Gamma a^2}{4\pi}\int_0^{2\pi}\frac{1}{r^3}\mathrm{d}\theta\boldsymbol{e}_z+\frac{\Gamma az}{4\pi}\int_0^{2\pi}\frac{1}{r^3}\mathrm{d}\theta\boldsymbol{e}_r$$

上式右边第二项中 $\boldsymbol{e}_r$ 是不断变化且对称的，沿圆环积分为 0，于是有

$$\boldsymbol{v}=\frac{\Gamma a^2}{4\pi}\int_0^{2\pi}\frac{1}{r^3}\mathrm{d}\theta\boldsymbol{e}_z=\frac{\Gamma}{2}\frac{a^2}{(a^2+z^2)^{3/2}}\boldsymbol{e}_z \qquad (式 5.9-1)$$

（式 5.9-1）显示感生速度有如下特点：

（1）如果 $\Gamma>0$，即涡环为逆时针方向，则 z 轴上任意一点的感生速度都是沿着轴线正方向，速度大小随环量增加而增加；

（2）速度值是上下对称的；

（3）随圆周形涡线的圆周半径 a 的增大，速度将减小；

（4）随距圆周形涡线的距离（即$|z|$）减小，速度增大，在 $z=0$ 的圆心处速度达到极大值$\frac{\Gamma}{2a}$。

5.10

证明：

在流体的运动轨迹上，取流管对于流管直径 r 相对长度为极小量，因此在一个横截面上的流速相同，即 $v=v(s)$，其中 s 为曲线坐标。所以

$$\frac{\partial\boldsymbol{\omega}}{\partial t}+(\boldsymbol{v}\cdot\nabla)\boldsymbol{\omega}=\frac{\mathrm{d}\boldsymbol{\omega}}{\mathrm{d}t}-(\boldsymbol{\omega}\cdot\nabla)\boldsymbol{v}+\boldsymbol{\omega}(\nabla\cdot\boldsymbol{v})=0$$

由流体不可压缩$\nabla\cdot\boldsymbol{v}$，有

$$\frac{\mathrm{d}\boldsymbol{\omega}}{\mathrm{d}t}=(\boldsymbol{\omega}\cdot\nabla)\boldsymbol{v}$$

则沿质点运动轨迹微元 $\mathrm{d}\boldsymbol{s}/\!/\boldsymbol{v}$，且$\nabla\boldsymbol{v}=\frac{\partial\boldsymbol{v}}{\partial s}\boldsymbol{s}_0$。因此 $\boldsymbol{\omega}=\nabla\times\boldsymbol{v}$，$\boldsymbol{\omega}\perp\boldsymbol{s}_0$，所以

$$\frac{\mathrm{d}\boldsymbol{\omega}}{\mathrm{d}t}=(\boldsymbol{\omega}\cdot\nabla)\boldsymbol{v}=0$$

5.11

解：

涡对相互影响所产生的自身运动速度是

$$\begin{cases} u_1=\dfrac{dx_1}{dt}=-\dfrac{\Gamma_2}{2\pi}\dfrac{y_1-y_2}{R_{12}^2} \\ v_1=\dfrac{dy_1}{dt}=\dfrac{\Gamma_2}{2\pi}\dfrac{x_1-x_2}{R_{12}^2} \end{cases},\quad \begin{cases} u_2=\dfrac{dx_2}{dt}=-\dfrac{\Gamma_1}{2\pi}\dfrac{y_2-y_1}{R_{21}^2} \\ v_2=\dfrac{dy_2}{dt}=\dfrac{\Gamma_1}{2\pi}\dfrac{x_2-x_1}{R_{21}^2} \end{cases}$$

取坐标 $y_1=y_2$，则 $R_{12}=x_1-x_2$，于是

$$\begin{cases} u_1=0 \\ v_1=\dfrac{\Gamma_2}{2\pi R_{12}} \end{cases},\quad \begin{cases} u_2=0 \\ v_2=\dfrac{-\Gamma_1}{2\pi R_{12}}=\dfrac{2\Gamma_2}{2\pi R_{12}} \end{cases}$$

由于 $v_2>v_1$，可见 Ω 方向与 Γ_1 的方向相同。(本题 $|\Gamma_1|>|\Gamma_2|$，因此可以得出 Ω 方向与 Γ_1 的方向相同)，运动类似于答案 5. 11-1 示意图，此时旋转中心坐标有

$$x_0=\frac{\Gamma_1x_1+\Gamma_2x_2}{\Gamma_1+\Gamma_2}=\frac{-2\Gamma_2x_1+\Gamma_2x_2}{-\Gamma_2}=2x_1-x_2=x_1+(x_1-x_2)$$

当 $x_1<x_2$ 时，$x_1+(x_1-x_2)<x_1$，显然旋转中心靠近 x_1，当 $x_1>x_2$ 时，$x_1+(x_1-x_2)>x_1$，旋转中心也是靠近 x_1。

5. 12

解:

$x_0=\dfrac{\Gamma_1x_1+\Gamma_2x_2}{\Gamma_1+\Gamma_2}$位于 x_1 和 x_2 之间，运动如答案 5. 12-1 示意图所示。

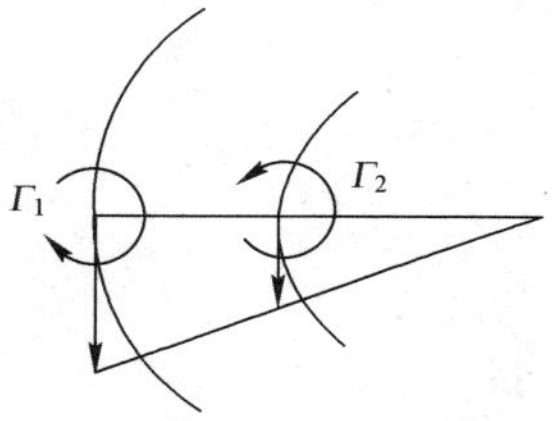

答案 5. 11-1 示意图

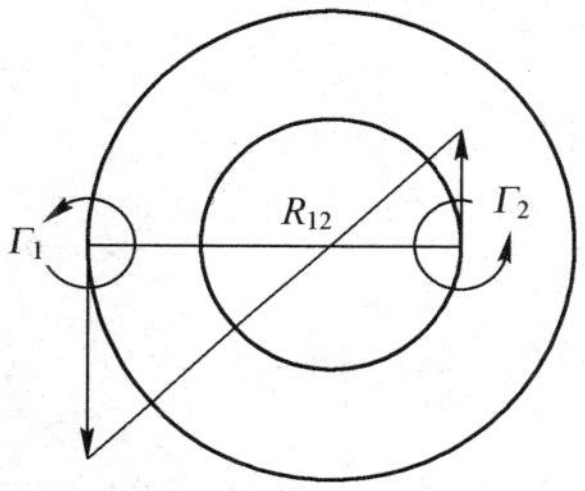

答案 5. 12-1 示意图

5. 13

解:

$r=a$ 处，有 $\omega a=\dfrac{\Gamma}{2\pi a}$，于是 $\Gamma=2\pi\omega a^2$

因此速度分布为

$$\begin{cases} \boldsymbol{v}=\omega r\boldsymbol{e}_\theta(r\leqslant a) \\ \boldsymbol{v}=\dfrac{\omega a^2}{r}\boldsymbol{e}_\theta(r\geqslant a) \end{cases}$$

旋度分布为

$$\nabla\times\boldsymbol{v}=\frac{1}{r}\begin{vmatrix} \boldsymbol{e}_r & r\boldsymbol{e}_\theta & \boldsymbol{e}_z \\ \dfrac{\partial}{\partial r} & \dfrac{\partial}{\partial\theta} & \dfrac{\partial}{\partial z} \\ 0 & r(r\omega) & 0 \end{vmatrix}=2\omega\boldsymbol{e}_z(r\leqslant a)$$

$$\nabla\times\boldsymbol{v}=\frac{1}{r}\begin{vmatrix}\boldsymbol{e}_r & r\boldsymbol{e}_\theta & \boldsymbol{e}_z\\ \dfrac{\partial}{\partial r} & \dfrac{\partial}{\partial \theta} & \dfrac{\partial}{\partial z}\\ 0 & r\left(\dfrac{\omega a^2}{r}\right) & 0\end{vmatrix}=0\ (r>a)$$

当 $r\geqslant a$ 时，根据 Bernoulli 方程，有

$$p+\frac{\rho v^2}{2}=p_\infty+\frac{\rho v_\infty^2}{2}$$

于是

$$p=p_\infty-\frac{\rho v^2}{2}=p_\infty-\frac{\rho\omega^2a^4}{2r^2}$$

圆柱上一点 $r=a$ 处，有

$$p=p_\infty-\frac{1}{2}\rho\omega^2a^2=p_\infty-\frac{\rho\Gamma^2}{8\pi^2a^2}$$

当$(r\leqslant a)$时，坐标系固定到旋转流体上，加速度 $\boldsymbol{a}=\boldsymbol{\omega}\times(\boldsymbol{\omega}\times\boldsymbol{r})=-\omega^2r\boldsymbol{e}_r$，运动相对静止，由静力平衡，有

$$-\nabla p-\rho\boldsymbol{a}=0$$

即

$$\frac{\partial p}{\partial r}-\rho\omega^2r=0$$

关于 r 积分得

$$p-\frac{1}{2}\rho\omega^2r^2=常数$$

取圆柱上一点$(r=a)$和圆柱内任一点，有

$$p-\frac{1}{2}\rho\omega^2r^2=p\big|_{r=a}-\frac{1}{2}\rho\omega^2a^2=p_\infty-\frac{1}{2}\rho\omega^2a^2-\frac{1}{2}\rho\omega^2a^2$$

整理得

$$p=p_\infty-\rho\omega^2a^2+\frac{1}{2}\rho\omega^2r^2$$

于是压强分布如答案 5. 13-1 示意图所示，有

$$\begin{cases}p=p_\infty-\rho\omega^2a^2+\dfrac{1}{2}\rho\omega^2r^2 & (r\leqslant a)\\ p=p_\infty-\dfrac{\rho\omega^2a^4}{2r^2} & (r\geqslant a)\end{cases}$$

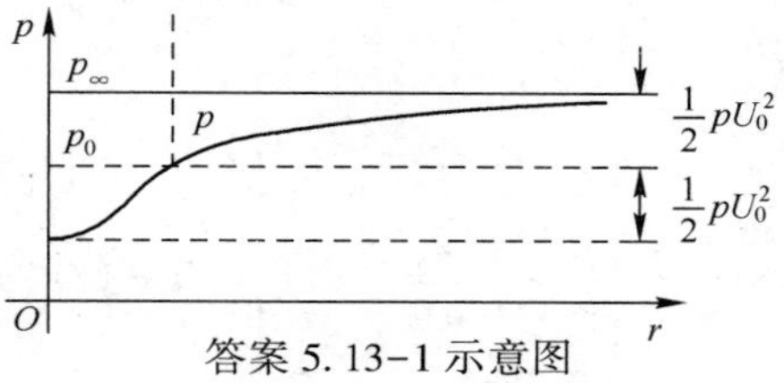

答案 5. 13-1 示意图

5. 14

解：

由于流场无穷大，涡管很细，并且不考虑涡管内的流动，因此常常可把它看成一根涡线，在截面的平面上则可以看成一个点涡，根据条件，这是二维平面流动。

根据题意，有

$$\boldsymbol{\omega}=\omega_z(r)\boldsymbol{k},\quad \boldsymbol{v}=v_\theta(r)\boldsymbol{e}_\theta,\quad \frac{\partial}{\partial\theta}=0$$

于是

$$\boldsymbol{v}\cdot\nabla\boldsymbol{\omega}=v_\theta\frac{\partial\boldsymbol{\omega}}{\partial\theta}=0$$

$$\boldsymbol{\omega}\cdot\nabla\boldsymbol{v}=\omega_r\frac{\partial\boldsymbol{v}}{\partial r}=0$$

有

$$\frac{\partial\boldsymbol{\omega}}{\partial t}=\nu\nabla^2\boldsymbol{\omega}\qquad\text{（式 5. 14-1）}$$

在柱坐标系下有

$$\frac{\partial\boldsymbol{\omega}}{\partial t}=\nu\nabla^2\boldsymbol{\omega}=\frac{\nu}{r}\frac{\partial}{\partial r}\left(r\frac{\partial\omega}{\partial r}\right)\qquad\text{（式 5. 14-2）}$$

初始条件：$t=0$，$r>0$，$\omega=0$；边界条件：$t\geqslant0$，$r\to\infty$，$\omega=0$。

（式 5. 14-2）是抛物线方程，在以上初值和边界条件下，有解

$$\omega=\frac{A}{t}\exp\left(-\frac{r^2}{4\nu t}\right)\qquad\text{（式 5. 14-3）}$$

此外，在 $t=0$ 时，绕包含该涡线的任一封闭曲线的速度环量是 $\Gamma=\Gamma_0$。由

$$\Gamma=\oint\boldsymbol{v}\cdot\mathrm{d}\boldsymbol{l}=\iint\boldsymbol{\omega}\mathrm{d}\boldsymbol{S}=\int_0^r\omega2\pi r\mathrm{d}r=\frac{\pi A}{t}\int_0^r\exp\left(-\frac{r^2}{4\nu t}\right)\mathrm{d}r^2=4\pi\nu A\left[1-\exp\left(-\frac{r^2}{4\nu t}\right)\right]$$

得出

$$\Gamma_0=4\pi\nu A\left[1-\exp\left(-\frac{r^2}{4\nu t}\right)\right]\bigg|_{t=0}=4\pi\nu A$$

解得

$$A=\frac{\Gamma_0}{4\pi\nu}$$

于是，涡量分布为

$$\omega=\frac{\Gamma_0}{4\pi\nu t}\exp\left(-\frac{r^2}{4\nu t}\right)\qquad\text{（式 5. 14-4）}$$

速度分布是

$$\boldsymbol{v}=v_\theta\boldsymbol{e}_\theta=\frac{\Gamma}{2\pi r}=\frac{\Gamma_0}{2\pi r}\left[1-\exp\left(-\frac{r^2}{4\nu t}\right)\right]\boldsymbol{e}_\theta\qquad\text{（式 5. 14-5）}$$

如答案 5. 14-1（a）示意图所示，在初始时刻 $t=0$，流场中($r>0$)各处的涡量为零，任何$t>0$ 时刻，流场立即产生涡旋，涡旋随 r 的增大而减少。本例情况是 CW · 奥森于 1912 年

提出的，所以称为奥森涡，也称为兰姆涡。

分析速度场（式 5.14-5），当 $r \gg 4\nu t$ 时，有

$$v_\theta = \frac{\Gamma_0}{2\pi r}\left[1-\exp\left(-\frac{r^2}{4\nu t}\right)\right] \to \frac{\Gamma_0}{2\pi r} \qquad \text{（式 5.14-6）}$$

相当于点涡，当 $r \ll 4\nu t$ 时，因为 $e^x \doteq 1+x+\frac{x^2}{2}+\cdots$，有

$$v_\theta = \frac{\Gamma_0}{2\pi r}\left[1-\exp\left(-\frac{r^2}{4\nu t}\right)\right] \to \frac{\Gamma_0}{8\pi\nu t} r \qquad \text{（式 5.14-7）}$$

（式 5.14-6）和（式 5.14-7）显示，奥森涡提供了非定常的外部流动和具有尺度（涡核）$a \sim \sqrt{4\nu t}$ 的兰金涡（在 $r \leqslant 4\nu t$ 时，是角速度为 $\frac{\Gamma_0}{8\pi\nu t}$ 的纯旋转；在 $r \geqslant 4\nu t$ 时是 Γ_0 点涡感生的速度场）。速度分布如答案 5.14-1（b）示意图所示。

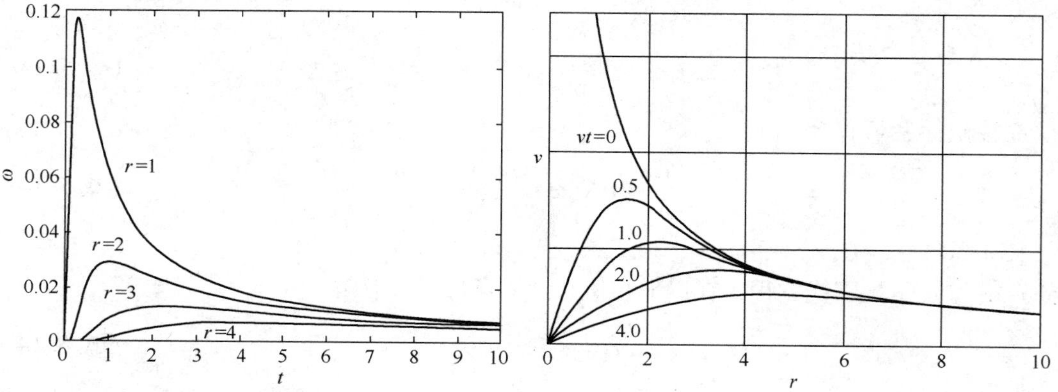

(a) 涡量衰减 (b) 速度分布

答案 5.14-1 示意图

5.15

解：

由

$$\omega(r,t) = \frac{\Gamma_0}{4\pi\nu t} e^{-\frac{r^2}{4\nu t}}$$

则在区域内以 R 为半径的圆的通量为

$$\Gamma = \int_0^R 2\pi r\omega \,\mathrm{d}r = \int_0^R \frac{r\Gamma_0}{2\nu t} e^{-\frac{r^2}{4\nu t}} \mathrm{d}r = -\Gamma_0 e^{-\frac{r^2}{4\nu t}} \Big|_0^R = \Gamma_0\left(1 - e^{-\frac{R^2}{4\nu t}}\right)$$

取 t_1 时刻的通量 Γ_1，此时半径为 R_1，由题 $\Gamma = \Gamma_0\left(1-e^{-\frac{R^2}{4\nu t}}\right) = \Gamma_1$，可得到

$$\ln\frac{\Gamma_0-\Gamma_1}{\Gamma_0} = -\frac{R^2}{4\nu t} \Rightarrow R^2 = 4\nu t \ln\frac{\Gamma_0}{\Gamma_0-\Gamma_1}$$

所以

$$S(t) = \pi R^2 = 4\pi\nu t \ln\frac{\Gamma_0}{\Gamma_0-\Gamma_1}$$

参 考 文 献

1. 李家春．环境流体力学——它的意义、内容和方法［J］．力学与实践，1991，13：1-20.
2. 李永池．张量初步和近代连续介质力学概论［M］．1 版．合肥：中国科学技术大学出版社，2012.
3. 陈文芳．非牛顿流体力学［M］．1 版．北京：科学出版社，1984.
4. 周光垌，严宗毅，许世雄，等．流体力学［M］．2 版．北京：高等教育出版社，2000.
5. 吴望一．流体力学［M］．1 版．北京：北京大学出版社，1982.
6. 叶敬棠，柳兆荣，许世雄，等．流体力学［M］．1 版．上海：复旦大学出版社，1989.
7. Potter M. C，Wiggert D. C. Mechanics of fluids［M］．3 版．北京：机械工业出版社，2008.
8. 程文，王颖，周孝德．环境流体力学［M］．1 版．西安：西安交通大学出版社，2011.
9. 王玉敏，高海英，朱光灿．环境流体力学［M］．1 版．南京：东南大学出版社，2022.
10. 余常昭．环境流体力学导论［M］．1 版．北京：清华大学出版社，1992.
11. 黄河清．环境流体力学［M］．1 版．合肥：合肥工业大学出版社，2013.
12. 董志勇．环境流体力学［M］．1 版．北京：科学出版社，2015.
13. 朱照宣，周起钊，殷金生．理论力学［M］．1 版．北京：北京大学出版社，1982.
14. 曾复，朱学炎．数学分析［M］．1 版．北京：高等教育出版社，1991.
15. 王高雄，周之铭，朱思铭，等．常微分方程［M］．2 版．北京：高等教育出版社，1989.
16. 范大茵，陈永华．概率论与数理统计［M］．2 版．杭州：浙江大学出版社，2003.
17. Haberman R. 实用偏微分方程［M］．原书第四版．郇中丹，李嫒南，刘歆，宋燕红，译．北京：机械工业出版社，2007.
18. Bohr T，Dimon P，Putkaradze V. Shallow-water approach to the circular hydraulic jump［J］. Journal of Fluid Mechanics，1993，254：635-648.
19. 张伟伟，豆子皓，李新涛，等．桥梁若干流致振动与卡门涡街［J］．空气动力学学报，2020，38（3）：405-412.
20. 韩启德．十万个为什么［M］.6 版．北京：少年儿童出版社，2013.
21. 七君．“邪门”的物理现象，让苏伊士运河被堵？［N］．电脑报，2021-07-06（15）.
22. 陕西一环保局被传向监测设备喷水调低 PM2.5 官方否认［N］．南方都市报，2015-01-19（17：04）.
23. 周文祥，黄金泉，周人治．拉瓦尔喷管计算模型的改进及其整机仿真验证［J］．航空动力学报，2009，24（11）：211-216.
24. 周晓强．水力学原理在水位虹吸式进水管修复中的应用［J］．科技信息：学术研究，2008（19）：330.
25. Walter Rudin. 泛函分析［M］．原书第 2 版．北京：机械工业出版社，2020.

举报电话：（010）88254396；（010）88258888
传　　真：（010）88254397
E-mail：dbqq@ phei. com. cn
通信地址：北京市海淀区万寿路173信箱
　　　　　电子工业出版社总编办公室
邮　　编：100036